内蒙古自治区生态环境状况遥感监测与综合评价

薛志忠　匡文慧　王俊枝　著

中国环境出版集团·北京

图书在版编目（CIP）数据

内蒙古自治区生态环境状况遥感监测与综合评价/薛志忠，匡文慧，王俊枝著. —北京：中国环境出版集团，2019.7

ISBN 978-7-5111-4008-1

Ⅰ. ①内… Ⅱ. ①薛… ②匡…③王… Ⅲ. ①生态环境－环境遥感－环境监测－内蒙古②生态环境－环境遥感－环境质量评价－内蒙古 Ⅳ. ①X87

中国版本图书馆 CIP 数据核字（2019）第 118416 号

审图号：蒙S（2019）23

出 版 人　武德凯
策划编辑　季苏园
责任编辑　曲　婷
责任校对　任　丽
封面设计　彭　杉

出版发行　中国环境出版集团
（100062　北京市东城区广渠门内大街 16 号）
网　　址：http://www.cesp.com.cn
电子邮箱：bjgl@cesp.com.cn
联系电话：010-67112765（编辑管理部）
发行热线：010-67125803，010-67113405（传真）

印　　刷　北京中科印刷有限公司
经　　销　各地新华书店
版　　次　2020 年 4 月第 1 版
印　　次　2020 年 4 月第 1 次印刷
开　　本　787×1092　1/16
印　　张　17
字　　数　330 千字
定　　价　80.00 元

《内蒙古自治区生态环境状况遥感监测与综合评价》

编委会名单

主　编　薛志忠

副主编　匡文慧　王俊枝

编写组（按姓氏拼音排序）

包正义　宝力杰　鲍旭辉　常屹冉　陈　馨　迟文峰

窦银银　嘎毕日　郭海瑞　郝锦风　何红艳　胡云锋

贾　敏　赖其力孟格　李孝永　李雪馨　李智礼

梁　月　卢中秋　孟凡浩　潘　涛　石建军　史姝姝

宋　歌　王淑春　王婷婷　魏嘉诚　肖　雄　闫慧敏

尹哲睿　张　弛　张　澍　张宗海　赵　巍　訾冬梅

本专著出版得到如下项目的资助：

内蒙古自治区科技重大专项项目：基于测绘地理信息的全区生态环境监测与应用研究

中国科学院 A 类战略性先导科技专项子课题：国土空间格局和重点开发区域生态文明建设状态诊断与地理图景效应评估

内蒙古自治区关键技术攻关计划项目："美丽内蒙古"生态质量诊断与综合管理关键技术及应用研究

内蒙古自治区应用技术研究与开发资金项目：内蒙古自治区自然资源空间信息数据库研究与建设

内蒙古自治区科技创新引导奖励资金：浑善达克沙漠化防治重点生态系统功能区生态状况研究

内蒙古自治区科技创新引导奖励资金：基于测绘地理信息的自然资源资产空间信息数据库研究建设——以呼伦贝尔市阿荣旗为例

序

2014 年习近平总书记在视察内蒙古时强调，内蒙古生态状况如何，不仅关系到内蒙古各族群众生存和发展，而且关系华北、东北、西北乃至全国生态安全，要努力把内蒙古建设成为我国北方重要的生态安全屏障。总书记在 2018 年和 2019 年连续两次参加全国人大内蒙古代表团审议，强调要保持加强生态文明建设的战略定力，探索以生态优先、绿色发展为导向的高质量发展新路子，加大生态系统保护力度，打好污染防治攻坚战，守护好祖国北疆这道亮丽风景线。

内蒙古自治区成立 70 年来，在自治区党委的领导下，自治区政府及各级有关部门坚持统筹规划、协同合作，全面开展治标治本的生态文明建设，推动和促进资源有偿使用和生态补偿制度的建立，建立健全了资源环境生态红线制度、自然资源资产产权制度和重要用途管控制度，健全完善了生态文明建设评估体系和配套政策条例，启动了“三北”防护林、京津风沙源治理、天然林资源保护、退耕还林还草等一系列工程，生态环境保护工作取得显著成效。

该书研究团队以遥感、地理信息系统和定量模型等基本技术手段，辅以经济、社会等资料，构建了符合内蒙古自治区特色的生态环境监测评估指标体系；开展了长时间序列的农田、森林、草地、水体、聚落和荒漠生态系统类型时空变化特征分析；对未来生态系统时空变化进行了预测模拟；揭示了地区生态环境变化的主要驱动因素；综合评价了内蒙古自治区生态环境质量状况，并提出了资源合理利用与生态环境保护协调发展的对策与建议。该书对美丽中国建设及打造祖国北部边疆亮丽风景线具有重要的参考价值。

2020 年 4 月

前言

生态环境系统是人类生存和经济社会可持续发展的基础，与人类福祉密切相关。加强生态保护、改善环境质量，是关系到全区现代化建设全局和长远发展的战略性工作。党的十九大报告指出“加快生态文明体制改革，建设美丽中国”，国家把生态文明建设提升到了与经济建设、政治建设同样的地位，明确了“绿水青山就是金山银山与坚决打好污染防治攻坚战”的信号和决心。内蒙古自治区横亘于祖国北疆，是我国北方重要的生态屏障。近年来，自治区认真贯彻党中央、国务院关于生态文明建设和环境保护的决策部署，深入贯彻习近平总书记系列重要讲话和考察内蒙古重要指示精神，坚持把加强生态环境保护、筑牢我国北方重要生态安全屏障作为重大政治责任和战略任务，努力推进生态文明建设，优化发展理念，积极实施重大生态修复工程，着力推进重点区域、流域污染防治，取得了较好成效，生态环境实现了“整体遏制，局部好转”的重大转变。然而，特殊的地理环境和气候特点决定了内蒙古生态系统潜在的脆弱性和不稳定性，生态系统受到了气候变化和人类活动双重胁迫，加强全区生态环境状况的遥感监测与综合评价对于内蒙古自治区生态环境保护和区域可持续发展具有重要的指导意义。

内蒙古自治区地图院长期致力于测绘地理信息和遥感监测等相关工作，与中国科学院地理科学与资源研究所共同承担了内蒙古自治区重大科技专项项目《基于测绘地理信息的全区生态环境监测与应用研究》，基于遥感大数据和云平台，监测分析了全区生态系统宏观结构和生态系统服务功能以及评价了全区生态环境质量状况，取得了一系列重要的研究成果，并出版该专著。

该书充分发挥测绘地理信息技术优势，针对内蒙古自治区的生态环境特点，建立了自治区生态环境监测评估指标体系，将自治区地理国情普查数据与中国科学院30米分辨率土地利用/覆盖数据集及生态系统服务系列产品高度融合，进一步进行地面调查和核查，系统地实现了全区高精度长时间序列的生态系统状况监测评价，并提出新时期生态环境保护的对策建议。

本书编写过程中，各位编写成员付出了大量辛苦工作，同时也得到了内蒙古自治区地图院张宗海院长、石建军院长、内蒙古财经大学迟文峰博士等专家的精心指导和鼎力支持。对参与编写的成员和中国环境出版集团各位编辑出版中付出的努力表示诚挚的感谢。

本书撰写过程中参阅了大量的文献，主要观点均做了引用标注，如有疏漏，在此表示歉意。由于内容涉及的知识较广，限于作者水平，其中难免会有一些疏漏和不足之处，恳请广大读者批评指正。

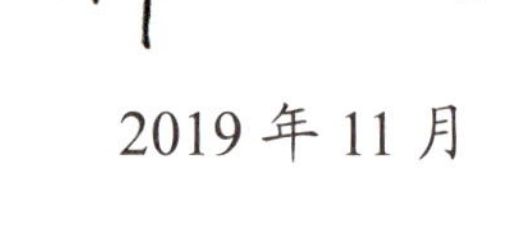

2019年11月

目录

第一章

内蒙古自然社会状况与生态工程概况

生态环境是人类生存和经济社会可持续发展的基础，与人类福祉密切相关。加强生态保护、改善环境质量，是关系我国现代化建设全局和长远发展的战略性工作。内蒙古自治区（以下简称“内蒙古”）高度重视生态环境保护工作，把打造祖国北疆亮丽风景线作为重要的战略目标。近些年来，随着城市的快速扩张，自然资源的肆意开采和生态污染日益严峻，环境质量的恶化，已经严重干扰破坏了人类赖以生存的自然生态环境。内蒙古自治区是我国重要的农牧业生产基地，大部分植被地处干旱、半干旱农牧交错地区，生态环境脆弱，是全国变化最为敏感的区域之一。

本书在 RS 和 GIS 技术的支持下，针对内蒙古的生态环境特点，以五大发展理念为指导，以协调生态环境保护与社会经济发展为出发点，围绕自治区发展战略和生态保护监管需求，充分依托现有工作基础，采用遥感调查结合地面调查/核查的方式，系统地获取了内蒙古 25 年（1990—2015 年）生态环境动态变化信息，全面掌握其分布、格局、质量等变化特征，重点分析和总结内蒙古的生态环境问题和重大生态政策效应评价，综合评估区内生态环境质量状况和内在驱动力，提出新时期生态环境保护的对策建议，为建设北方生态安全屏障和划定内蒙古生态保护红线提供科学基础，同时为区域土地资源开发安全和生态环境综合治理提供参考依据。

第一节　自然地理环境

一、地理位置

内蒙古地处我国北部边疆，位于北纬 37°24′至 53°23′，东经 97°12′至 126°04′之间，由东北向西南斜伸，呈狭长形，东西直接距离为 2 400 km，南北跨度 1 700 km，横跨东北、华北、西北三大区。东南西与八省区毗邻，北与蒙古国、俄罗斯接壤。国境线长 4 200 km。土地总面积 118.3 万 km^2，占全国总面积的 12.3%，列全国第三位。

二、自然状况

（一）地形地貌

内蒙古以高原型地貌为主体，具有复杂多样的形态，地势较高，地面坦荡完整，起伏和缓。在世界自然区划中，位于亚洲中部蒙古高原的东南部，统称内蒙古高原，是中国四大高原中的第二大高原。其由呼伦贝尔高平原、锡林郭勒高平原、巴彦淖尔—阿拉善及鄂尔多斯等高平原组成，平均海拔在 1 000 m 左右，海拔最高点在贺兰山主峰，约 3 556 m。高原四周分布着大兴安岭、阴山、贺兰山等山脉，山地面积约占总面积的 20.9%，构成了内蒙古高原地貌的脊梁。内蒙古高原西端分布有巴丹吉林、腾格里、乌兰布和、库布其等沙漠和毛乌素等沙地。在大兴安岭的东麓、阴山脚下和黄河岸边，有嫩江西岸平原、西辽河平原、土默川平原、河套平原及黄河南岸平原，这里地势平坦、土质肥沃、光照充足、水源丰富。在山地向高平原、平原的交接地带，分布着黄土丘陵和石质丘陵，其间杂有低山、谷地和盆地分布，丘陵占总面积的 16.4%。除此之外，平原与滩涂地占总面积的 8.5%，河流、湖泊、水库等水面面积占总面积的 0.8%。地貌情况见图 1.1。

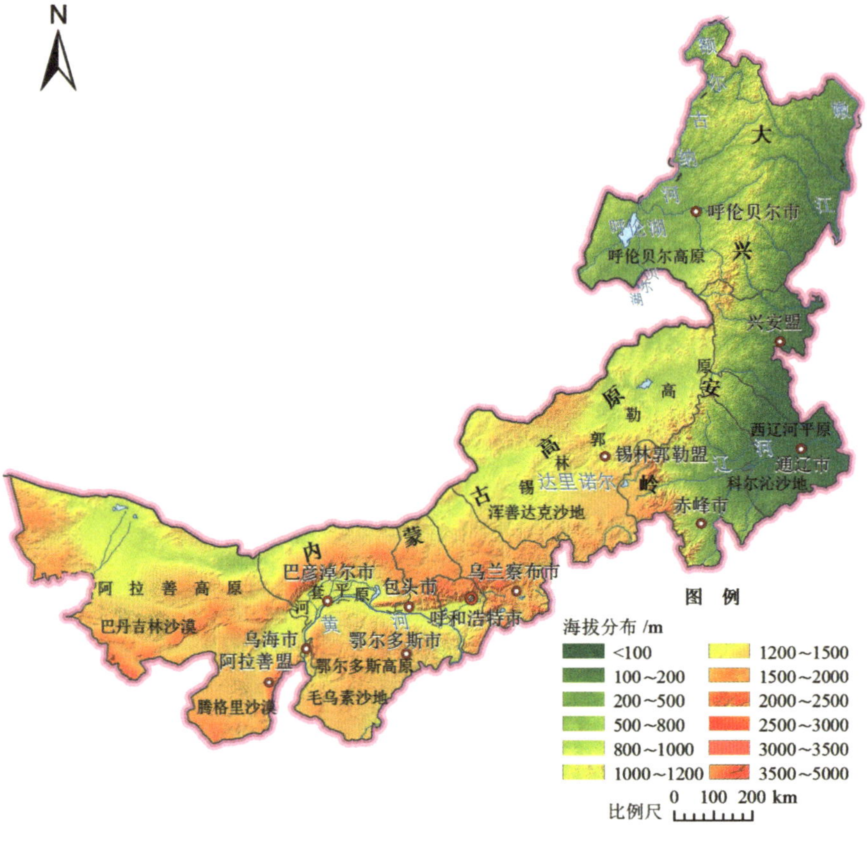

图 1.1 内蒙古地貌

（二）气候

内蒙古气候以温带大陆性气候和温带季风气候为主，因地域辽阔，各地差异较大，形成了以温带大陆性季风气候为主的复杂多样的气候。具体表现为四季分明：春季气温骤升，多大风天气；夏季短促温热，降水集中；秋季气温剧降，秋霜冻往往过早来临；冬季漫长严寒，多寒潮天气。

该地区年均气温为−1～10℃，全年降水量在50～450 mm之间，无霜期在80～150 d，年日照量普遍在2 700 h以上。大兴安岭和阴山山脉是内蒙古气候差异的重要自然分界线，大兴安岭以东和阴山以北地区的气温和降雨量明显低于大兴安岭以西和阴山以南地区。

（三）主要生态类型

内蒙古自东向西跨度超过 2 000 km，地域之间的气候差异导致境内呈现出森林、草原、荒漠三大景观，镶嵌在三大景观之中的还有沙漠、沙地、湿地、农田等景观。

1. 森林

根据2014年内蒙古林业厅公布的“内蒙古第七次森林资源清查结果”显示，内蒙古森林总面积2 487.90万hm^2，森林覆盖率21.03%，居全国第一位，是国家重要的森林基地之一。活立木总蓄积14.84亿m^3，其中森林蓄积13.45亿m^3；天然有林地面积1 401.20万hm^2，人工有林地面积331.65万hm^2；灌木林地面积798.56万hm^2。

内蒙古森林景观主要分布在大兴安岭原始森林区、阴山山脉和贺兰山山地，这里树木种类繁多，乔灌树种达 350 多种。从植被地带性上看，内蒙古的森林以大兴安岭的“寒温型明亮针叶林”为主，针叶林南缘分布有“中温型夏绿阔叶林”，另外在赤峰市的南部有小面积的“暖温型夏绿阔叶林”分布。

阴山山脉位于内蒙古中部，内蒙古高原南缘。东西走向，长约1 200 km，宽50～100 km。许多山峰和沟口林木茂密，水草丰美，风光秀丽，山势雄伟，山地内分布有桦、松、杨、柳、榆树等天然林。贺兰山山地中森林资源也较为丰富，属阿拉善盟贺兰山林场范围的森林面积约240 km^2，以云杉、油松为主，其余为山杨、山榆、桦树及多种野生果木和灌木。

2. 草原

内蒙古草原东起大兴安岭，西至居延海，绵延 4 000 km，是欧亚大陆草原的重要组成部分，包括呼伦贝尔草原、锡林郭勒草原、科尔沁草原、乌兰察布草原、鄂尔多斯草原。草地面积占内蒙古土地总面积的 66.6%，占全国草地面积的 22%，位居全国首位。其中可利用草地面积6.36×10^7 hm^2，占内蒙古草地总面积的80.7%。按植被覆盖度分为低覆盖度草地、中覆盖度草地、高覆盖度草地。

3. 荒漠

荒漠是在极干旱的气候条件下，由超旱生半灌木和灌木为主所组成的地带性草地构成。总面积约 1.69×10^7 hm^2，占内蒙古草地面积的 21.5%。主要位于内蒙古的最西部，大致以雅布赖山的分水岭为界，集中分布在阿拉善高平原中西部、乌拉特中旗北部、乌拉特后旗西北部和杭锦旗西北部。荒漠是内蒙古最干旱的植被类型，其生产力虽低，但对畜牧业的发展具有重要意义，是阿拉善双峰驼、内蒙古白绒山羊和国家一类保护动物野驴、野骆驼的重要产地。

（四）自然条件

1. 土壤

内蒙古地域辽阔而宽广，土壤种类较多。根据土壤形成过程和土壤属性，可分为 9 个土纲、22 个土类。在 9 个土纲中，以钙层土分布最少。内蒙古土壤性质和生产性能虽然各不相同，但共同特点是土壤形成过程中钙积化强烈，有机质积累较多。

由于地区内气候有一定的复杂性，土壤类型也呈现出由东北向西南的排列性分布，依次为黑土地带、暗棕壤地带、黑钙土地带、栗钙土地带、棕壤地带、黑垆土地带、灰钙土地带、风沙土地带和灰棕漠土地带。其中黑土壤的自然肥力最高，结构和水分条件良好，易于耕作，适宜发展农业；黑钙土自然肥力次之，适宜发展农林牧业，见图 1.2。

2. 植被

内蒙古境内植被由种子植物、蕨类植物、苔藓植物、菌类植物、地衣植物等不同植物种类组成。植物种类较丰富，截至 2015 年，已收集到的种子植物和蕨类植物共计 2 351 种，分属于 133 科、720 属。其中引进栽培的有 184 种，野生植物有 2 167 种（种子植物 2 106 种，蕨类植物 61 种）。植物种类分布不均衡，山区植物最丰富。

内蒙古森林资源大部分集中在大兴安岭北部山地，林木蓄积量占内蒙古林地活立木蓄积量的 3/4 以上，这里盛产兴安落叶松、白桦、黑桦等，同时分布着丰富的森林植物及草甸、沼泽与水生植物。

中部阴山山脉及西部贺兰山兼有森林、草原植物和草甸、沼泽植物。在罕山、阴山、贺兰山等山地也生长着成片的天然次生林。罕山地区的云杉、油松、柞木、山杨林；大青山、乌拉山、蛮汉山的山杨、白桦林；贺兰山的云杉、松树林以及大青沟阔叶林等，都具有较高的经济和科学研究价值。

高平原和平原地区以草原与荒漠旱生型植物为主，含有少数的草甸植物与盐生植物。此外，人工林也是内蒙古森林中不可缺少的组成部分。内蒙古人工林保存面积达 237 万 hm^2，比解放前人工林面积增长了 52 倍。

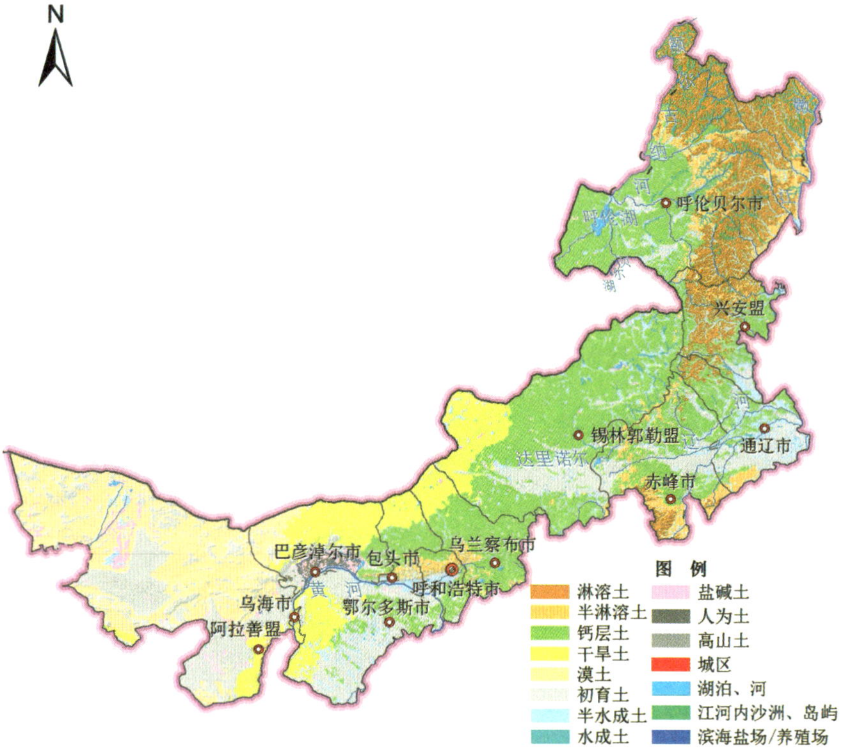

图 1.2　内蒙古土壤类型

内蒙古境内草原植被由东北的松辽平原，经大兴安岭南部山地和内蒙古高原到阴山山脉以南的鄂尔多斯高原与黄土高原，组成一个连续的整体，其中，草原植被包括世界著名的呼伦贝尔草原、锡林郭勒草原、乌兰察布草原、鄂尔多斯草原等。荒漠植被主要分布于鄂尔多斯市西部、巴彦淖尔市西部和阿拉善盟，主要由小半灌木盐柴类和矮灌木类组成，共有种子植物 1 000 多种。这里的植物种类虽不丰富，但地方特有种的优势作用十分明显。

3．野生动物

内蒙古是我国野生动物资源大省。区内共有陆生野生动物 613 种，属于国家一级重点保护的野生动物有 26 种，国家二级重点保护的野生动物有 89 种，其中两栖类 9 种、爬行动物 28 种、鸟类 438 种、兽类 138 种，约占全国种类的 28.8%。在上述物种中，有世界濒危物种蒙古野驴、白头鹤、貂熊等，有在国内主要分布于内蒙古的黄羊、遗鸥、大鸨等珍稀物种，也有数量丰富的蒙古百灵、狍子等。

4. 河流水系

内蒙古河流分外流水系和内陆水系。大兴安岭、阴山、龙首山、合黎山等山地为内、外流水系的主要分水岭。

山地南侧为外流水系，主要由黄河、海河、滦河、西辽河、嫩江、额尔古纳河等6个水系所组成。其中较大支流共有27条，流域面积约 5.59×10^5 km^2，主要汇入鄂霍茨克海和渤海。

山地北侧为内陆水系，主要有乌拉盖河、昌都河、塔布河、艾不盖河、额济纳河等，约有支流25条，流域面积约 7.75×10^4 km^2，一般上游地段河床相对稳定，下游流入高原，地形开阔，河床多变，最后失散于洼地或流入大小湖泊。无流区面积约 5.47×10^5 km^2，占内蒙古面积约36%。湖泊星罗棋布，有上千余个，主要分布于西辽河平原、鄂尔多斯高原，阿拉善高原，可分为淡水湖、微咸水湖和咸水湖。水面面积大于 100 km^2 的天然湖泊有呼伦湖、贝尔湖、达来诺尔湖、乌梁素海、岱海、黄旗海、查干诺尔湖和嘎顺诺尔湖。

三、生态定位与主要生态系统简介

（一）生态定位

2014年年初，习近平总书记在考察内蒙古时，曾在讲话中提到，内蒙古的生态状况如何，不仅关系到内蒙古各族群众的生存和发展，也关系到华北、东北、西北乃至全国的生态安全。内蒙古作为我国北方重要的生态安全屏障，在维护国家生态安全、促进地区经济发展、提高人民生活环境质量和实现林业畜牧业等可持续发展方面具有重要的战略意义。

内蒙古环境特点突出，优劣明显，生物多样性和天然性是表现最为明显的优势。由于气候因素造成的旱区、生物生产力低是明显劣势，干旱少雨，蒸发量远远大于降雨量，水分热量的日变化、季变化和年变化剧烈，地区间差异明显，并且水热异地，水分较充足的东北部热量不足，而西南相反。这一系列因素使得内蒙古成为生态脆弱带，在我国生态系统发展链条中占据重要环节，在全国乃至全球生态系统中占有突出的战略地位。

内蒙古草地面积广阔，草地生态系统除为人类提供实物型生态产品外，还以其巨大的生物多样性向人类提供更多类型的非实物型的生态服务，这些非实物型的生态服务主要包括生物多样性的产生和维持、气候气象的调节和稳定、重要污染物的降解、水源涵养和土壤保护等，非实物型的生态服务可以带来巨大的福利和经济价值。综上所述，维持稳定的供给服务功能、支持服务功能和调节服务功能也是内蒙古的生态定位之一。

（二）主要生态系统及其服务功能

内蒙古生态系统主要由草地、森林和荒漠组成。内蒙古草地生态系统占内蒙古生态系统总面积的 44.55%；森林生态系统面积占生态系统总面积的 30.19%；荒漠生态系统面积占生态系统总面积的 13.11%。

生态系统可以给人类提供各种服务功能，包括供给服务功能、调节服务功能、文化服务功能及支持服务功能。供给服务功能是指人类从生态系统获得的各种产品，如食物、燃料、纤维、洁净水以及生物遗传资源等。调节服务功能是指人类从生态系统过程的调节作用获得的收益，如维持空气质量、调节气候、控制侵蚀、控制人类疾病以及净化水源等。文化服务功能是指人类通过丰富精神生活、发展认识、大脑思考、消遣娱乐以及美学欣赏等方式，从生态系统获得的非物质收益。支持服务功能是指生态系统生产和支撑其他服务功能的基础服务功能，如初级生产、制造氧气和形成土壤等。

内蒙古生态系统主要服务功能包括以初级生产力为基础的支持服务功能、以牧草和粮食供给为核心的供给服务功能，以及以水源涵养和碳调节为主要内容的调节服务功能。

第二节　社会经济状况

一、行政区划

根据内蒙古民政厅编制的《内蒙古行政区划简册（2013）》，内蒙古现辖 9 个地级市、3 个盟，即呼和浩特市、包头市、乌海市、赤峰市、通辽市、鄂尔多斯市、呼伦贝尔市、巴彦淖尔市、乌兰察布市、兴安盟、锡林郭勒盟、阿拉善盟。盟市下辖 11 个县级市、49 个旗、3 个自治旗、17 个县、22 个市辖区，共计 103 个旗县级行政单元；242 个街道，491 个镇、152 个苏木、125 个乡，共计 1 010 个苏木乡镇级行政单元；11 203 个嘎查村、2 201 个居委会，共计 13 404 个嘎查村级行政单元。

二、社会经济

（一）人口

截至 2015 年年末，内蒙古常住人口为 2 511 万人，比上年增加 6.2 万人。其中，城镇人口为 1 514.1 万人，乡村人口为 996.9 万人，城镇化率达 60.3%。男性人口为 1 298.7 万人，女性人口为 1 212.3 万人。全年出生人口为 19.36 万人，出生率为 7.72‰；死亡人口为 13.34 万人，死亡率为 5.32‰；人口自然增长率为 2.4‰。

内蒙古由蒙古族、汉族、满族、回族、达斡尔族、鄂温克族、鄂伦春族、朝鲜族等 55 个民族组成。其中，人口在 100 万以上的有汉族、蒙古族；人口在 10 万以上的有回族和满族；人口在 1 万以上的有朝鲜族、达斡尔族、鄂温克族；人口在 1 000 人以上的有壮族、锡伯族、俄罗斯族、鄂伦春族；人口在 1 000 人以下的有藏族、苗族、维吾尔族、彝族、布依族、侗族、瑶族、白族、土家族、哈尼族、哈萨克族、傣族等。

（二）矿产资源

内蒙古是我国矿床类型比较齐全的省区之一。现已发现各类矿床 4 100 多处，种类达 128 种。已探明储量并上储量平衡表的有 83 种，其中能源矿两种，金属矿 32 种，非金属矿 49 种。现有大型矿产地 106 个，中型矿产地 177 个，小型矿产地 501 个。

内蒙古矿产储量丰富，其中铌、锆、稀土、冰洲石、煤、铬、锌、钽、铍、铅、萤石、砷、蛭石、锡、硅藻土、珍珠岩、铁、铜、银、钨等尤为突出，现已探明的黑色金属矿主要有铁、锰、铬，其中铁矿资源最丰富。其中白云鄂博以富有铁和稀土等多种金属共生矿而成为世界罕见的“宝山”，铬铁矿探明储量 180 万 t。

在贵重金属资源方面，内蒙古共发现金矿床、矿点 200 余处，探明储量的原生金矿产 28 处，保有各类黄金储量 127 t。银矿产地 23 处，累计探明储量 4 749 t，保有储量 4 141 t。冶金辅助原料资源，非金属矿已探明储量的矿产地 64 处。化工原料资源有硫铁矿、湖盐、芒硝、天然碱等 11 种。建筑原料资源已探明储量的有石棉、石墨、石膏、石灰石等 15 种。

（三）产业

1. 工业

内蒙古现已形成了具有地区和民族特色的工业经济体系。新中国成立初期的 40 年里，冶金、煤炭、电力、森工、建材、化工等行业已成为内蒙古工业经济的骨干行业，除此之外，以电子工业为代表的新型工业迅速发展对工业产值的增长贡献巨大。近年来，内蒙古工业转型升级有效进行，显现了初步成效。2015 年全年全部工业增加值增幅 7.0%。其中，规模以上工业企业增加值增长 7.2%。在规模以上工业企业中，国有控股企业增加值增长 1.4%，集体企业增加值增长 0.9%，股份制企业增加值增长 7.2%，外商及港澳台投资企业增加值增长 3.1%，其他经济类型企业增加值增长 20.5%。在规模以上工业企业中，轻工业增加值增长 5.9%；重工业增加值增长 7.5%。

2．农业、畜牧业

内蒙古农业区和半农半牧区主要分布在大兴安岭和阴山山脉以东和以南。河套、土默川、西辽河、嫩江西岸平原和广大的丘陵地区，有适于农作物生长的黑土、黑钙土、栗钙土等多样性土壤地带和可利用的地上、地下资源，形成我国北方的重要粮仓。内蒙古农作物多达 25 类 10 266 个品种，包括小麦、玉米、水稻、谷子、莜麦、高粱、大豆、马铃薯、甜菜、胡麻、向日葵、蓖麻、蜜瓜、黑白瓜籽等多个品种，其中莜麦、荞麦、华莱士瓜颇具盛名。还有发展苹果、梨、杏、山楂、海棠、海红果等耐寒耐旱水果的良好条件。据统计，2015 年农作物总播种面积 756.8 万 hm^2，其中，粮食总产量达 2 827 万 t，蔬菜产量达 1 445.33 万 t。

由于内蒙古天然草场辽阔宽广，成为我国重要的畜牧业生产基地。草原总面积达 8 666.7 万 hm^2，其中可利用草场面积达 6 800 万 hm^2，占全国草场总面积的 1/4。内蒙古现有呼伦贝尔草原、锡林郭勒草原、科尔沁草原、乌兰察布草原、鄂尔多斯草原和乌拉特草原 6 个著名大草原，生长有 1000 多种饲用植物。2015 年内蒙古牧业年度牲畜存栏头数达 12 094.76 万头（只）。其中，猪肉产量达到 72.1 万 t，牛肉产量达到 55.6 万 t，羊肉产量达到 99.0 万 t。牛奶产量 734.1 万 t，禽蛋产量 58.0 万 t。

3．旅游业

内蒙古旅游资源得天独厚，壮美的草原风光、浓郁的民族风情、悠久的历史文化使其旅游业特色鲜明，苍茫的林海、雄浑的大漠、浩淼的湖泊、众多的河流、神妙的温泉和银装素裹的冰雪世界等，亦为其颇具诱惑的旅游资源。这些资源共同形成了 21 世纪中国生态旅游重要基地的坚实基础。

草原是内蒙古旅游资源的支柱类型，现有四条旅游精品线路：呼伦贝尔—兴安盟草原、森林、冰雪、边贸旅游线；锡林郭勒—赤峰草原、蒙古族文化、辽文化、地质奇观、温泉度假旅游线；呼和浩特—包头—鄂尔多斯蒙古族文化、草原、沙漠观光旅游线；阿拉善宗教朝圣、居延文化、航天科普、沙漠观光旅游线。还包括 12 个重点旅游区：鄂尔多斯市成吉思汗陵蒙古族文化旅游区、鄂尔多斯市银肯响沙湾旅游区、乌兰察布市格根塔拉草原文化旅游区、锡林郭勒盟锡林浩特草原文化旅游区、锡林郭勒盟西乌珠穆沁旗游牧部落旅游区、赤峰市阿斯哈图石林旅游区、呼伦贝尔市呼和诺尔草原生态旅游区、兴安盟阿尔山温泉旅游度假区、通辽市大青沟生态休闲旅游区、阿拉善盟贺兰山南寺宗教文化旅游区、呼和浩特市昭君与蒙古族文化旅游区、呼和浩特市哈素海—敕勒川文化旅游区。

（四）教育与医疗

截至 2015 年年末，内蒙古共有普通高等学校 53 所，比 2014 年增加 3 所；全年招收学生 12.8 万人，增长 3.8%；在校学生 42.1 万人，增长 3.5%，其中，少数民族在校学生 11.0 万人，少数民族在校学生中蒙古族学生 9.5 万人；毕业学生 10.8 万人，下降 3.4%。内蒙古有研究生培养单位 10 个，招收研究生 6 195 人，增长 3.5%；在校研究生 1.8 万人，增长 4.0%，其中，少数民族在校研究生 5 193 人，少数民族在校研究生中蒙古族研究生 4 587 人。有普通高中 284 所，全年招收学生 14.8 万人，下降 4.4%；在校学生 46.3 万人，下降 4.3%，其中，少数民族学生 13.6 万人，少数民族在校学生中蒙古族学生 12.3 万人；毕业学生 16.6 万人。有小学 1 853 所，招收学生 22.37 万人，下降 0.4%；在校学生 131.4 万人，增长 1.3%；毕业学生 20.1 万人，下降 9.1%。内蒙古幼儿园在园幼儿人数 59.3 万人，增长 6.2%。内蒙古初中阶段毛入学率 100%，小学适龄儿童入学率 100%。

医疗方面，截至 2015 年年末，内蒙古共有卫生机构 23 886 个，其中，医院 702 个，农村牧区卫生院 1 322 个，疾病预防控制机构 119 个，妇幼卫生机构 114 个，专科疾病防治院（所）53 个。内蒙古医疗卫生单位拥有病床 13.4 万张，增长 3.8%，其中，医院拥有病床 10.5 万张，乡镇卫生院拥有病床 1.9 万张，妇幼卫生机构拥有病床 0.3 万张。内蒙古拥有卫生技术人员 16.2 万人，增长 5.1%，其中执业医师、助理医师 6.4 万人，注册护士 6.1 万人。农村牧区拥有村卫生室 1.4 万个，拥有乡村医生和卫生员 1.8 万人。

第三节　自然保护区及生态工程概况

一、内蒙古国家级自然保护区建设状况

自然保护区对于保护自然生态系统和珍稀濒危野生动植物有着重要意义，是推进生态文明、建设美丽中国的重要载体。强化自然保护区建设和管理，是贯彻落实创新、协调、绿色、开放、共享新发展理念的具体行动，同时也是保护生物多样性、筑牢生

态安全屏障、确保各类自然生态系统安全稳定、改善生态环境质量的有效举措。内蒙古政府对自然保护区建设十分重视，截至 2014 年年底，内蒙古共建有 27 处国家级自然保护区，见表 1.1 和图 1.3。

表 1.1　内蒙古国家级自然保护区简介

序号	名称	位置	总面积/ hm^2	保护对象
1	大青山国家自然保护区	位于内蒙古中西部包头市、呼和浩特市至乌兰察布市卓资县以北的阴山山地。西起包头市九原区的昆都仑沟，北与包头市固阳县、呼和浩特市武川县相连，东达乌兰察布市卓资县上高台林场，南为土默川平原。东西长度 217 km，南北平均宽度 18 km。地理坐标为东经 109°47′～112°17′，北纬 40°34′～41°14′	391 890	保护区主要保护对象：①以青海云杉、白杆、青杆、侧柏等分布边缘物种群落为代表的山地森林、灌丛—草原生态系统；②物种多样性及濒危珍稀物种，经初步调查，保护区内有维管束植物 755 种，隶属 97 科 360 属，有脊椎动物 218 种，隶属 55 科 123 属；③保护山体，涵养水源。该保护区属于“自然生态系统类”，森林类型（森林、灌丛—草原）超大型自然保护区
2	阿鲁科尔沁自然保护区	位于内蒙古阿鲁科尔沁旗东部，距旗政府所在地天山镇 60 km。保护区地跨赛扎嘎斯台镇、坤都镇、罕塔拉苏木、罕苏木 4 个苏木镇，南与该旗道德镇接壤，东与通辽市扎鲁特旗毗邻。地理坐标为东经 119°55′02″～120°41′27″，北纬 43°48′30″～44°28′31″	137 298	是一个以保护沙地草原、林地、河流、湖泊、沼泽型湿地等多样的生态系统及珍稀鸟类为主的综合性自然保护区
3	高格斯台罕乌拉自然保护区	位于内蒙古赤峰市阿鲁科尔沁旗北部。保护区以阿鲁科尔沁旗罕山林场为主体，北与本旗的罕苏木苏木毗邻；南与巴林左旗和本旗的罕苏木苏木接壤，东与内蒙古通辽市扎鲁特旗相连，西邻锡林郭勒盟的西乌珠穆沁旗。地理坐标为东经 119°03′～119°39′；北纬 44°41′～45°08′	106 284	保护区的主要保护对象：大兴安岭南麓山地典型的过渡带森林—草原生态系统的完整性；西辽河源头的重要湿地生态系统；栖息于该生态系统中的野生马鹿（东北亚种）种群；国家重点保护鸟类大鸨、黑鹳及其他珍稀濒危鸟类的繁殖地

序号	名称	位置	总面积/hm^2	保护对象
4	赛罕乌拉自然保护区	位于内蒙古赤峰市巴林右旗北部。地理坐标为东经 118°18′～118°55′，北纬 43°59′～44°27′	100 400	是一个以保护珍稀濒危野生动植物及其赖以生存的森林、草原、湿地等多样的生态系统为主的综合性自然保护区
5	白音敖包自然保护区	位于内蒙古赤峰市克什克腾旗西北部，距克什克腾旗政府所在地经棚镇 75 km，保护区其北、东及南部三面被白音敖包林场包围，西部与达来诺日毗邻，西距达里诺尔国家级自然保护区约 60 km。保护区东界从四道石门直线至南到横立山头南至毕流河小双山子，北至五道石门水库河岸及防火线，西以防火线为界，南以毕流河为界。地理坐标为东经 117°05′38″～117°20′00″，北纬 43°29′18″～43°36′42″	13 862	主要保护对象是世界仅存的珍稀的沙地云杉林生态系统
6	达里诺尔自然保护区	位于内蒙古赤峰市克什克腾旗西部，距旗政府所在地经棚镇约 90 km，地跨达来诺日镇、达日罕乌拉 2 个苏木，西北部与锡林郭勒自然保护区相邻，南部为浑善达克沙地的东段，西以锡林郭勒盟界为界，东距白音敖包自然保护区约 80 km。地理坐标为东经 116°22′～117°00′，北纬 43°11′～43°27′	119 414	是一个以保护珍稀鸟类及其赖以生存的湖泊、河流、沼泽型湿地、草原、林地等多样的生态系统和火山遗迹、历史文化古迹为主的综合性自然保护区
7	黑里河自然保护区	地处内蒙古宁城县西部，地理坐标为东经 118°16′～118°33′，北纬 41°18′～41°35′	27 638	保护区重点保护对象：①以大面积天然油松林为代表的暖温型针阔叶混交林生态系统；②生物多样性资源及其珍稀濒危物种；③西辽河重要的水源涵养地
8	大黑山自然保护区	位于内蒙古赤峰市与辽宁省交界处，属敖汉旗东南部，燕山山脉努鲁尔虎山中东部，北部和西北部与我国著名的科尔沁沙地相临，地理坐标为东经 120°00′00″～121°31′36″，北纬 42°00′00″～42°14′14″	86 799	是一个以保护草原、森林等多样生态系统及珍稀野生动植物栖息地和水源涵养地为主要保护对象的丘陵山地综合性自然保护区

序号	名称	位置	总面积/hm²	保护对象
9	内蒙古大青沟自然保护区	位于科尔沁左翼后旗甘旗卡镇大青沟林场，地理坐标为东经 122°07′25″～122°15′42″，北纬 42°43′40″～42°49′18″	8 183	主要保护对象为天然珍贵阔叶混交林和科尔沁沙地原生森林生态系统
10	鄂尔多斯遗鸥自然保护区	位于内蒙古伊克昭盟中部，区域范围在东胜市泊尔江海子乡、漫赖乡和伊金霍洛旗的苏布尔嘎苏木境内。地理位置介于东经 109°14′～109°03′，北纬 33°25′～34°00′	14 770	主要保护对象是遗鸥
11	鄂托克旗恐龙遗迹化石自然保护区	位于鄂尔多斯盆地西部，行政区划隶属鄂尔多斯市鄂托克旗查布苏木陶利嘎查和阿如布拉格嘎查	46 410	主要保护对象为鄂托克旗恐龙遗迹化石自然保护区的主要保护对象，包括恐龙足迹化石、鸟类足迹化石、其他类化石和地质遗迹
12	西鄂尔多斯自然保护区	位于内蒙古西部，鄂尔多斯市鄂托克旗西部的阿尔巴斯苏木、公其日嘎乡、新召苏木和棋盘井镇以及乌海市东部的桌子山部分地区。地理坐标为东经 106°44′59.7″～107°43′12″，北纬 39°13′35″～40°10′50″	471 989	是一个以保护古老残遗濒危植物、草原向荒漠过渡的植被带和多样性生态系统为主要对象的综合性自然保护区
13	红花尔基樟子松林自然保护区	位于大兴安岭南段西坡，呼伦贝尔市鄂温克旗的南端，坐落在红花尔基林场施业区内。西邻呼伦贝尔草原，东枕大兴安岭西麓。保护区位于红花尔基林业局的红花尔基林场施业区内，保护区东西最大跨度为 13 km，南北最长长度为 20 km。地理坐标为东经 120°09′～120°32′，北纬 48°02′～48°08′	20 085	主要保护对象为以天然沙地樟子松林为代表的森林生态系统及栖息于该生态系统中的珍稀濒危动植物
14	辉河自然保护区	位于内蒙古呼伦贝尔市西南部，处于鄂温克族自治旗、新巴尔虎左旗、陈巴尔虎旗行政区域内，地理坐标为北纬 48°09′30.19″～49°00′55.49″，东经 118°46′53.61″～119°43′50.14″	346 848	主要保护对象为湿地、草原、森林生态系统及珍稀濒危鸟类

序号	名称	位置	总面积/hm^2	保护对象
15	达赉湖自然保护区	位于内蒙古东北部，呼伦贝尔市西部，横跨新巴尔虎右旗、新巴尔虎左旗和满洲里市行政区域。北距满洲里市 40 km，南以贝尔湖与蒙古国接壤。地理坐标为北纬 47°45′50″～49°20′20″，东经 116°50′10″～118°10′10″	740 000	主要保护对象为湿地、沼泽植被、珍稀野生动物
16	内蒙古额尔古纳自然保护区	位于内蒙古大兴安岭山脉北段西坡，行政区划位于内蒙古呼伦贝尔市额尔古纳市境内，西北以额尔古纳河为界，与俄罗斯隔河相望；北与奇乾林业局毗邻；南与额尔古纳市的吉拉林林业局接壤，东南与莫尔道嘎林业局相连。地理坐标为东经 120°00′26″～120°58′02″，北纬 51°29′25″～52°06′00″	124 527	保护区主要保护的对象：①保护大兴安岭北部山地原始寒温带针叶林森林生态系统；②保护栖息于该生态系统中的珍稀濒危野生动植物物种；③保护森林、湿地与额尔古纳河源头湿地复合生态系统
17	内蒙古汗马自然保护区	位于内蒙古大兴安岭山脉西坡北部，内蒙古根河市境内，东临黑龙江省呼中国家级自然保护区，南接内蒙古甘河林业局，西与金河林业局接壤，北与阿龙山林业局为界，地理坐标为东经 122°23′34″～122°52′46″，北纬 51°20′02″～51°49′48″	107 348	主要保护对象是寒温带针叶林森林生态系统、野生动物及其栖息地、珍稀濒危野生植物、黑龙江主要支流——激流河上游水源湿地
18	内蒙古哈腾套海自然保护区	位于磴口县西北部的乌兰布和沙漠的东缘，距磴口县城约 60 km。地理位置为东经 106°09′～106°50′，北纬 40°30′～40°57′	123 600	主要保护对象是荒漠植被生态系统和珍稀濒危野生动植物及其生存环境
19	内蒙古乌拉特自然保护区	位于内蒙古巴彦淖尔市乌拉特中、后旗北部的中蒙边境沿线。地理位置为东经 106°15′～108°00′，北纬 41°51′～42°27′	131 800	主要保护对象为该区内分布的原始天然梭梭林和栖息的蒙古野驴、鹅喉羚等珍稀野生动物

序号	名称	位置	总面积/hm^2	保护对象
20	内蒙古科尔沁自然保护区	位于内蒙古兴安盟科尔沁右翼中旗的东部，地理坐标为东经 121°41′～122°41′，北纬 44°51′～45°18′	126 987	是一个以保护科尔沁草原、蒙古黄榆、西伯利亚山杏疏林景观、鹤鹳类等珍禽及其栖息环境湿地为主的综合性自然保护区
21	内蒙古图牧吉自然保护区	地处内蒙古、黑龙江省、吉林省的交汇地带的扎赉特旗境内。东侧与南侧分别与黑龙江省泰来县、吉林省镇赉县相接，西侧与内蒙古科尔沁右翼前旗毗邻，北侧为扎赉特旗音德尔镇。地理坐标为东经 122°44′30″～123°10′24″，北纬 46°04′12″～46°25′47″	94 830	主要保护对象为大鸨、丹顶鹤、白鹳等珍稀鸟类及其赖以生存的草原和湿地生态系统
22	锡林郭勒草原自然保护区	位于内蒙古锡林郭勒盟锡林浩特市境内，控制范围以锡林河流域自然分水岭为界。地理坐标为北纬 43°26′～44°33′，东经 115°32′～117°12′	580 000	主要保护对象为锡林河流域范围内半干旱气候条件下发育在栗钙土上的典型草原生态系统；在半湿润气候条件下发育在黑钙土上的草甸草原生态系统；草原地带沙地森林生态系统以及河谷湿地生态系统等结构与功能的完整性；在各生态系统中繁衍生息的野生动物、植物、菌类的多样性，对濒危物种实行特殊保护；保护和管理保护区内的自然和人文景观资源
23	内蒙古古日格斯台自然保护区	地处大兴安岭南部山地余脉的西麓，位于锡林郭勒盟西乌珠穆沁旗巴拉嘎尔高勒镇东南部 55 km 处	98 931	主要保护对象为大兴安岭南部山地北麓森林—草原生态系统及其所包容的物种多样性；乌珠穆沁盆地国际重要湿地乌拉盖水系河源湿地生态系统；栖息于该生态系统中的野生马鹿（东北亚种）、斑羚、青羊、野猪、猞猁等大型野生动物种群；国家重点保护鸟类大鸨、黑鹳、金雕、丹顶鹤、黑琴鸡、红脚隼、黄脚隼、蒙古百灵、兀鹫、蓑羽鹤及其珍稀濒危鸟类的繁殖地

序号	名称	位置	总面积/hm^2	保护对象
24	内蒙古贺兰山自然保护区	位于阿拉善盟左旗境内，地理坐标为东经 105°44′40.8″～106°05′15.2″，北纬 38°20′44.1″～39°08′08″	67 710	主要保护对象为青海云杉林及野生动植物
25	额济纳胡杨林自然保护区	位于阿拉善盟的最西端，东与阿拉善右旗接壤，南与甘肃省金塔县毗邻，西与甘肃省北蒙古族自治县相连，北与蒙古国交界。额济纳胡杨林国家级自然保护区位于额济纳旗的中心位置——额济纳绿洲，西临额济纳旗政府驻地达来呼布镇，北临居延海。地理坐标为北纬 41°30′～42°07′，东经 101°03′～101°17′	26 253	主要保护对象为胡杨林
26	内蒙古毕拉河自然保护区	位于内蒙古大兴安岭毕拉河林业局达尔滨湖林场和扎文河林场境内，行政区域隶属于内蒙古呼伦贝尔市鄂伦春自治旗诺敏镇，属于大兴安岭北段东麓的森林、灌丛向草原与农牧过渡的嫩江流域。东与巴提克林场接壤，南与大二沟林场相邻，西与北大河林场毗邻，北与羊其河林场相接，地理坐标为东经 123°04′28.9″～123°29′16.1″，北纬 49°19′39.5″～49°38′29.7″之间	56 604	重点保护对象为森林沼泽、草本沼泽以及珍稀濒危野生动植物等
27	乌兰坝自然保护区	位于赤峰市巴林左旗北部，距旗政府所在地林东镇 90 km。保护区属乌兰坝林场和石棚沟林场辖区。保护区北部与锡林郭勒盟接壤，东部与阿鲁科尔沁旗相邻，西部与巴林右旗毗邻。地理坐标为东经 118°45′～119°17′，北纬 44°08′～44°47′之间	80 878	主要保护对象为过渡带森林、草原植被及珍稀野生动物等

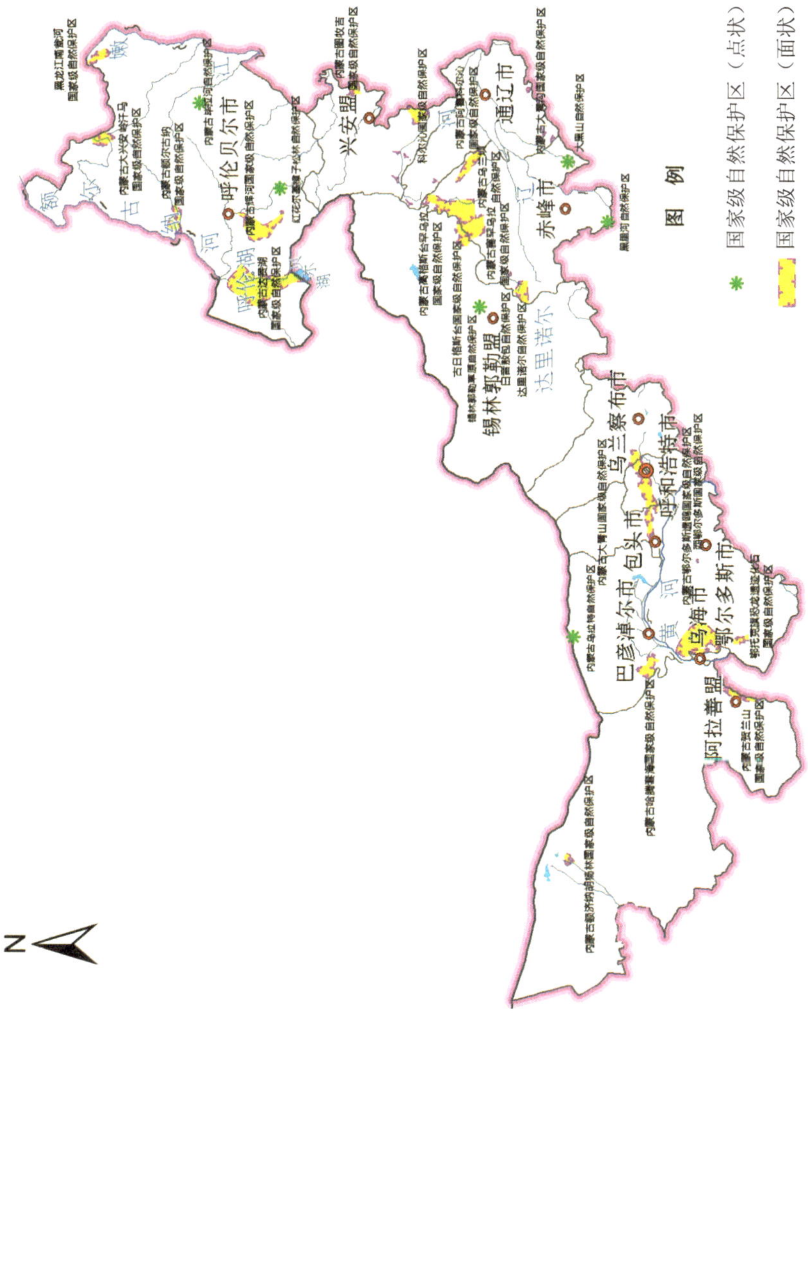

图 1.3 内蒙古自治区国家级自然保护区位置

二、内蒙古主要生态保护工程

（一）“三北”防护林工程

“三北”防护林体系工程是一项正在我国北方实施的宏伟生态建设工程，它是我国林业发展史上的一大壮举，开创了我国林业生态工程建设的先河。地跨东北西部、华北北部和西北大部分地区，包括我国北方 13 个省（自治区、直辖市）的 551 个县（旗、市、区），建设范围东起黑龙江省的宾县，西至新疆维吾尔自治区乌孜别里山口，东西长 4 480 km，南北宽 560～1 460 km，总面积 406.9 万 km^2，占国土面积的 42.4%。“三北”防护林体系建设工程于 1978 年 11 月启动，建设范围主要是风沙危害和水土流失严重的西北、华北、东北地区，工程规划期限为 73 年，分 8 期工程进行。目前已正式启动第 5 期工程建设。

内蒙古横跨我国东北、华北、西北地区，是黄河、辽河、嫩江等河流的上中游或源头，也是“三北”防护林体系建设的重点地区之一，累计完成“三北”防护林工程建设任务 1.07 亿亩[①]，占全国总任务的 1/3。其中内蒙古有 100 个旗县（区）列入《三北防护林体系建设五期规划（2011—2020 年）》建设范围。

“三北”工程内蒙古任务完成情况：

一期工程完成情况（1978—1985 年）：完成造林面积 1 643 013 hm^2，按造林方式分为人工造林 1 514 260 hm^2、封山育林 109 333 hm^2；飞播造林 19 420 hm^2。按林种用途分为用材林 343 287 hm^2、经济林 30 687 hm^2、防护林 1 244 632 hm^2、薪炭林 24 320 hm^2、特种用途林 87 hm^2。

二期工程完成情况（1986—1995 年）：完成造林面积 2 574 121 hm^2，是规划任务的 123%。其中人工造林 1 928 446 hm^2，是规划任务的 116.8%；飞播造林 84 864 hm^2，是规划任务的 212.2%；封山育林 560 811 hm^2，是规划任务的 140.4%。按林种用途分为用材林 429 318 hm^2、经济林 233 497 hm^2、防护林 1 862 885 hm^2、薪炭林 39 256 hm^2、特种用途林 9 165 hm^2。

三期工程完成情况（1996—2000 年）：完成造林面积 1 132 432 hm^2，是规划任务的 175.2%。其中人工造林 920 815 hm^2，是规划任务的 215.3%；飞播造林 114 008 hm^2，是规划任务的 187.2%；封山育林 97 609 hm^2，是规划任务的 61.9%。按林种用途分为用材林 177 933 hm^2、经济林 231 316 hm^2、防护林 715 867 hm^2、薪炭林 6 440 hm^2、特种用途林 876 hm^2。

---

① 1 亩=1/15 hm^2。

四期工程完成情况（2001—2010 年）：累计完成造林 450 595 hm^2。

五期工程完成情况（2011—2020 年）：计划 10 年间营造防护林 8 000 万亩，预计到 2020 年，内蒙古“三北”防护林工程区森林覆盖率达 15%，初步建成比较完备的防护林体系。五期工程规划分区情况见表 1.2。

表 1.2 “三北”防护林体系（内蒙古）建设五期工程规划分区范围

区域	重点建设区	省份	县（旗、区）	县数
东北、华北平原农区		内蒙古自治区	额尔古纳市、牙克石市、鄂伦春自治旗	3
风沙区	科尔沁沙地		科尔沁右翼中旗、突泉县、科尔沁区、科尔沁左翼中旗、科尔沁左翼后旗、开鲁县、库伦旗、奈曼旗、科尔沁右翼前旗、扎鲁特旗	10
	毛乌素沙地		乌审旗、伊金霍洛旗、鄂托克前旗、鄂托克旗、杭锦旗、达拉特旗、准格尔旗	7
	呼伦贝尔沙地		陈巴尔虎旗、新巴尔虎左旗、鄂温克旗、海拉尔区、新巴尔虎右旗	5
风沙区	呼伦贝尔沙地	内蒙古自治区	阿荣旗、莫力达瓦达斡尔族自治旗、鄂温克族自治旗、陈巴尔虎旗、新巴尔虎左旗、新巴尔虎右旗、扎兰屯市、海拉尔区、满洲里市、科尔沁右翼前旗、科尔沁右翼中旗、扎赉特旗、阿尔山市、乌兰浩特市、突泉县、科尔沁区、开鲁县、科尔沁左翼中旗、科尔沁左翼后旗、奈曼旗、库伦旗、扎鲁特旗、霍林郭勒市、元宝山区、红山区、察哈尔右翼中旗、卓资县、凉城县、临河区、五原县、磴口县、杭锦后旗、乌拉特前旗、乌拉特中期、准格尔旗、达拉特旗、伊金霍洛旗、乌审旗、杭锦旗、东胜市、鄂托克旗、鄂托克前旗、托克托县、赛罕区、新城区、回民区、玉泉区、和林格尔县、武川县、清水河县、土默特左旗、土默特右旗、固阳县、九原区、石拐区、青山区、昆都仑区、东河区、白云鄂博区、海勃湾区、乌达市、海南区	62
西北荒漠区	乌兰布和沙漠东缘		杭锦后旗、磴口县、乌拉特后旗、五原县、巴彦淖尔市临河区、乌海市海勃湾区、乌达区、海南区、阿拉善左旗	9
			乌拉特后旗、阿拉善左旗、阿拉善右旗、额济纳旗	4
总计				100

（二）天然林保护工程

天然林保护工程（内蒙古）实施区域见表 1.3。

表 1.3 天然林保护工程（内蒙古）实施区域

区域	工程区	实施单位个数	旗、县、区（重点国有森工企业局）
东北、内蒙古重点国有林区	森工集团	共计 17 个国有重点森工和 3 个营林管护局	阿尔山、绰儿、绰源、乌尔旗汉、库都尔、图里河、伊图里河、克一河、甘河、吉文、阿里河、根河、金河、阿龙山、满归、得耳布尔、莫尔道嘎、大杨树、毕拉河、北部原始林区管理局
	岭南八局	共计 8 个地方重点森工企业和 3 个旗县	巴林、南木、红花尔基、五岔沟、白狼、柴河、乌奴尔、免渡河等 8 个地方重点森工企业，阿荣旗、莫旗、额尔古纳市所属原天保范围内国有林场和森工企业
长江上游、黄河中上游地区	黄河上中游	共计 44 个，其中 40 个县（市、区）、4 个国有林场（局）	呼和浩特市：新城区、回民区、玉泉区、赛罕区、托克托县、武川县、和林格尔县、土默特左旗、清水河县、乌素图林场；包头市：九原区、石拐区、土默特右旗、固阳县、昆区、青山区、东河区；乌海市：渤海湾区、海南区、乌达区；乌兰察布市：卓资县、察右中旗、凉城县；鄂尔多斯市：东胜区、伊金霍洛旗、杭锦旗、乌审旗、鄂托克旗、鄂托克前旗、准格尔旗、达拉特旗、机械化造林总场；巴彦淖尔市：临河区、五原县、磴口县、乌拉特前旗、乌拉特中旗、乌拉特后旗、杭锦后旗、农垦局、乌拉山林场；阿拉善盟：阿拉善左旗、乌斯太经济开发区、孪井滩移民示范区

1998 年长江特大洪涝灾害后，针对长期以来我国天然林资源过度消耗而引起的生态环境恶化的现实，党中央、国务院从我国社会经济可持续发展的战略高度，做出了实施天然林资源保护工程的重大决策。该工程旨在通过天然林禁伐和大幅减少商品木材产量，有计划分流安置林区职工等措施，主要解决我国天然林的休养生息和恢复发展问题。实施范围包括长江上游、黄河上中游地区和东北、内蒙古等重点国有林区的 17 个省（区、市）的 734 个县和 163 个森工局。天然林保护工程已完成第一期（1988—2010 年）工程，现正在开展第二期（2011—2020 年）示范点建设。

天然林保护工程一期 1998 年开始实施，在内蒙古有三个工程区，即黄河上中游、内蒙古森工集团和岭南八局天保工程区，是全国唯一进入“长江上游和黄河上中游”“东北内蒙古等重点国有林区”两大天保工程的省区。工程区范围涉及 9 个盟市，66

个旗县级实施单位。天保工程区林业用地面积3.5亿亩，占内蒙古林业用地面积的53.2%；森林面积2.1亿亩，占内蒙古森林面积的58.6%，林木蓄积量10.7亿m^3，占内蒙古林木总蓄积量的78.7%。

在天保工程二期实施过程中，内蒙古森工集团和岭南八局将进一步调减木材产量，在“十二五”期间由上一期定产后年均243.2万m^3分三年调减到每年122.6万m^3，下调幅度49.6%；黄河中上游地区继续停止天然林商品性采伐。预计到2020年，内蒙古天保工程区管护森林面积将由目前的2.1亿亩增加到3.1亿亩，建设公益林1 950万亩。

（三）京津风沙源治理工程

1. 简介

京津风沙源治理工程是为固土防沙，减少京津沙尘天气而出台的一项针对京津周边地区土地沙化的治理措施。京津风沙源治理工程目前共分为两期，一期工程为2002年全面启动至2012年，通过对现有植被的保护，封沙育林，飞播造林、人工造林、退耕还林、草地治理等生物措施和小流域综合治理等工程措施，使工程区可治理的沙化土地得到基本治理，生态环境明显好转，风沙天气和沙尘暴天气明显减少，从总体上遏制沙化土地的扩展趋势，使北京周围生态环境得到明显改善。为进一步减轻京津地区风沙危害，构筑北方生态屏障，我国将实施建设期从2013—2022年为期10年的“京津风沙源治理二期工程”，到2022年，一期工程建设成果得到有效巩固，工程区内可治理的沙化土地得到基本治理，总体上遏制沙化土地扩展趋势，生态环境明显改善，生态系统稳定性进一步增强，京津及华北北部地区的绿色生态屏障基本建成，京津地区沙尘天气明显减少，风沙危害进一步减轻。

2. 工程实施背景

京津风沙源治理工程是党中央、国务院为改善和优化京津及周边地区生态环境状况，减轻风沙危害，紧急启动实施的一项具有重大战略意义的生态建设工程。近年来，京津乃至华北地区多次遭受风沙危害，特别是2000年春季，我国北方地区连续12次发生较大的浮尘、扬沙和沙尘暴天气，其中有多次影响首都。其频率之高、范围之广、强度之大，为50年来所罕见，引起党中央、国务院高度重视，备受社会关注。国务院领导在听取了国家林业局对京津及周边地区防沙治沙工作思路的汇报后，亲临河北、内蒙古视察治沙工作并做出指示，“防沙止漠刻不容缓，生态屏障势在必建”，并决定实施京津风沙源治理工程，见表1.4。

表 1.4　内蒙古京津风沙源治理工程一期建设范围

盟市	包头市	赤峰市	乌兰察布市	锡林郭勒盟
旗县	达尔罕茂名安联合旗	克什克腾旗、巴林右旗、宁城县、喀喇沁旗、敖汉旗、翁牛特旗、巴林左旗、阿鲁科尔沁旗、松山区、林西县	四子王旗、察哈尔右翼后前旗、察哈尔右翼后旗、化德县、商都县、兴和县、丰镇市、集宁区	西乌珠穆沁旗、阿巴嘎旗、苏尼特左旗、二连浩特市、东乌珠穆沁旗、多伦县、正蓝旗、苏尼特右旗、正镶白旗、锡林浩特市、太仆寺旗、镶黄旗

3．工程建设范围

工程区西起内蒙古的达尔罕茂名安联合旗，东至内蒙古的阿鲁科尔沁旗，南起山西的代县，北至内蒙古的东乌珠穆沁旗，涉及北京、天津、河北、山西及内蒙古等五省（区、市）的 75 个县（旗）。京津风沙源治理一期工程规划治理面积 45.8 万 km^2，其中内蒙古治理区 36.9 万 km^2，占内蒙古总面积的 31.9%，占全部治理面积的 80.6%，包括包头市、赤峰市、乌兰察布市、锡林郭勒盟的 31 个旗（县、区）。

4．工程建设成果

2004—2015 年内蒙古京津风沙源工程造林面积见表 1.5。

表 1.5　2004—2015 年内蒙古京津风沙源工程造林面积

年份	内蒙古京津风沙源造林面积/万 hm^2	内蒙古林业重点工程造林面积/万 hm^2	京津风沙源造林面积占林业重点工程造林面积比/%
2004	20.30	72.80	27.88
2005	20.51	53.83	38.11
2006	6.72	23.05	29.16
2007	17.18	36.39	47.21
2008	25.57	54.89	46.58
2009	29.15	81.22	35.89
2010	15.48	60.64	25.52
2011	40.80	66.04	61.78
2012	42.16	70.10	60.14
2013	46.89	68.50	68.45
2014	13.26	36.39	36.44
2015	12.45	40.58	30.68
合计	290.47	664.43	

表 1.5 显示，2004—2015 年，内蒙古京津风沙源造林面积共达到 290.47 万 hm^2，内蒙古林业重点工程造林面积为 664.43 万 hm^2，内蒙古林业重点工程包括天然林保护工程、退耕还林工程、“三北”及长江流域等防护林建设工程、京津风沙源治理工程。其中 2004 年内蒙古京津风沙源造林面积为 20.30 万 hm^2，内蒙古林业重点工程造林面积为 72.80 万 hm^2，京津风沙源造林面积占林业重点工程的 27.88%。2005 年内蒙古京津风沙源造林面积为 20.51 万 hm^2，内蒙古林业重点工程造林面积为 53.83 万 hm^2，京津风沙源造林面积占林业重点工程的 38.11%。2006 年内蒙古京津风沙源造林面积为 6.72 万 hm^2，内蒙古林业重点工程造林面积为 23.05 万 hm^2，京津风沙源造林面积占林业重点工程的 29.16%。2007 年内蒙古京津风沙源造林面积为 17.18 万 hm^2，内蒙古林业重点工程造林面积为 36.39 万 hm^2，京津风沙源造林面积占林业重点工程的 47.21%。2008 年内蒙古京津风沙源造林面积为 25.57 万 hm^2，内蒙古林业重点工程造林面积为 54.89 万 hm^2，京津风沙源造林面积占林业重点工程的 46.58%。2009 年内蒙古京津风沙源造林面积为 29.15 万 hm^2，内蒙古林业重点工程造林面积为 81.22 万 hm^2，京津风沙源造林面积占林业重点工程的 35.89%。2010 年内蒙古京津风沙源造林面积为 15.48 万 hm^2，内蒙古林业重点工程造林面积为 60.64 万 hm^2，京津风沙源造林面积占林业重点工程的 25.52%。2011 年内蒙古京津风沙源造林面积为 40.80 万 hm^2，内蒙古林业重点工程造林面积为 66.04 万 hm^2，京津风沙源造林面积占林业重点工程的 61.78%。2012 年内蒙古京津风沙源造林面积为 42.16 万 hm^2，内蒙古林业重点工程造林面积为 70.10 万 hm^2，京津风沙源造林面积占林业重点工程的 60.14%。2013 年内蒙古京津风沙源造林面积为 46.89 万 hm^2，内蒙古林业重点工程造林面积为 68.50 万 hm^2，京津风沙源造林面积占林业重点工程的 68.45%。2014 年内蒙古京津风沙源造林面积为 13.26 万 hm^2，内蒙古林业重点工程造林面积为 36.39 万 hm^2，京津风沙源造林面积占林业重点工程的 36.44%。2015 年内蒙古京津风沙源造林面积为 12.45 万 hm^2，内蒙古林业重点工程造林面积为 40.58 万 hm^2，京津风沙源造林面积占林业重点工程的 30.68%。

（四）退耕还林工程

1. 简介

退耕还林工程就是从保护和改善生态环境出发，将易造成水土流失的坡耕地有计划、有步骤地停止耕种，按照适地适树的原则，因地制宜地植树造林，恢复森林植被。退耕还林工程建设包括两个方面的内容：一是坡耕地退耕还林；二是宜林荒山荒地造林。

退耕还林工程是我国改善西部地区恶化的生态环境而采取的一项重大的生态建设

工程。工程旨在治理水土流失，改善生态环境，促进东西部经济协调发展和整个国民经济的可持续发展。退耕还林还草工程的启动，关系农牧民当前收入和长远生计，还涉及土地利用结构调整、农村经济结构调整、地区经济发展等一系列重大问题。

退耕的成功与否关系到能否遏制恶化的生态环境，同时也关系西部地区农村社会经济的发展和稳定。内蒙古地处我国北疆，承担着维护祖国边境稳定，保障生态安全、民族团结和促进社会繁荣的重任。退耕还林还草工程在内蒙古实施情况是事关农牧业产业结构调整和生产方式重大转变、农牧民的增产增收以及农村牧区社会稳定的大事。

2. 工程建设范围

退耕还林工程在内蒙古涉及 9 市 3 盟，96 个旗、县、市、区（19 个市辖区、9 个县级市、17 个县、48 个旗、3 个自治旗，占内蒙古总数的 95%）。

3. 工程成果

退耕还林工程不仅增加了内蒙古林草植被，加快了国土绿化进程，减轻了水土流失和风沙危害的程度，而且促进了内蒙古农村产业结构调整，加快了农村劳动力转移和城镇化建设进程。总体来说就是增加内蒙古的植被，减少沙化耕地、坡耕地，增加农民收入，效果显著。该工程有力地推进了内蒙古社会主义新农村建设，生态效益、经济效益、社会效益相辅相成，是迄今为止政策性最强、投资最大、涉及面最广、群众参与度最高和惠及子孙万代的宏伟工程，有力推动了内蒙古经济社会又好又快发展。

表 1.6　2004—2011 年内蒙古退耕还林造林面积

年份	2004	2005	2006	2007	2008	2009	2010	2011	合计
内蒙古退耕还林造林面积/hm^2	442 470	265 565	54 752	34 879	101 369	48 555	51 997	39 696	1 039 283
内蒙古林业重点工程造林面积/hm^2	728 045	538 278	230 525	363 860	548 861	812 223	606 397	660 392	4 488 581
退耕还林造林面积占林业重点工程造林面积比/%	67.00	43.79	6.74	6.35	27.86	21.06	9.66	5.45	

如表 1.6 所示，2004—2011 年，内蒙古退耕还林造林面积共达到 1 039 283 hm^2，内蒙古林业重点工程造林面积为 4 488 581 hm^2，内蒙古林业重点工程包括天然林保护工程、退耕还林工程、“三北”及长江流域等防护林建设工程、退耕还林治理工程。其中 2004 年内蒙古退耕还林造林面积为 442 470 hm^2，内蒙古林业重点工程造林面积为

728 045 hm^2，退耕还林造林面积占林业重点工程的 67.00%。2005 年内蒙古退耕还林造林面积为 265 565 hm^2，内蒙古林业重点工程造林面积为 538 278 hm^2，退耕还林造林面积占林业重点工程的 43.79%。2006 年内蒙古退耕还林造林面积为 54 752 hm^2，内蒙古林业重点工程造林面积为 230 525 hm^2，退耕还林造林面积占林业重点工程的 6.74%。2007 年内蒙古退耕还林造林面积为 34 879 hm^2，内蒙古林业重点工程造林面积为 363 860 hm^2，退耕还林造林面积占林业重点工程的 6.35%。2008 年内蒙古退耕还林造林面积为 101 369 hm^2，内蒙古林业重点工程造林面积为 548 861 hm^2，退耕还林造林面积占林业重点工程的 27.86%。2009 年内蒙古退耕还林造林面积为 48 555 hm^2，内蒙古林业重点工程造林面积为 812 223 hm^2，退耕还林造林面积占林业重点工程的 21.06%。2010 年内蒙古退耕还林造林面积为 51 997 hm^2，内蒙古林业重点工程造林面积为 606 397 hm^2，退耕还林造林面积占林业重点工程的 9.66%。2011 年内蒙古退耕还林造林面积为 39 696 hm^2，内蒙古林业重点工程造林面积为 660 392 hm^2，退耕还林造林面积占林业重点工程的 5.45%。

第二章

内蒙古生态环境监测评估指标体系与技术路线

第一节　监测总体思路与框架

一、总体思路

内蒙古生态环境状况遥感监测与综合评价以“生态优先，绿色发展”为指导，以人与自然耦合机理为基础，重点揭示人类活动对生态环境的影响过程和生态系统对经济社会发展的支撑作用，为内蒙古生态环境保护和生态安全保障提供科学基础。

（1）着眼于内蒙古生态安全和经济社会可持续发展，为未来社会发展与环境保护规划提供支撑。项目成果反映了内蒙古生态环境状况、问题以及生态保护的成效。为生态建设提供科技支撑，为落实内蒙古主体功能区发展战略，环境保护发展规划、环境功能区划等提供支撑。

（2）以生态系统为研究对象，分析内蒙古生态系统的宏观结构变化特征和规律。以生态系统的结构、过程和特征为基础，阐明不同类型生态系统时空演变趋势。

（3）关注生态环境植被状况，分析内蒙古生态系统植被动态特征，刻画主要生态系统类型植被动态特征，将生态系统植被覆盖变化作为社会经济活动效果评估的重要内容，应用于政策管理决策和可持续发展。

（4）关注内蒙古生态系统结构变化驱动分析。分析气候降水等因素对生态系统宏观结构的影响，分析城市化、社会经济因素背景下，生态系统响应和适应状况，综合评估人类活动和气候变化对耕地开垦、超载等因素分析的影响。分析生态工程在生态系统功能恢复中的作用及其机制。

（5）重点分析内蒙古生态环境质量及草地退化与沙漠化专题，构建生态环境质量评估指标体系，综合评估人类活动和气候变化对生态环境质量的综合影响。研究区内草地退化特征分析及典型区沙漠化特征分析，认识人类活动与生态系统变化的基本关系。

（6）预测分析，以内蒙古 2015 年生态系统数据为基础采用两种不同的生态系统类型需求方案，分别在自然演化情景和生态保护情景下模拟 2020 年各生态系统格局的变化情况，用于为政策规划提供参考。

二、技术路线

根据内蒙古生态环境状况遥感监测与综合评价指标体系，收集卫星遥感、社会经济、环境背景等数据，融合高分辨率与中分辨率遥感数据与方法，开展生态系统分类、植被和生产力参数反演，进行内蒙古生态系统格局与结构、1990—2015 年质量状况变化分析，开展生态系统胁迫驱动力等变化评估，完成内蒙古和分盟（市）生态环境变化综合评价，完成典型区域和生态监测区生态环境变化评价，编制内蒙古生态环境状况遥感监测与综合评价评估报告和图集，发布生态环境综合分析评价成果。

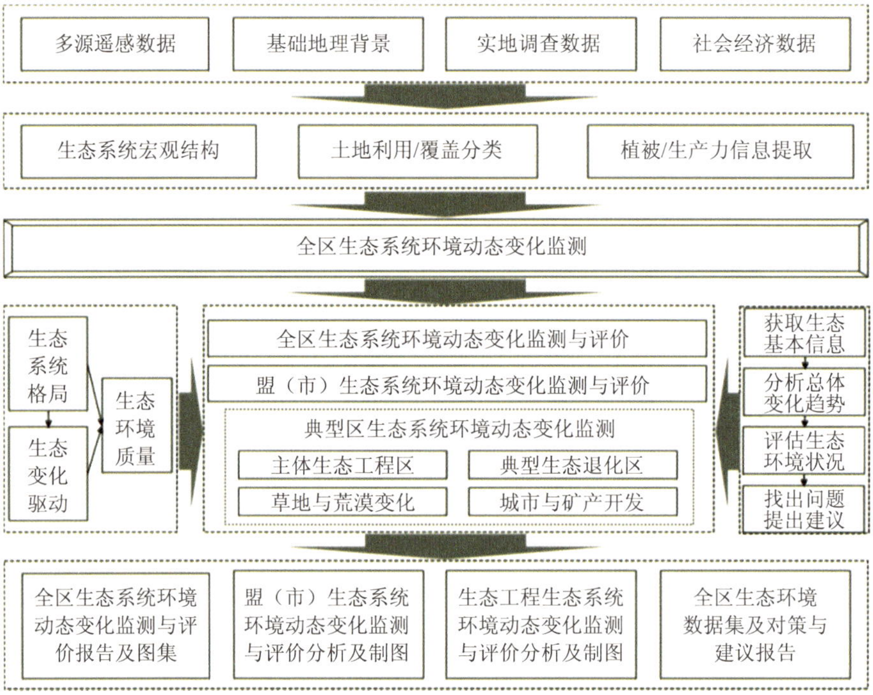

图 2.1　技术路线

技术路线如图 2.1 所示，具体包括以下几个方面：

（一）数据与整理

根据内蒙古生态环境状况遥感监测与综合评价指标体系，收集和整理 1990 年、2000 年、2010 年、2015 年 Landsat 数据，重点区域和环境敏感区域的高空间分辨率遥感数据、1990—2015 年每年逐月的 GIMMS、SPOT、MODIS 时序遥感数据、以及 2000 年以来模型模拟的生产力数据。收集基础地理数据、实地调查数据、社会经济数据等，并开展数据空间化、空间统计分析等。

（二）生态系统分类信息遥感解译

基于 1990 年、2000 年、2010 年、2015 年遥感影像数据，建立生态系统宏观格局和土地利用/覆盖分类体系，采用面向对象的分类方法，开展农田、森林、草地、聚落、水体、荒漠 6 类一级生态系统与 16 类二级类别分类，获取生态系统类型分布和森林、草地覆盖状况。

（三）生态系统特征参数天地协同反演

基于 TM30 米多光谱数据和 GIMMS、SPOT、MODIS 低分辨率数据，利用野外实地采样数据和遥感影像数据，构建植被覆盖度、生态系统类型净初级生产力等生态参数的天地协同反演模型，生成内蒙古不同空间尺度上的月、季、年度时间序列生态数据集。

（四）内蒙古生态系统环境动态变化监测与评估

基于生态系统宏观结构、土地利用/覆盖分类、生产力、植被遥感参数，分析生态系统分布与格局、质量状况，进行生态系统宏观格局变化、生态问题、生态驱动等多方面评估，完成内蒙古、各盟（市）生态环境综合评价，全面反映内蒙古尺度上生态环境 1990—2015 年变化的特点和规律，揭示其生态结构与生态环境质量的特点和趋势，找出影响生态质量的驱动因子，由动态分析达到综合监测与评估。

（五）专题分析

重点针对内蒙古生态工程、重要生态功能区等开展典型区草地退化与沙漠化特征分析，针对呼包鄂城市群生态状况进行分析。

第二节　监测指标与数据获取

一、监测指标

在内蒙古生态环境状况遥感监测与综合评价中，分别对内蒙古范围和盟（市）（包括呼和浩特、包头、乌海、赤峰、通辽、鄂尔多斯、呼伦贝尔、乌兰察布、巴彦淖尔 9 个市；兴安、阿拉善、锡林郭勒 3 个盟）进行了统计分析。

内蒙古生态系统综合评估指标，包括生态系统结构变化、生态系统质量和驱动力等三大类、5 个一级指标、13 个二级指标，其获取方法见表 2.1。

表 2.1 生态系统综合评估指标与获取方法

评估内容	评估指标		获取方法
	一级指标	二级指标	
生态系统宏观结构	生态系统宏观结构	生态系统分类面积	1990 年、2000 年、2010 年、2015 年四期生态系统分类面积由相应年份的土地利用数据生成。四期土地利用数据则是利用 Landsat 影像和环境卫星影像，结合野外调查，基于基础地理数据和专家知识，通过人机交互解译获得
		变化率	通过评估前后生态系统分类面积的变化计算
生态环境质量	植被状况	总体植被覆盖状况	采用植被覆盖度指标对内蒙古及盟市状况开展分析
		自然主体植被覆盖状况	评估区域天然草地、林地、荒漠生态系统植被覆盖状况是否达到同类最优生态系统植被覆盖的水平
		人为干扰为主体的植被状况	评估区域农田、草地退化治理区域及荒漠治理区域植被覆盖状况是否达到自然最优生态系统植被覆盖的水平
	生产力	总体生态系统生产力状况	内蒙古生态系统生产力变化情况
		六大类生态系统生产力状况	内蒙古农田、森林、草地、聚落、水体、荒漠 6 类生态系统状况生产力变化状况
		生态工程区生产力恢复状况	评估区域某类生态系统生产力状况分析
驱动力分析	气候因子	气温	利用气象站点的观测数据，通过空间插值获得
		降水	利用气象站点的观测数据，通过空间插值获得
	人类活动因子	生态工程	通过调查统计数据获得
		人类扰动	通过调查统计和相关计算获得

二、数据处理与获取

（一）生态系统宏观结构与土地利用/覆盖数据

划分内蒙古陆域生态系统的分类依据，主要是内蒙古主要植被类型和水体与湿地生物类型及其所处的环境条件，同时考虑生态系统边界内部组分之间的强烈相互作用，以及与边界之外环境的相互作用相对较弱的判定原则。为了满足内蒙古与区域尺度生态系统分布格局对生物多样性影响的客观评价要求，本书依据联合国千年生态系统评估（MA）报告的生态系统分类与边界界定原则，以及中国科学院全国土地利用/覆盖现状分类系统的定义，制定陆域生态系统的分类系统。内蒙古陆域生态系统一级类型分类与含义见表 2.2（刘纪远等，2014）。

生态系统宏观结构与土地利用/覆盖数据集获取方式，是在数据收集和地面调查的基础上，建立生态系统类型遥感解译标志库。利用遥感影像，采用面向对象分类方法，提取生态系统类型分布，通过地面核查进行复核、完善，得到生态系统类型分类数据。

表 2.2 内蒙古陆域生态系统一级类型分类与含义

代码		一级类型	二级类型	定义
10		农田生态系统	指由人工种植农作物的耕地及其环境构成的生态系统。包括耕地、新开荒地、休闲地、轮歇地；以种植农作物为主的农果、农桑、农林用地；耕种 3 年以上的滩地和海涂。包括水田、旱地，及其基本制图单元界线内部的农田防护林、水利设施、乡村道路等	
	11		水田	有水源保证和灌溉设施，在一般年景能正常灌溉，种植水稻、莲藕等水生作物的耕地，包括实行水稻和旱地轮种的耕地
	12		旱地	耕种农作物的土地，包括熟耕地、新开荒地、休闲地、轮歇地、草田轮作地；耕种三年以上的滩地和滩涂
20		林地生态系统	指由乔木和灌木为主的植被及其环境构成的生态系统，指成片的天然林、次生林和人工林覆盖的地表。包括乔木、灌木、竹类等多种类型	
	21		有林地	郁闭度大于 0.20 的天然林和人工林，包括用材林、防护林等成片林地
	22		灌木林地	灌木覆盖度 0.30 以上的林地，包括国家特别规定灌木林地和其他灌木林地
	23		疏林地和其他林地	郁闭度为 0.10～0.20 的稀疏林地及包括未成林造林地、迹地及各类园地（果园、桑园、茶园、经济林）等在内的其他林地
30		草地生态系统	以草本植物为主连片覆盖的地表。包括草被覆盖度在 10%以上的各类草地，含以牧为主的灌丛草地和林木覆盖度在 10%以下的疏林草地	
	31		高覆盖度草地	指覆盖度大于 50%的天然草地、改良草地和割草地，此类草地一般水分条件较好，草被生长茂密
	32		中覆盖度草地	指覆盖度为 20%～50%的天然草地和改良草地，此类草地一般水分不足，草被较稀疏

代码		一级类型	二级类型	定义
	33		低覆盖度草地	指覆盖度为10%～20%的天然草地，此类草地水分缺乏，草被稀疏，牧业利用条件较差
40		水体生态系统	指由内陆永久水体，以及生态条件和利用状况受永久性、季节性或间断性洪水控制的区域范围内各类生物及其环境共同构成的生态系统。包括河渠、湖泊、水库坑塘、永久性冰川雪地、滩涂以及沼泽湿地等	
50		聚落生态系统	指由城乡建设用地、工矿用地及其范围内生物和非生物环境共同构成的人工生态系统。包括城镇、乡村以及独立工矿用地，及其基本制图单元界线内部的绿地与水体等	
	51		城镇	城镇边界内的房屋建筑、道路交通、绿地、水体及其他人工设施、非人工设施
	52		非城镇	城镇边界外的房屋建筑、道路交通、绿地、水体及其他人工设施、非人工设施
60		荒漠生态系统	指由荒漠植被及其所处的裸岩、石砾、沙漠、裸土等环境共同构成的覆盖度低于10%的各类自然裸露的地表	
	61		沙地	指表层裸露物以沙质为主的地表，包括沙漠、沙滩等
	62		盐碱地	地表盐碱聚集，植被稀少，以生长耐盐碱植物为主的土地
	63		裸土地	地表土质覆盖，植被覆盖度在5%以下的土地
	64		裸岩石砾	地表为岩石或石砾，植被覆盖度小于5%的土地
	65		其他未利用地	其他未利用土地，包括高寒荒漠、戈壁等

（二）植被覆盖数据产品

1. 指标含义

反映地表植被覆盖状况和监测生态环境的重要指标。

2. 计算方法

植被指数与植被覆盖度有较好的相关性，可以用归一化植被指数（Normalized Difference Vegetation Index，NDVI）来计算植被覆盖度。根据像元二分模型理论，可以认为一个像元的 NDVI 值是由绿色植被部分贡献的信息与无植被覆盖部分贡献的信息组合而成，植被覆盖度可根据公式获得：

$$VF_c=\frac{NDVI-NDVI_{soil}}{NDVI_{veg}-NDVI_{soil}}$$

式中，VF_c —— 植被覆盖度；

NDVI —— 通过遥感影像近红外波段与红光波段的发射率来计算；

$NDVI_{veg}$ —— 纯植被像元的 NDVI 值；

$NDVI_{soil}$ —— 完全无植被覆盖像元的 NDVI 值。

（三）净初级生产力产品

1. 净初级生产力计算方法

计算公式为：

$$NPP=APAR(t)\times\varepsilon(t)$$

其中

$$APAR=FPAR\times PAR$$

2. 基本参数与数据来源

（1）参数一：PAR，植被能进行光合作用的驱动能量，其能量为到达地表的太阳总辐射量的一个分量，可以通过下式进行计算获得。

$$PAR=0.48\times K_{24}^{\downarrow}(t)$$

式中，$K_{24}^{\downarrow}(t)$ 表示太阳总辐射量，由 FAO（世界粮农组织）公布的技术文档（Allen et al., 1998）中的经验公式来计算获得。

$$K_{24}^{\downarrow}(t)=\left\{0.25+\frac{0.50n(t)}{N(t)}\right\}K_{24}^{\downarrow exo}(t)$$

$$K_{24}^{\downarrow exo}(t)=\frac{24\times60}{\pi}G_{sc}d_r[\omega_s\sin(\varphi)\sin(\delta)+\cos(\varphi)\cos(\delta)\sin(\omega_s)]$$

$$\delta=0.409\sin\left(\frac{2\pi}{365}J-1.39\right)$$

$$d_r=1+0.033\cos\left(\frac{2\pi}{365}J\right)$$

$$\omega_s=\arccos[-\tan(\varphi)\tan(\delta)]$$

$$N(t)=\frac{24}{\pi\times\omega_s}$$

式中，$K_{24}^{\downarrow exo}(t)$ —— 地外太阳辐射，MJ/m²/t；

G_{sc} —— 太阳常数，为 0.0820，MJ/（m^2/min）（相当于 1 366.67 W/m^2）；

d_r —— 相对日地距离；

ω_s —— 日落时角，rad；

φ —— 地区纬度，rad；

δ —— 赤纬角，rad；

rad —— 弧度单位；

J —— 儒略日，即某一天是一年中的第几天；

N（t）—— 潜在或者说最大日照时数；

n（t）—— 实际日照时数，该数据由气象站点得到。

（2）参数二：FPAR，植被对入射光合有效辐射的吸收比例，研究表明其与比值指数 SR 之间存在线性关系，如下式所示：

$$\mathrm{FPAR}=\frac{(\mathrm{SR}-\mathrm{SR}_{\min})\times(\mathrm{FPAR}_{\max}-\mathrm{FPAR}_{\min})}{\mathrm{SR}_{\max}-\mathrm{SR}_{\min}}+\mathrm{FPAR}_{\min}$$

$$\mathrm{SR}=\frac{\mathrm{NIR}}{\mathrm{RED}}=\frac{1+\mathrm{NDVI}}{1-\mathrm{NDVI}}$$

式中，$\mathrm{FPAR}_{\min}$ 和 $\mathrm{FPAR}_{\max}$ 的取值与植被类型无关，分别取值为 0.001 和 0.95，$\mathrm{SR}_{\min}$ 和 $\mathrm{SR}_{\max}$ 与植被类型有关，为对应植被类型 NDVI 的 5%和 95%的下侧百分位数。NIR 和 RED 分别表示近红外波段和红波段的反射率。

（3）参数三：ε，植被将吸收的光合有效辐射（APAR）通过光合作用转化为有机碳的效率。一般认为植被对光的利用效率是随生长季内的环境条件不断变化的，且主要受到温度和水分胁迫的影响（Potter et al.，1993；Field et al.，1995）。

$$\varepsilon(t)=\varepsilon^{*}\times T_1(t)\times T_2(t)\times W(t)$$

式中，ε^{*} —— 最大光利用率，g/MJ；

T_1 和 T_2 —— 环境温度对光利用的抑制影响；

W —— 水分影响胁迫系数，用以表达水分因素影响植被对光利用的程度。

T_1，T_2，W —— 无量纲参数；其中 T_1 和 T_2 及 W 分别由下面公式计算获得。

$$T_1=-0.000\,5(T_{\mathrm{opt}}-20)^2+1$$

$$T_2=\frac{1}{1+\exp[0.2(T_{\mathrm{opt}}-10-T_{\mathrm{mon}})]}\times\frac{1}{1+\exp[0.3(-T_{\mathrm{opt}}-10+T_{\mathrm{mon}})]}$$

式中，T_{opc} —— 植被生长季内 NDVI 值达到最高时的月平均气温，℃；

T_{mon} —— 月平均气温，℃。

$$W(t)=\frac{\text{EET}(t)}{\text{PET}(t)}$$

式中，EET —— 区域月实际蒸散量，mm；

PET —— 区域月潜在蒸散量，mm。

三、评价方法

（一）生态系统宏观结构评价方法

围绕内蒙古生态系统类型与结构、生态系统结构变化、生态系统结构变化各类型之间相互转换特征等三个方面，评价内蒙古生态系统格局特征，评价指标包括：各类生态系统类型结构比例、生态系统类型面积与变化率、动态度等指标。内蒙古生态系统宏观结构变化评价分析总流程如图 2.2 所示。

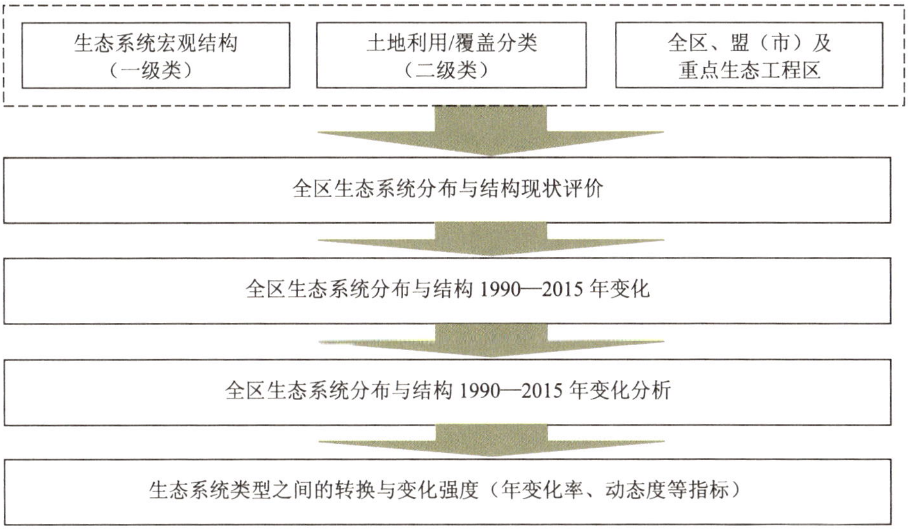

图 2.2　内蒙古生态系统宏观结构评价分析流程

其中，生态系统类型年变化率计算公式为

$$K=\left\lfloor\sum_{i\ j}^{n}(\Delta S_{i-j}/S_i)\right\rfloor\times(1/t)\times100\%$$

式中，S_i —— 监测开始时间第 i 类生态系统类型总面积，本研究指栅格单元面积，%/a；

ΔS_{i-j} —— 监测开始至监测结束时段内第 i 类生态系统类型转换为其他类生态系

统类型面积总和；

t —— 生态系统变化时间段；

K —— t 时段对应的研究区特定生态系统类型的变化速率。

生态系统类型动态度计算公式为

$$S=\left[\sum_{i}^{n}\sum_{j}(\Delta S_{i-j}/S_a)\right]\times(1/t)\times 100\%$$

式中，S_a —— 研究区总面积；

ΔS_{i-j} —— 监测开始至监测结束时段内第 i 类生态系统类型转换为其他类生态系统类型面积总和；

t —— 生态系统变化时间段；

S —— 与 t 时段的研究区生态系统类型的变化剧烈程度。

本模型主要用于单一生态系统类型变化速率的度量。

（二）生态系统质量评价方法

对生态系统的质量状况进行评价，反映了生态系统的基本特征，体现了生态系统的植被健康、生产力状态，刻画了自然生态系统维持现有生态系统的持续性和稳定性。具体包括：一是生态系统的生产能力，是系统中的绿色植被光合作用富集的能量，生产能力可以体现在生物量的富集上，用初级生产能力及其测度变化；二是自然生态系统覆盖度，反映生态系统受到的人类干扰程度。内蒙古生态系统质量评价主要针对森林、草地、荒漠、水体等自然生态系统类型，以遥感参数为基础，综合运用地面数据，掌握内蒙古生态系统质量基本情况及其时空动态变化特征，明确内蒙古生态系统质量 10 年变化趋势、变化程度、变化及其空间差异。内蒙古生态系统质量评价指标如表 2.3 所示。

表 2.3　内蒙古生态系统质量评价指标

生态系统指标	调查内容	调查指标	参数需求
自然生态系统类型（森林、草地、水体、荒漠）	植被覆盖度的空间格局及变化	自然生态系统类型植被覆盖度	纯植被像元的 NDVI 值
			完全无植被覆盖像元的 NDVI 值
	生态系统初级生产力格局及变化	自然生态系统类型初级生产力	内蒙古净初级生产力
			区域生态区地带性顶级生态系统净初级生产力

生态系统指标	调查内容	调查指标	参数需求
人为扰动生态系统类型（农田、聚落）	植被覆盖度的空间格局及变化	人为扰动生态系统类型植被覆盖度	纯植被像元的 NDVI 值
			完全无植被覆盖像元的 NDVI 值
	生态系统初级生产力格局及变化	人为扰动生态系统类型初级生产力	内蒙古净初级生产力
			区域生态区地带性顶级生态系统净初级生产力

四、分析方法

分析形式主要采用特征值分析、季节动态分析与年际动态分析。应用的分析方法采用环比分析、同比分析与距平分析。环比分析法即以某一期的数据和上期的数据进行比较，计算趋势，以观察每年的增减变化情况；同比分析法即以某一期数据（年、月）与上一期同等数据（年、月）进行对比，分析增减变化情况。距平分析法即应用平均值或最大值代表其近研究时段来做比值，实现变化分析，如图 2.3 所示。

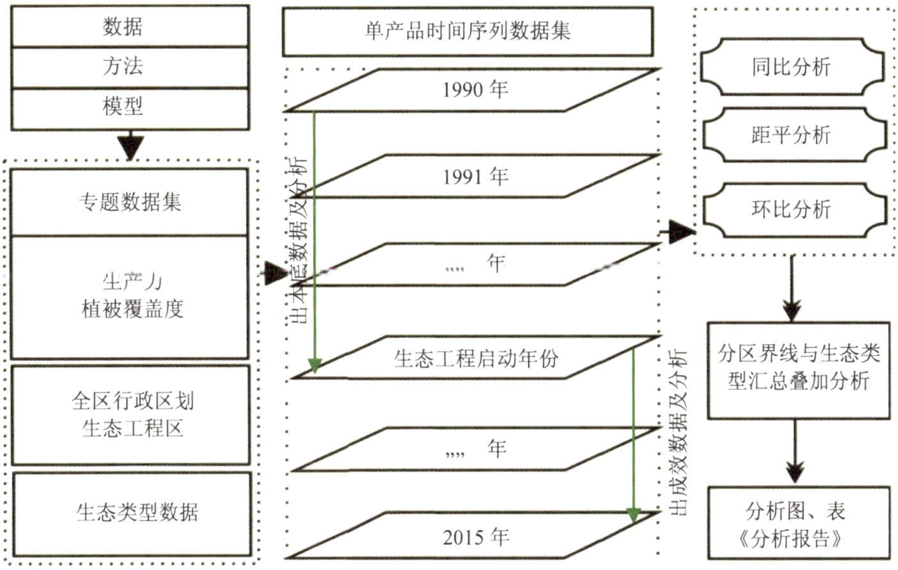

图 2.3　内蒙古生态系统质量评价分析流程

第三章

内蒙古生态系统结构类型及其现状

第一节　生态系统一级类型总体特征

内蒙古生态系统宏观结构反映了内蒙古生态系统的特点和优势性。内蒙古草地生态系统所占的比重最大，面积为 514 424.18 km^2，占内蒙古生态系统总面积的 44.55%；森林生态系统面积为 348 573.33 km^2，占生态系统总面积的 30.19%；农田生态系统面积为 116 159.11 km^2，占生态系统总面积的 10.06%；水体生态系统面积为 7 321.00 km^2，占生态系统总面积的 0.63%；聚落生态系统面积为 16 845.41 km^2，占生态系统总面积的 1.46%；荒漠生态系统面积为 151 340.62 km^2，占生态系统总面积的 13.11%。内蒙古 2015 年生态系统一级类型面积及结构比例见表 3.1 和图 3.1。

表 3.1　内蒙古 2015 年生态系统一级类型面积及结构比例统计

内蒙古 生态系统宏观结构名称	面积/km^2	面积占比/%
农田生态系统	116 159.11	10.06
森林生态系统	348 573.33	30.19
草地生态系统	514 424.18	44.55
水体生态系统	7 321.00	0.63
聚落生态系统	16 845.41	1.46
荒漠生态系统	151 340.62	13.11

从内蒙古 2015 年生态系统一级类型宏观结构看，以草地生态系统和森林生态系统为主。内蒙古生态系统宏观结构空间分异明显，不同的经纬度带、地形等因素具有不同的生态结构类型，受自然与社会经济条件影响，在分布上呈现出自东向西由森林生态系统向草地生态系统过渡、荒漠生态系统逐渐增多的变化规律。图 3.2 反映了内蒙古 2015 年生态系统一级类的空间分布特征与集中程度，图 3.3 及表 3.2 反映了内蒙古 2015 年生态系统一级类 12 个盟市的内部结构及占比情况。

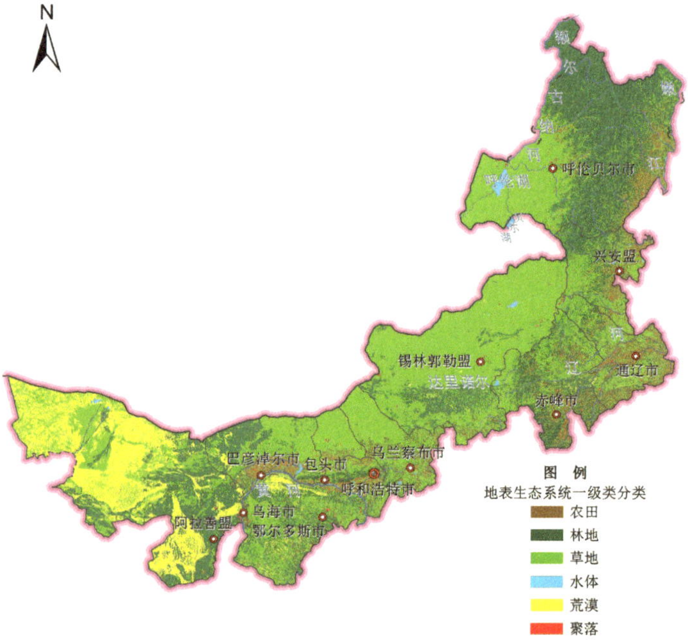

图 3.1　内蒙古 2015 年生态系统一级类型分布

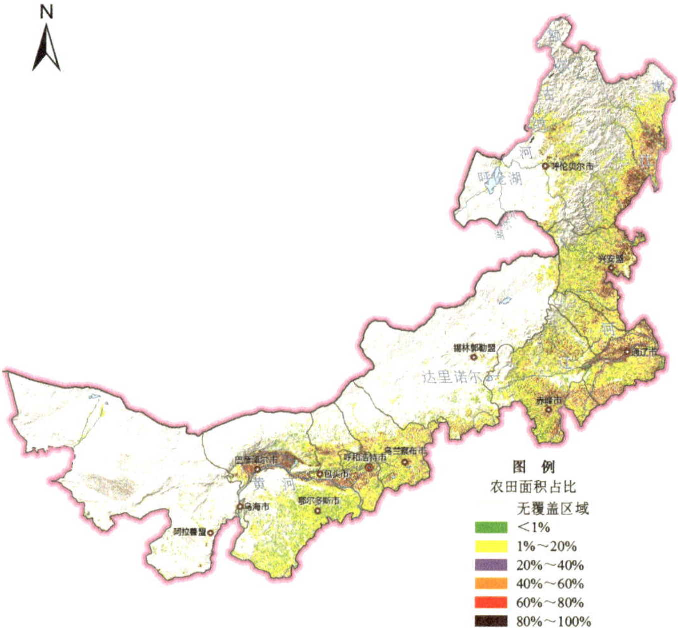

图 3.2（a）　内蒙古 2015 年农田生态系统一级类型分布

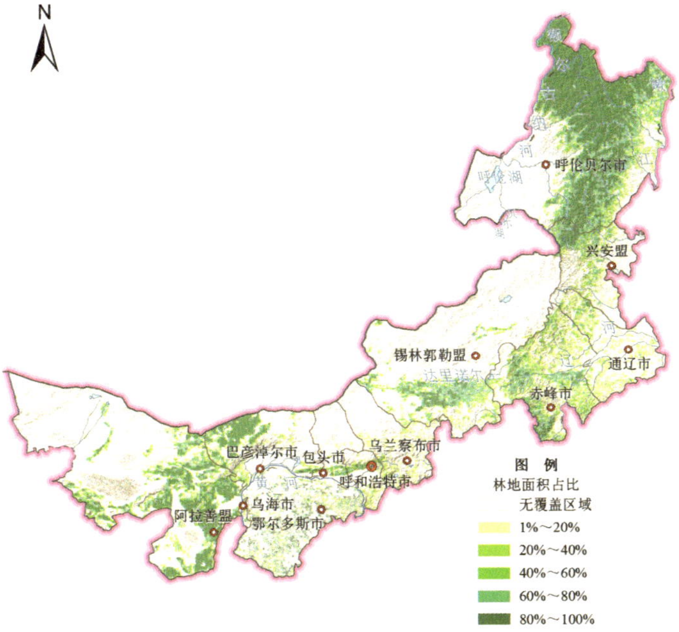

图 3.2（b） 内蒙古 2015 年森林生态系统一级类型分布

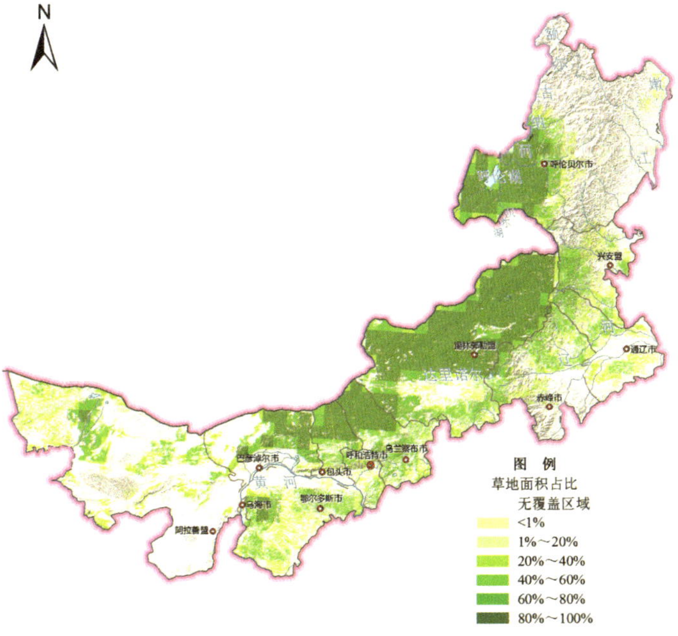

图 3.2（c） 内蒙古 2015 年草地生态系统一级类型分布

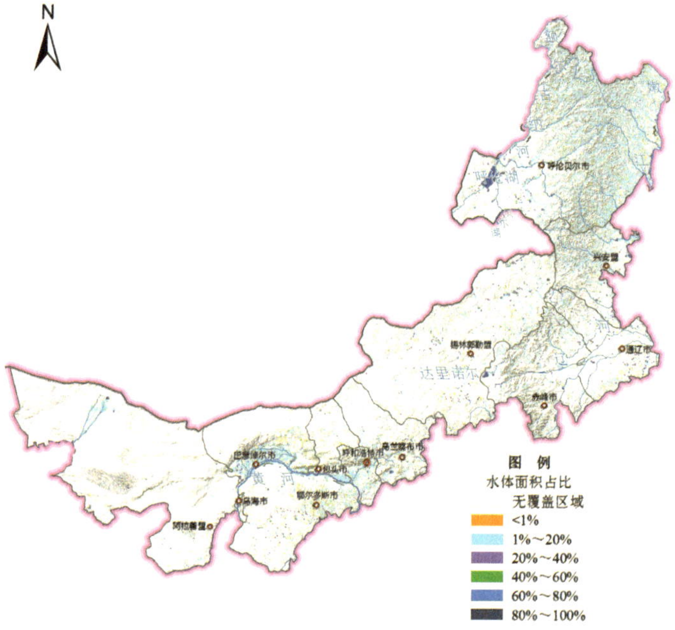

图 3.2（d）　内蒙古 2015 年水体生态系统一级类型分布

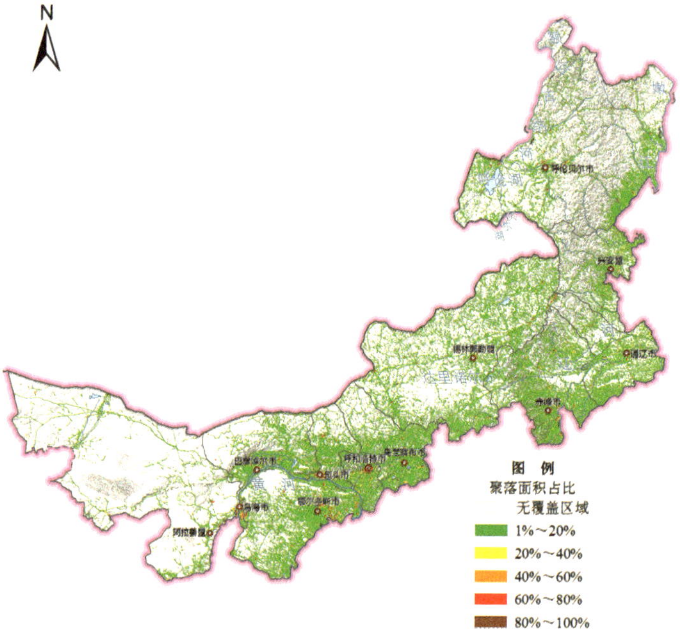

图 3.2（e）　内蒙古 2015 年聚落生态系统一级类型分布

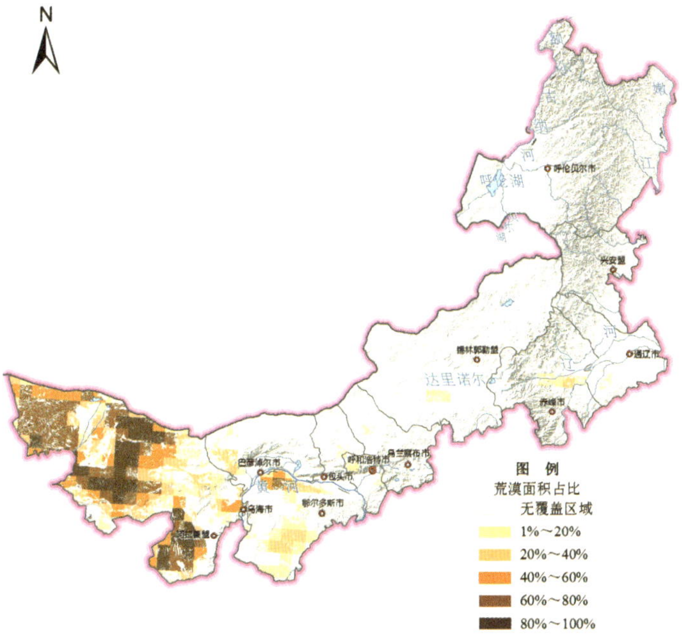

图 3.2（f） 内蒙古 2015 年荒漠生态系统一级类型分布

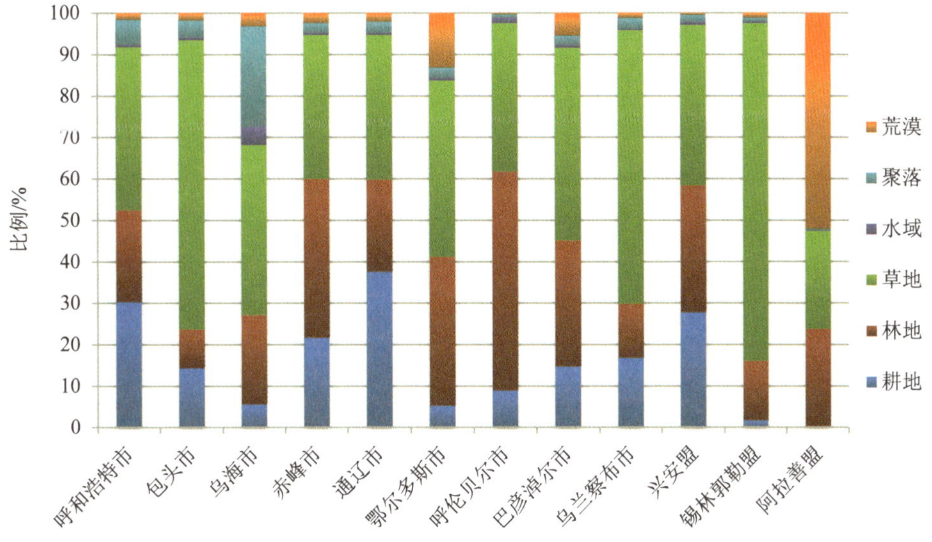

图 3.3 内蒙古 12 盟市 2015 年生态系统一级类型内部结构比例

表 3.2 内蒙古 12 盟市一级类型面积分别占内蒙古一级类型生态系统总面积比例

单位：%

地区	类型					
	农田	林地	草地	水体	聚落	荒漠
呼和浩特市	4.49	1.09	1.32	1.53	6.07	0.17
包头市	3.42	0.74	3.75	2.61	6.64	0.31
乌海市	0.08	0.10	0.13	1.03	2.37	0.03
赤峰市	16.27	9.55	5.87	7.17	11.78	1.33
通辽市	19.07	3.75	4.00	4.14	9.42	0.77
鄂尔多斯市	3.95	8.97	7.19	7.82	12.64	7.50
呼伦贝尔市	19.61	38.27	17.60	47.04	12.09	0.39
巴彦淖尔市	8.28	5.67	5.90	6.14	8.68	2.30
乌兰察布市	7.91	2.03	7.00	2.60	8.44	0.40
兴安盟	13.20	4.84	4.15	5.97	5.41	0.14
锡林郭勒盟	3.02	8.24	31.67	9.84	11.01	1.44
阿拉善盟	0.69	16.75	11.43	4.11	5.45	85.22
总计	100	100	100	100	100	100

内蒙古的农田主要分布在东部区域，东部四盟市农田生态系统面积占了内蒙古农田面积的 68.15%，西部及中部区域的农田主要分布在黄河流域，以河套平原较为集中，见图 3.2（a）。从行政区来看，呼伦贝尔市的农田面积最大，为 22 774.22 km^2，占内蒙古农田生态系统面积的 19.61%；通辽市、赤峰市所占的比例也较大，分别占内蒙古农田生态系统面积的 19.07%和 16.27%；乌海市和阿拉善盟农田生态系统面积占内蒙古农田面积占比较小，均不到 1%，见图 3.4。从行政区划的生态系统内部结构看，通辽市农田生态系统占全市生态系统类型的比重相比其他盟市最大，为 37.64%，其次是呼和浩特市，农田生态系统占全市生态系统类型的比重为 30.32%；阿拉善盟农田生态系统占全盟生态系统类型的比重相比其他盟市占比最小，为 0.33%，见图 3.3。

内蒙古林地资源丰富，林地类型多样，具有明显的地带性分布特征，从东部到西部呈现从有林地到灌木林地逐渐变化的趋势。其中东部区以有林地为主，分布主要集中在大兴安岭地区，中部区域相对较少，西部区以灌木林地为主，分布主要集中在阿拉善盟，见图 3.2（b）。从行政区划来看，呼伦贝尔市森林生态系统的面积最大，为 133 389.79 km^2，占内蒙古森林生态系统面积的 38.27%；其次是阿拉善盟、赤峰市、鄂尔多斯市，以上四盟市森林生态系统的面积之和占内蒙古森林生态系统面积的 64.57%，且面积都达 3 万 km^2 以上；乌海市、包头市、呼和浩特市森林生态系统面积较小，均在 4 000 km^2 以下，见图 3.5。从行政区划的生态系统内部结构看，12 盟市中呼伦贝尔市森林生态系统占全市生态系统类型的比重相比其他盟市占比最大，达 52.77%，其次为赤峰市，达 38.30%；包头市森林生态系统占全市生态系统类型的比重相比其他盟市占比最小，为 9.32%，见图 3.3。

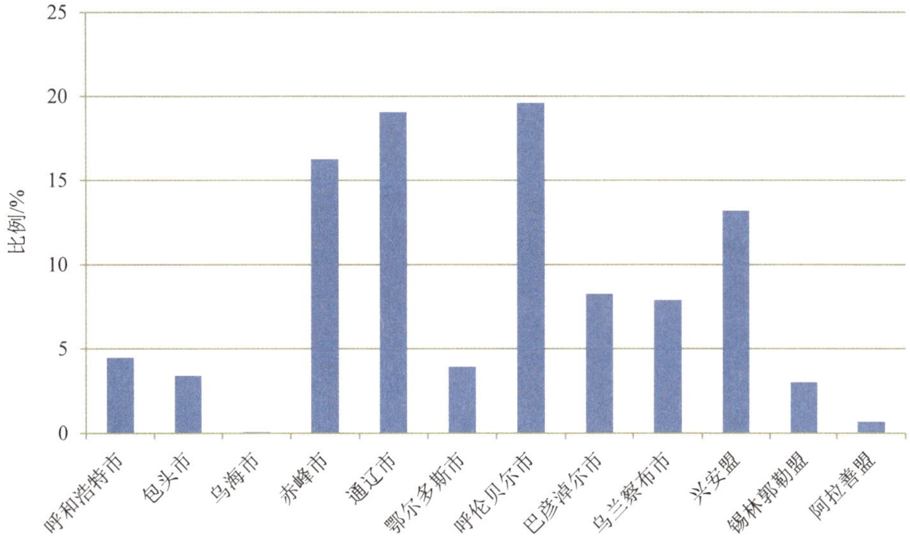

图 3.4　内蒙古 12 盟市农田生态系统面积占内蒙古生态系统总面积比例

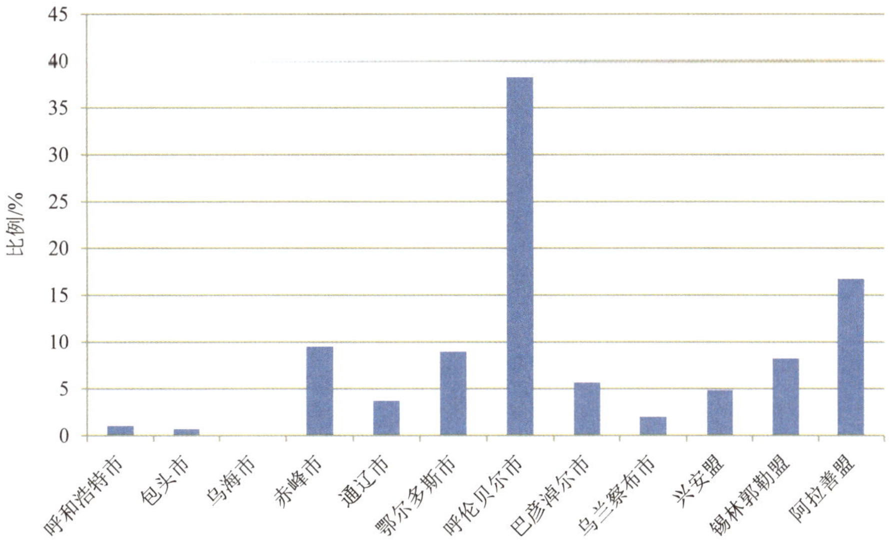

图 3.5　内蒙古 12 盟市森林生态系统面积占内蒙古森林生态系统总面积比例

内蒙古草原面积广阔，草地类型繁多，分布较为集中，东部和中部区域以高覆盖度草地为主，主要分布在锡林郭勒盟以及呼伦贝尔市，西部区以低覆盖度草地为主，主要分布在黑河流域，见图 3.2（c）。从行政区来看，锡林郭勒盟草地生态系统的面积最大，为 162 905.31 km^2，占内蒙古草地生态系统的 31.67%，其次是呼伦贝尔市，面积为 90 534.59 km^2，占内蒙古草地生态系统的 17.60%，以上两盟市草地生态系统的面积之和占内蒙古草地生态系统面积的 49.27%；草地生态系统面积达 3 万 km^2 以上的盟市还有阿拉善盟、乌兰察布市、鄂尔多斯市和赤峰市，其他盟市草地生态系统面积均在 3 万 km^2 以下，以乌海市最小，面积为 602.02 km^2，见图 3.6。从行政区划的生态系统内部结构来看，草地覆盖度是评价各盟市生态指标的一个重要参数，锡林郭勒盟草地生态系统占全盟生态系统类型的比重相比其他盟市最大，达到 81.50%，其次为包头市、乌兰察布市，草地生态系统占其行政区划面积达 65%以上；最少的区域为阿拉善盟，占全盟生态系统类型的比重为 23.69%，见图 3.3。

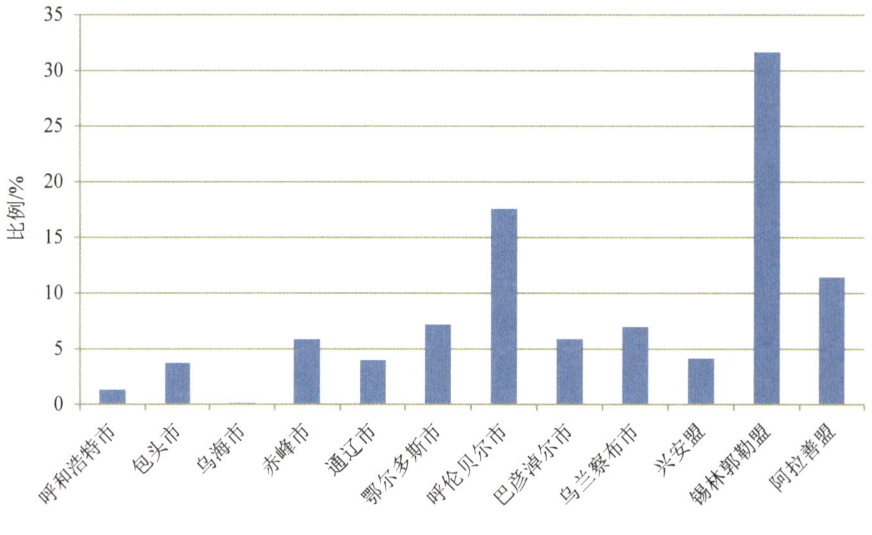

图 3.6 内蒙古 12 盟市草地生态系统面积占内蒙古草地生态系统总面积比例

内蒙古的水体生态系统主要分布在东部区域，以大兴安岭地区、霍林河、辽河区域较为集中，中部和西部区域主要分布在黄河及黑河流域，见图 3.2（d）。从行政区划来看，呼伦贝尔市的水体面积最大，为 3 443.52 km^2，占内蒙古水体生态系统面积的 47.04%，几乎占内蒙古水体生态系统的一半；其余盟市水体生态系统面积占内蒙古的比重均不到 10%，占比最少的乌海市的水体面积占内蒙古水体生态系统面积的 1.03%，见图 3.7。从行政区划的生态系统内部结构来看，乌海市水体生态系统占全市生态系统类型的比重相比其他盟市最大，为 4.54%，其次为呼伦贝尔市，水体生态系统占全市生态系统类型的比重 1.36%；其余盟市均低于 1%，阿拉善盟水体生态系统占全盟生态系统类型的比重相比其他盟市占比最小，为 0.12%，见图 3.3。

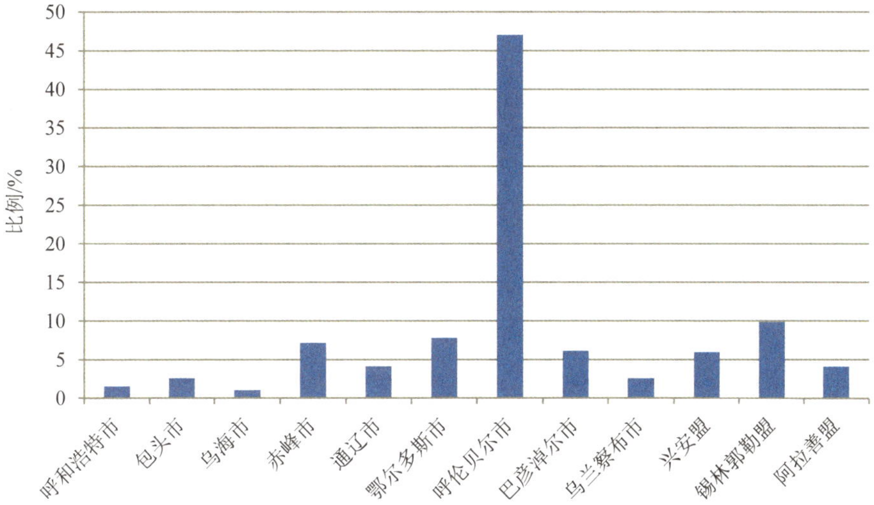

图 3.7　内蒙古 12 盟市水体生态系统面积占内蒙古水体生态系统总面积比例

内蒙古聚落生态系统分布较为均匀，以各盟市政府驻地主城区较为集中，从整体上看东部区域面积平均偏大，西部区域平均偏小，见图 3.2（e）。从行政区来看，内蒙古聚落生态系统面积最大的是鄂尔多斯市，面积为 2 129.47 km^2，占内蒙古聚落生态系统面积的 12.64%，其次是呼伦贝尔市，聚落生态系统的面积为 2 036.86 km^2，占比为 12.09%；占内蒙古聚落生态系统面积比例大于 10%的盟市还有赤峰市和锡林郭勒盟，以上四盟市聚落生态系统的面积之和占内蒙古聚落生态系统面积的 47.53%；面积最小的 3 个盟市为乌海市、兴安盟以及阿拉善盟，占内蒙古聚落生态系统面积比例均小于 5.5%，见图 3.8。从行政区划的生态系统内部结构看，乌海市聚落生态系统占全市生态系统类型的比重明显高于其他盟市，为 24.13%，其次为呼和浩特市，聚落生态系统占全市生态系统类型的比重为 5.95%；其余盟市均低于 5%，阿拉善盟聚落生态系统占全盟生态系统类型的比重相比其他盟市占比最小，为 0.37%，见图 3.3。

内蒙古的荒漠主要分布在西部区域，以阿拉善盟西部、南部，鄂尔多斯市北部区域较为集中，见图 3.2（f）。从行政区来看，内蒙古荒漠生态系统面积最大的区域是阿拉善盟，面积为 128 973.61 km^2，占内蒙古荒漠生态系统面积的 85.22%，为荒漠的主要分布盟市，其次为鄂尔多斯市，荒漠生态系统的面积为 11 344.18 km^2，占内蒙古荒漠生态系统面积的 7.50%；其余盟市占比均低于 2.5%，占比最少的乌海市的荒漠面积占内蒙古荒漠生态系统面积的0.03%，见图3.9。从行政区划的生态系统内部结构来看，阿拉善盟荒漠生态系统占全盟生态系统类型的比重相比其他盟市最大，为51.96%，其次为鄂尔多斯市，荒漠生态系统占全市生态系统类型的比重为13.06%；其余盟市均低于6%，呼伦贝尔市荒漠生态系统占全市生态系统类型的比重相比其他盟市占比最小，为0.23%，见图3.3。

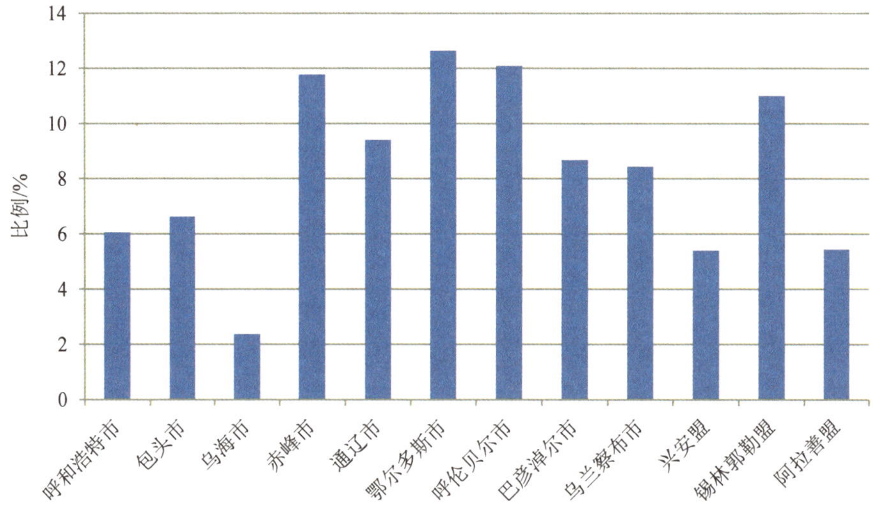

图3.8 内蒙古12盟市聚落生态系统面积占内蒙古聚落生态系统总面积比例

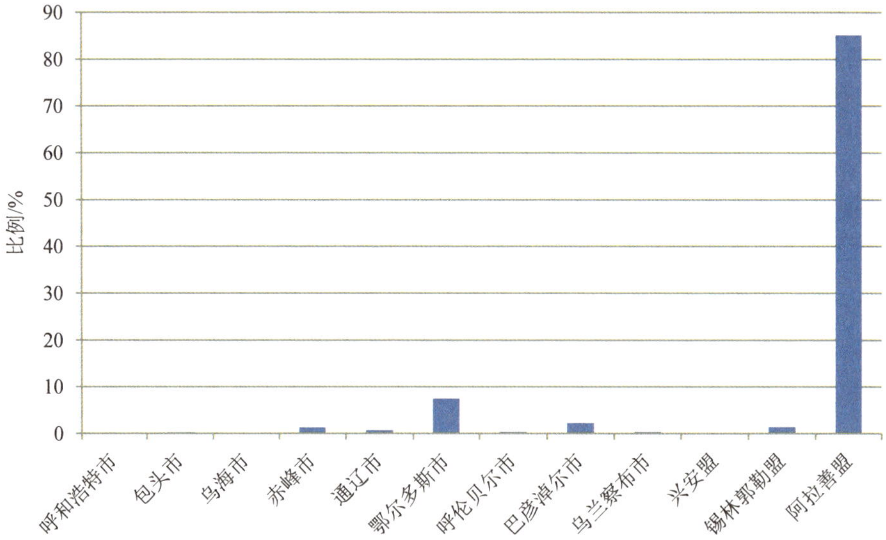

图3.9 内蒙古12盟市荒漠生态系统面积占内蒙古荒漠生态系统总面积比例

第二节　生态系统二级类型总体特征

根据 2015 年内蒙古第一次全国地理国情普查数据，生态系统宏观结构二级地类中面积最大的为高覆盖度草地，为 397 104.58 km^2，占内蒙古生态系统总面积的 34.39%；其次为灌木林地和有林地，占内蒙古生态系统总面积比例分别为 14.80%和 14.17%；占比最小的为水田，面积为 817.14 km^2，占内蒙古生态系统总面积的 0.07%。从空间分布上看，二级生态系统总体呈现东部从东往西以旱地、有林地、高覆盖度草地为主的分布情况；中部以高覆盖度草地偏多，从东北到西南呈现高覆盖度草地、灌木林地到旱地的变化趋势；西部以沙地、裸岩石砾地、灌木林地为主要类型且集中在阿拉善盟，耕地、高覆盖度草地其次，主要分布在黄河流域。内蒙古 2015 年生态系统二级类型的面积及结构比例见表 3.3。图 3.10 及表 3.4 反映了内蒙古 2015 年生态系统二级类 12 盟市的内部结构及占比情况。

表 3.3　内蒙古 2015 年生态系统二级类型面积及结构比例统计

一级类型	二级类型	面积/km^2	占内蒙古生态系统总面积比例/%
农田生态系统	水田	817.14	0.07
	旱地	115 341.98	9.99
林地生态系统	有林地	163 669.29	14.17
	灌木林地	170 942.92	14.80
	疏林地和其他林地	13 961.12	1.21
草地生态系统	高覆盖度草地	397 104.58	34.39
	中覆盖度草地	43 967.05	3.81
	低覆盖度草地	73 352.55	6.35
水体生态系统	水体	7 321.00	0.63
聚落生态系统	城镇	2 330.81	0.20
	非城镇	14 514.60	1.26
荒漠生态系统	沙地	85 046.45	7.37
	盐碱地	1 765.13	0.15
	裸土地	1 218.77	0.11
	裸岩石砾	63 310.28	5.48
	其他未利用地	0	0

内蒙古水田分布占比极少，零星分布在东部几个盟市，面积为 817.14 km^2，仅占内蒙古农田生态系统面积的 0.70%，占内蒙古生态系统总面积的 0.07%。从行政区划来看，兴安盟的水田面积最大，面积为 376.43 km^2，占内蒙古水田总面积的 46.07%，通辽市、呼伦贝尔市、赤峰市、鄂尔多斯市、乌海市的水田面积分别占内蒙古水田总面积的 24.16%、15.62%、13.84%、0.32%、0.002%，其余盟市均无水田分布，见图 3.11。从行政区划的生态系统内部结构看，兴安盟水田面积占全盟生态系统类型的比重相比其他盟市最大，为 0.68%，其次为通辽市，水田面积占全市生态系统类型的比重为 0.34%，赤峰市水田面积占全市生态系统类型的 0.13%，其余盟市均低于 0.05%，见图 3.10。

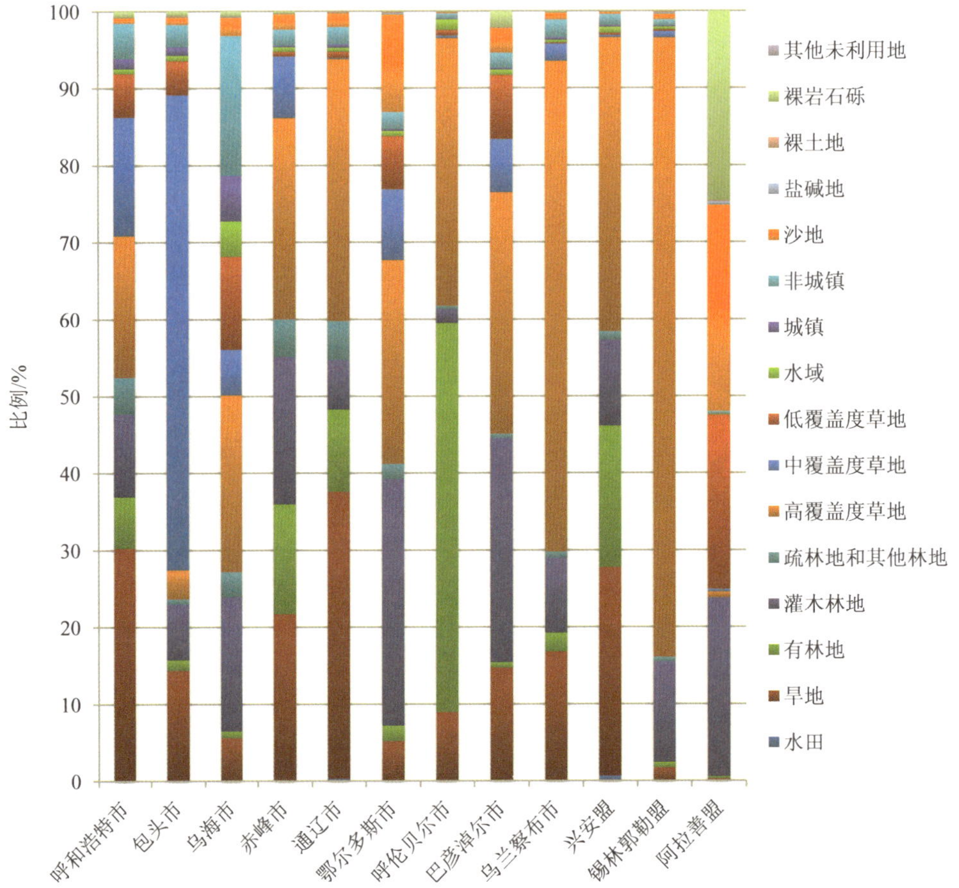

图 3.10　内蒙古 2015 年生态系统二级类 12 盟市内部结构比例

表 3.4 内蒙古 12 盟市二级类型面积分别占内蒙古二级类型生态系统总面积比例

单位：%

二级类	呼和浩特市	包头市	乌海市	赤峰市	通辽市	鄂尔多斯市	呼伦贝尔市	巴彦淖尔市	乌兰察布市	兴安盟	锡林郭勒盟	阿拉善盟	总计
水田	0.00	0.00	0.00	13.84	24.16	0.32	15.62	0.00	0.00	46.07	0.00	0.00	100
旱地	4.52	3.45	0.08	16.29	19.04	3.97	19.63	8.34	7.96	12.97	3.04	0.70	100
有林地	0.70	0.23	0.01	7.56	3.85	1.06	78.06	0.27	0.81	6.18	0.87	0.41	100
灌木林地	1.08	1.16	0.17	9.73	2.18	16.24	2.62	11.11	3.11	3.60	15.24	33.75	100
疏林地和其他林地	5.84	1.49	0.38	30.64	21.79	12.56	8.22	2.50	3.16	4.31	8.84	0.27	100
高覆盖度草地	0.80	0.26	0.10	5.72	5.04	5.79	22.12	5.15	8.74	5.31	40.51	0.47	100
中覆盖度草地	6.02	38.69	0.22	15.64	0.15	18.21	1.98	10.26	2.78	0.33	3.68	2.04	100
低覆盖度草地	1.32	1.66	0.27	0.80	0.69	8.15	2.47	7.35	0.10	0.21	0.59	76.38	100
水体	1.53	2.61	1.03	7.17	4.14	7.82	47.04	6.14	2.60	5.97	9.84	4.11	100
城镇聚落	9.92	13.51	4.23	8.01	9.91	9.81	13.32	6.43	7.71	5.19	8.26	3.70	100
非城镇聚落	5.45	5.53	2.07	12.39	9.34	13.10	11.89	9.04	8.56	5.44	11.45	5.73	100
沙地	0.14	0.30	0.05	2.04	1.22	12.95	0.34	2.44	0.59	0.16	1.68	78.09	100
盐碱地	0.00	0.49	0.08	0.47	0.96	10.69	1.25	0.33	1.24	0.45	18.37	65.66	100
裸土地	0.52	4.07	0.03	4.60	9.79	7.72	9.44	6.19	1.45	4.07	24.08	28.05	100
裸岩石砾	0.21	0.23	0.02	0.35	0.00	0.08	0.26	2.10	0.10	0.02	0.19	96.45	100
其他未利用地	0.00	0.00	0.00	0.00	0.00	0.00	0.00	0.00	0.00	0.00	0.00	0.00	0

旱地是内蒙古农田生态系统的主要类型，主要分布在东部地区及黄河流域，面积为 115 341.98 km^2，占内蒙古农田生态系统面积的 99.30%，占生态系统总面积的 9.99%。从行政区来看，呼伦贝尔市的旱地面积最大，面积为 22 646.59 km^2，占内蒙古旱地总面积的 19.63%，其次为通辽市，面积为 21 956.36 km^2，占内蒙古旱地总面积的 19.04%，乌海市的旱地面积最小，为 94.50 km^2，占内蒙古旱地总面积的 0.08%，见图 3.12。从

行政区划的生态系统内部结构看，通辽市旱地面积占全市生态系统类型的比重相比其他盟市最大，为 37.30%，其次为呼和浩特市，旱地面积占全市生态系统类型的比重为 30.32%，其余盟市均低于 30%，最小的为阿拉善盟，旱地面积占全盟生态系统类型的比重为 0.33%，见图 3.10。

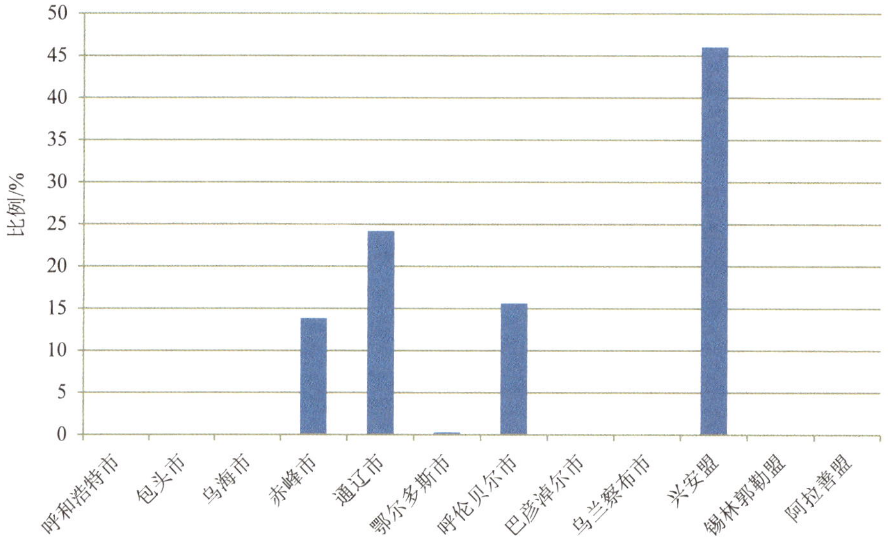

图 3.11　内蒙古 12 盟市水田面积占内蒙古水田总面积比例

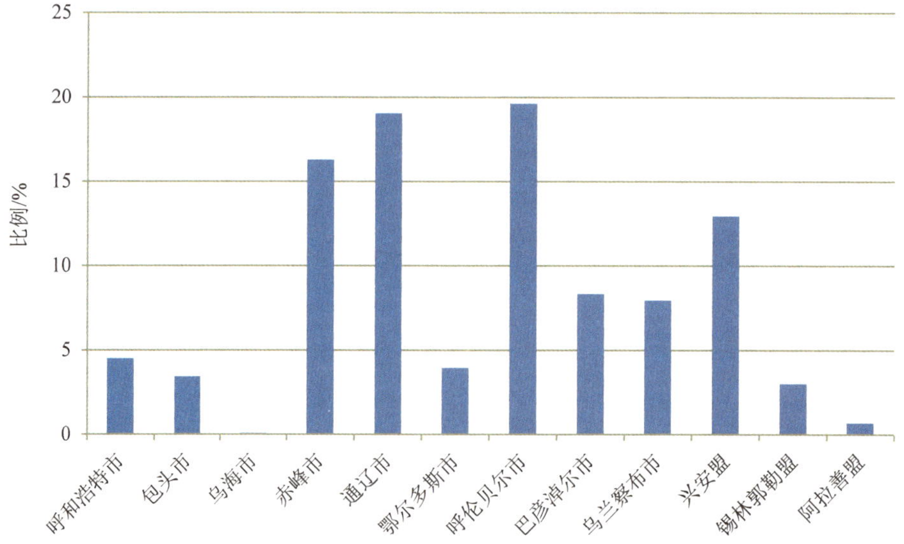

图 3.12　内蒙古 12 盟市旱地面积占内蒙古旱地总面积比例

内蒙古的有林地是森林生态系统的主要类型之一，主要分布在内蒙古东部大兴安岭地区，面积为 163 669.29 km^2，占内蒙古森林生态系统的 46.95%，占内蒙古生态系统面积的 14.17%。从行政区来看，呼伦贝尔市的有林地面积远高于其他盟市，面积为 127 764.91 km^2，占内蒙古有林地总面积的 78.06%，其次为赤峰市和兴安盟，分别占内蒙古有林地总面积的 7.56%和 6.18%，其余盟市均低于 5%，见图 3.13。从行政区划的生态系统内部结构看，呼伦贝尔市有林地面积占全市生态系统类型的比重相比其他盟市最大，为 50.55%，其次为兴安盟，有林地面积占全盟生态系统类型的比重为 18.36%，最小的为阿拉善盟，有林地面积占全盟生态系统类型的比重为 0.27%，见图 3.10。

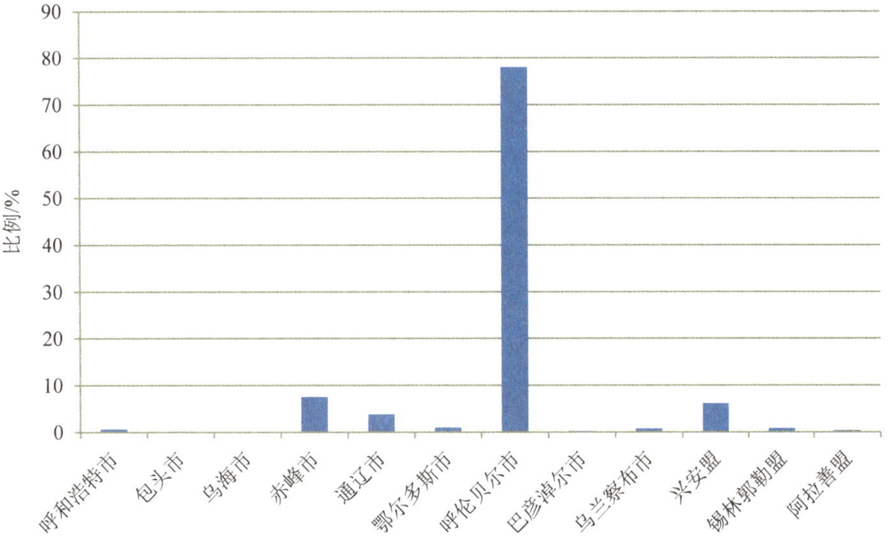

图 3.13 内蒙古 12 盟市有林地面积占内蒙古有林地总面积比例

内蒙古灌木林地也是森林生态系统的主要类型之一，主要分布在锡林郭勒盟南部、阿拉善盟东部、巴彦淖尔市西北部以及鄂尔多斯市中部区域，面积为 170 942.92 km^2，占内蒙古森林生态系统的 49.04%，占内蒙古生态系统面积的 14.80%。从行政区划来看，阿拉善盟的灌木林地面积最大，为 57 699.17 km^2，占内蒙古灌木林地面积的 33.75%，其次为鄂尔多斯市，面积为 27 759.30 km^2，占内蒙古灌木林地的 16.24%，乌海市灌木林地面积最小，为 288.61 km^2，占内蒙古灌木林地的 0.17%，见图 3.14。从行政区划的生态系统内部结构看，鄂尔多斯市灌木林地面积占全市生态系统类型的比重相比其他盟市最大，为 31.95%，其次为巴彦淖尔市，灌木林地面积占全市生态系统类型的比重为 29.16%，最小的为呼伦贝尔市，灌木林地面积占全市生态系统类型的比重为 1.77%，见图 3.10。

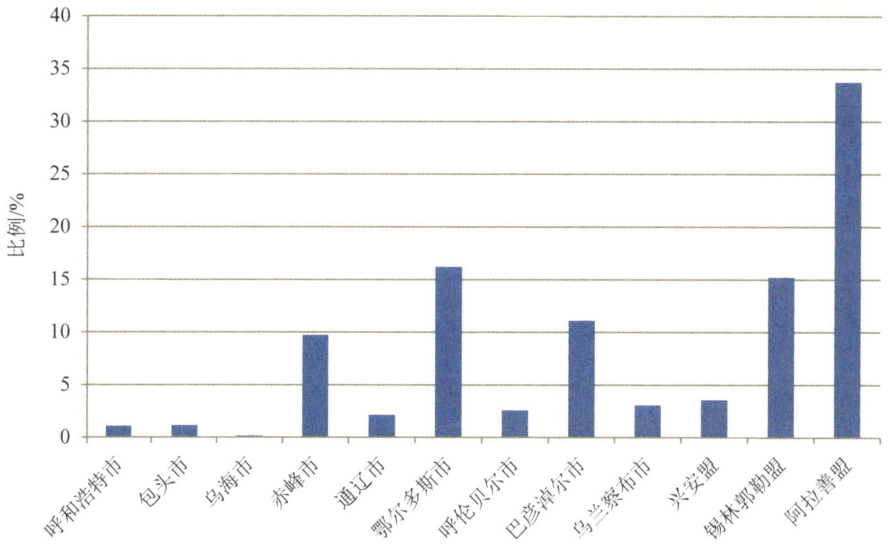

图 3.14　内蒙古 12 盟市灌木林地面积占内蒙古灌木林地总面积比例

内蒙古疏林地和其他林地面积为 13 961.12 km^2，在赤峰市和通辽市有集中分布，面积占内蒙古森林生态系统的 4.01%，占内蒙古生态系统面积的 1.21%。从行政区划来看，赤峰市疏林地和其他林地面积最大，为 4 277.89 km^2，占内蒙古疏林地和其他林地面积的 30.64%，其次为通辽市，面积为 3 041.75 km^2，占内蒙古疏林地和其他林地的 21.79%，阿拉善盟疏林地和其他林地面积最小，面积为 37.62 km^2，占内蒙古疏林地和其他林地面积的 0.27%，见图 3.15；从行政区划的生态系统内部结构看，通辽市疏林地和其他林地面积占全市生态系统类型的比重相比其他盟市最大，为 5.17%，其次为赤峰市，疏林地和其他林地面积占全市生态系统类型的比重为 4.92%，最小的为阿拉善盟，疏林地和其他林地面积占全盟生态系统类型的比重为 0.02%，见图 3.10。

内蒙古高覆盖度草地为草地生态系统的主要类型，面积为 397 104.58 km^2，占内蒙古草地生态系统的 77.19%，占内蒙古生态系统面积的 34.39%，主要分布在锡林郭勒盟北部和呼伦贝尔市西部区域。从行政区划来看，锡林郭勒盟高覆盖度草地面积最大，为 160 853.56 km^2，占内蒙古高覆盖度草地面积的 40.51%，其次为呼伦贝尔市，面积为 87 848.75 km^2，占内蒙古高覆盖度草地的 22.12%，两者之和占内蒙古高覆盖度草地的 62.63%，其余盟市均低于 10%，乌海市高覆盖度草地面积最小，面积为 380.11 km^2，占内蒙古高覆盖度草地面积的 0.10%，见图 3.16；从行政区划的生态系统内部结构看，锡林郭勒盟高覆盖度草地面积占全盟生态系统类型的比重相比其他盟市最大，为 80.47%，其次为乌兰察布市，高覆盖度草地面积占全市生态系统类型的比重为 63.70%，最小的为阿拉善盟，高覆盖度草地面积占全盟生态系统类型的比重为 0.76%，见图 3.10。

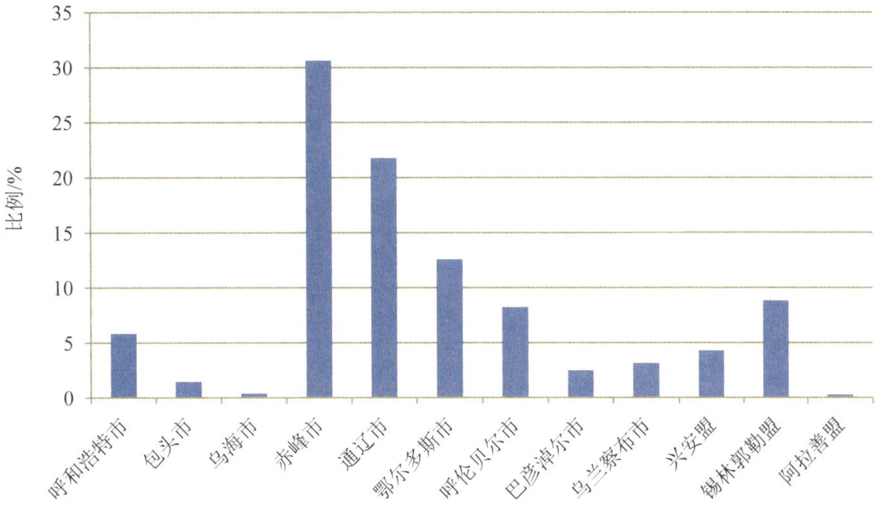

图 3.15 内蒙古 12 盟市疏林地和其他林地面积占内蒙古疏林地和其他林地总面积比例

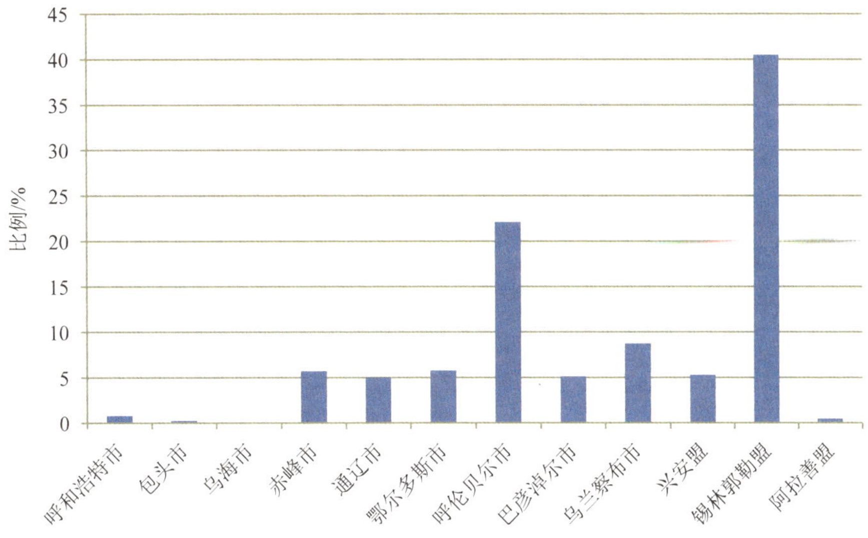

图 3.16 内蒙古 12 盟市高覆盖度草地面积占内蒙古高覆盖度草地总面积比例

内蒙古中覆盖度草地面积为 43 967.05 km^2，占内蒙古草地生态系统的 8.55%，占内蒙古生态系统面积的 3.81%，集中分布在包头市北部地区。从行政区划来看，包头市中覆盖度草地面积最大，为 17 009.00 km^2，占内蒙古中覆盖度草地面积的 38.69%，其次为鄂尔多斯市，面积为 8 006.13 km^2，占内蒙古中覆盖度草地的 18.21%，通辽市中覆盖度草地面积最小，面积为 68.09 km^2，占内蒙古中覆盖度草地面积的 0.15%，见图 3.17；从行政区划的生态系统内部结构看，包头市中覆盖度草地面积占全市生态系统类型的比重远高于其他盟市，为 61.66%，其次为呼和浩特市，中覆盖度草地面积占全市生态系统类型的比重为 15.41%，其余盟市均低于 10%，最小的为通辽市，中覆盖度草地面积占全市生态系统类型的比重为 0.12%，见图 3.10。

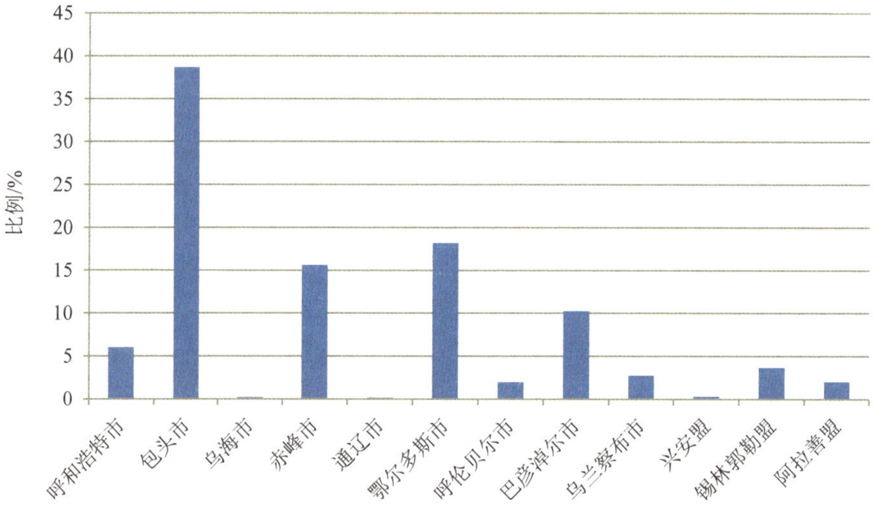

图 3.17　内蒙古 12 盟市中覆盖度草地面积占内蒙古中覆盖度草地总面积比例

内蒙古低覆盖度草地面积为 73 352.55 km^2，占内蒙古草地生态系统的 14.26%，占内蒙古生态系统面积的 6.35%，主要分布在西部区域。从行政区划来看，阿拉善盟低覆盖度草地面积最大，为 56 025.22 km^2，占内蒙古低覆盖度草地面积的 76.38%，其次为鄂尔多斯市，面积为 5 979.59 km^2，占内蒙古低覆盖度草地面积的 8.15%，乌兰察布市低覆盖度草地面积最小，面积为 73.88 km^2，占内蒙古中覆盖度草地面积的 0.10%，见图 3.18；从行政区划的生态系统内部结构来看，阿拉善盟低覆盖度草地面积占全盟生态系统类型的比重相比其他盟市最大，为 22.57%，其次为乌海市，低覆盖度草地面积占全市生态系统类型的比重为 12.11%，最小的为乌兰察布市，低覆盖度草地面积占全市生态系统类型的比重为 0.14%，见图 3.10。

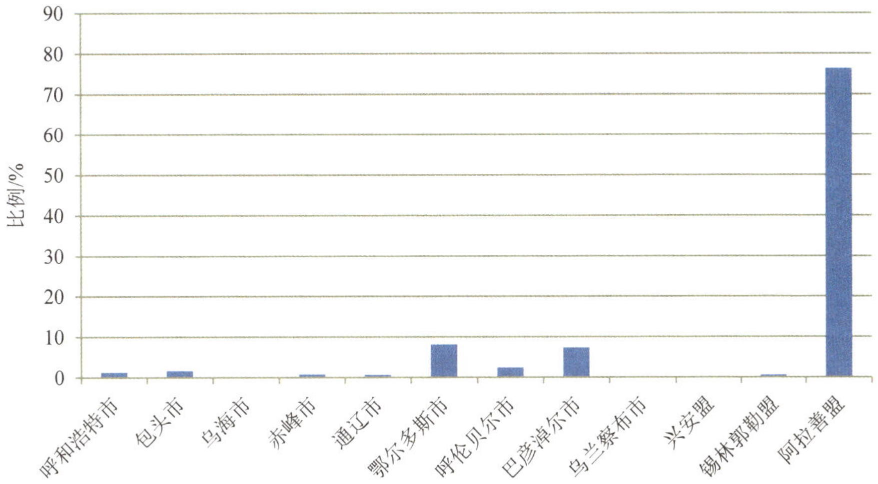

图 3.18 内蒙古 12 盟市低覆盖度草地面积占内蒙古低覆盖度草地总面积比例

内蒙古水体主要分布在东部区域，面积为 7 321.00 km^2，占内蒙古生态系统面积的 0.63%。从行政区划来看，呼伦贝尔市水体面积最大，为 3 443.52 km^2，占内蒙古水体面积的 47.04%，其次为锡林郭勒盟，面积为 720.35 km^2，占内蒙古水体面积的 8.15%，乌海市水体面积最小，面积为 75.15 km^2，占内蒙古水体面积的 1.03%，见图 3.19；从行政区划的生态系统内部结构看，乌海市水体面积占全市生态系统类型的比重相比其他盟市最大，为 4.54%，其次为呼伦贝尔市，水体面积占全市生态系统类型的比重为 1.36%，最小的为阿拉善盟，水体面积占全盟生态系统类型的比重为 0.12%，见图 3.10。

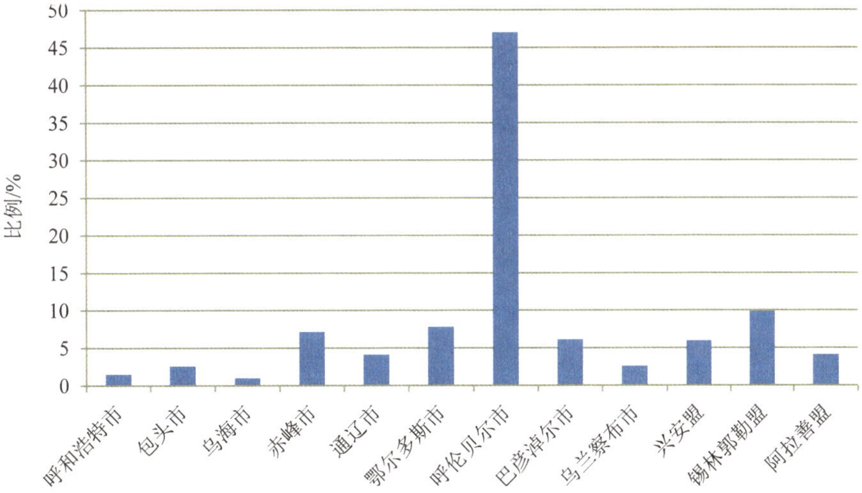

图 3.19 内蒙古 12 盟市水体面积占内蒙古水体总面积比例

内蒙古城镇聚落分布均匀，面积为 2 330.81 km^2，占内蒙古聚落生态系统的 13.84%，占内蒙古生态系统面积的 0.20%。从行政区来看，包头市城镇聚落面积最大，为 314.83 km^2，占内蒙古城镇聚落面积的 13.51%，其次为呼伦贝尔市，面积为 310.55 km^2，占内蒙古城镇聚落面积的 13.32%，阿拉善盟城镇聚落面积最小，面积为 86.28 km^2，占内蒙古城镇聚落面积的 3.70%，见图 3.20；从行政区划的生态系统内部结构来看，乌海市城镇聚落面积占全市生态系统类型的比重相比其他盟市最大，为 5.95%，其次为呼和浩特市，城镇聚落面积占全市生态系统类型的比重为 1.35%，最小的为阿拉善盟，城镇聚落面积占全盟生态系统类型的比重为 0.03%，见图 3.10。

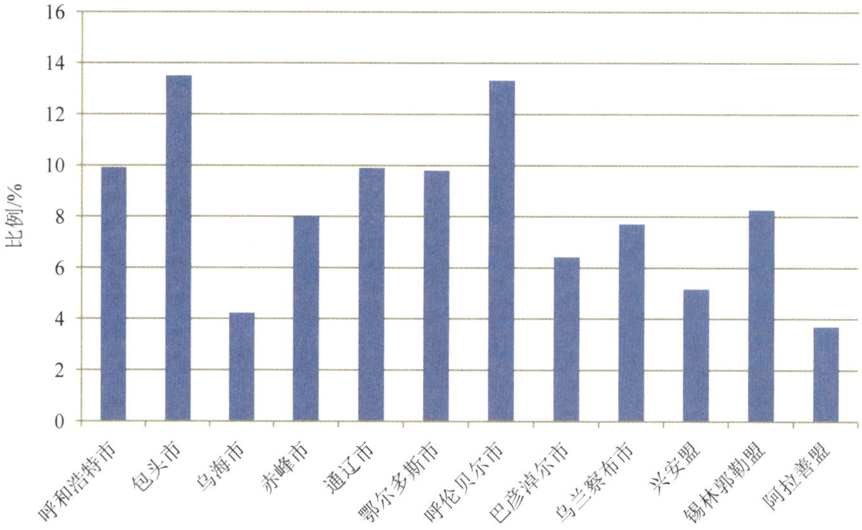

图 3.20 内蒙古 12 盟市城镇聚落面积占内蒙古城镇聚落总面积比例

内蒙古非城镇聚落面积为 14 514.60 km^2，占内蒙古聚落生态系统的 86.16%，占内蒙古生态系统面积的 1.26%。从行政区划来看，鄂尔多斯市非城镇聚落面积最大，为 1 900.88 km^2，占内蒙古非城镇聚落面积的 13.10%，其次为赤峰市，面积为 1 798.17 km^2，占内蒙古非城镇聚落面积的 12.39%，乌海市非城镇聚落面积最小，面积为 300.86 km^2，占内蒙古非城镇聚落面积的 2.07%，见图 3.21；从行政区划的生态系统内部结构看，乌海市非城镇聚落面积占全市生态系统类型的比重相比其他盟市最大，为 18.17%，其次为呼和浩特市，非城镇聚落面积占全市生态系统类型的比重为 4.60%，最小的为阿拉善盟，非城镇聚落面积占全盟生态系统类型的比重为 0.34%，见图 3.10。

内蒙古沙地为荒漠生态系统的主要类型，主要分布在西部区域，面积为 85 046.45 km^2，占内蒙古荒漠生态系统的 56.20%，占内蒙古生态系统面积的 7.37%。从行政区划来看，阿拉善盟沙地面积最大，为 66 412.47 km^2，占内蒙古沙地面积的 78.09%，其次为鄂尔多斯市，面积为 11 012.55 km^2，占内蒙古沙地面积的 12.95%，乌海市沙地面积最小，面积为 39.34 km^2，占内蒙古沙地面积的 0.05%，见图 3.22；从行政区划的生态系统内部结构来看，阿拉善盟沙地面积占全盟生态系统类型的比重相比其他盟市最大，为 26.76%，其次为鄂尔多斯市，沙地面积占全市生态系统类型的比重为 12.68%，最小的为呼伦贝尔市沙地面积占全市生态系统类型的比重为 0.11%，见图 3.10。

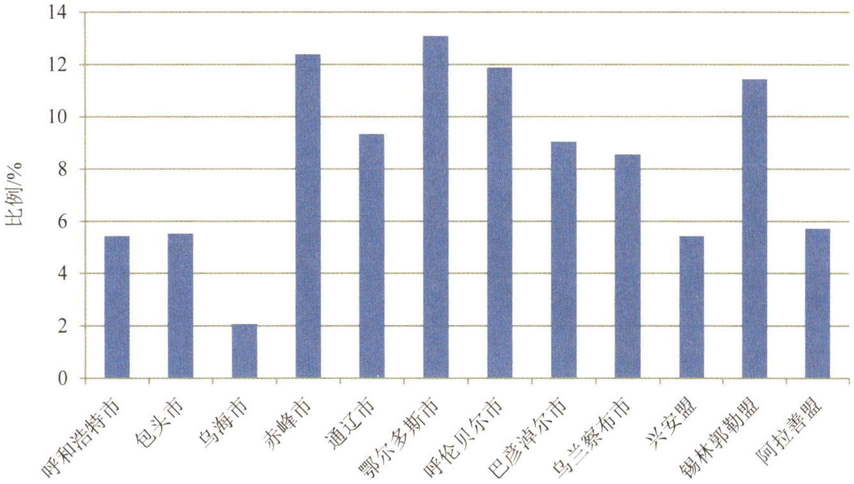

图 3.21　内蒙古 12 盟市非城镇聚落面积占内蒙古非城镇聚落总面积比例

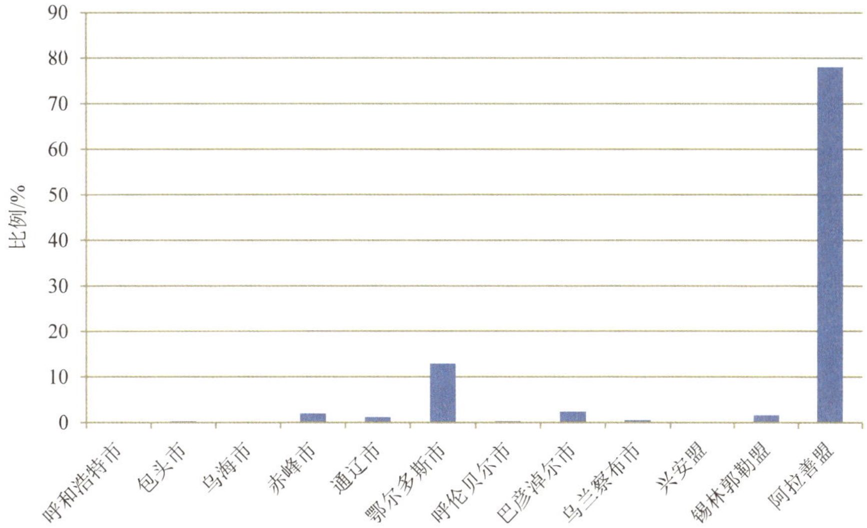

图 3.22　内蒙古 12 盟市沙地面积占内蒙古沙地总面积比例

内蒙古盐碱地面积为 1 765.13 km^2，占内蒙古荒漠生态系统的 1.17%，占内蒙古生态系统面积的 0.15%，主要分布在西部区域。从行政区来看，阿拉善盟盐碱地面积最大，为 1 158.92 km^2，占内蒙古盐碱地面积的 65.66%，其次为锡林郭勒盟，面积为 324.28 km^2，占内蒙古盐碱地面积的 18.37%，呼和浩特市几乎没有盐碱地分布，除呼和浩特市外，乌海市盐碱地面积最小，面积为 1.44 km^2，占内蒙古盐碱地面积的 0.08%，见图 3.23；从行政区划的生态系统内部结构看，阿拉善盟盐碱地面积占全盟生态系统类型的比重最大，为 0.47%，其次为鄂尔多斯市，盐碱地面积占全市生态系统类型的比重为 0.22%，呼和浩特市、赤峰市、呼伦贝尔市、巴彦淖尔市以及兴安盟盐碱地面积占全市生态系统类型的比重均小于 0.02%，见图 3.10。

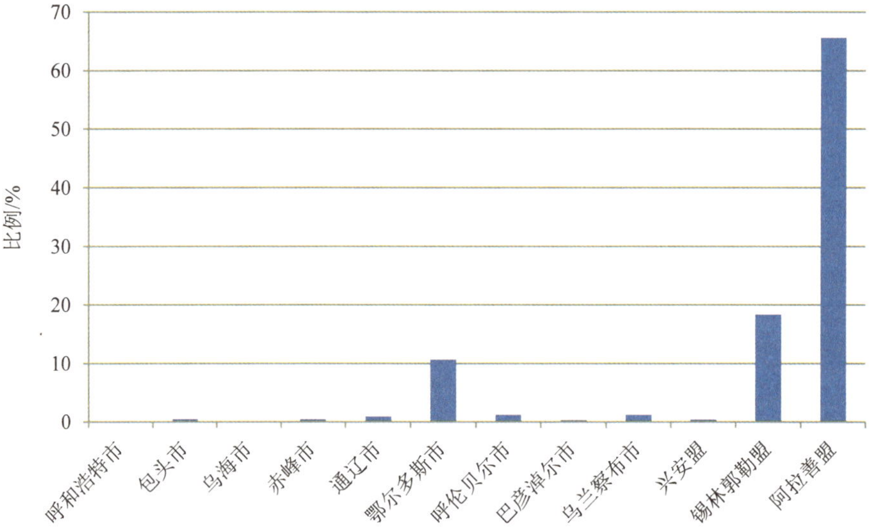

图 3.23　内蒙古 12 盟市盐碱地面积占内蒙古盐碱地总面积比例

内蒙古裸土地面积为 1 218.77 km^2，占内蒙古荒漠生态系统的 0.81%，占内蒙古生态系统面积的 0.11%。从行政区划来看，阿拉善裸土地面积最大，为 341.81 km^2，占内蒙古裸土地面积的 28.05%，其次为锡林郭勒盟，面积为 293.51 km^2，占内蒙古裸土地面积的 24.08%，乌海市裸土地面积最小，面积为 0.42 km^2，占内蒙古裸土地面积的 0.03%，见图 3.24；从行政区划的生态系统内部结构看，通辽市裸土地面积占全市生态系统类型的比重最大，为 0.20%，其次为包头市裸土地面积占全市生态系统类型的比重为 0.18%，最小为乌兰察布市和乌海市，都为 0.03%，见图 3.10。

内蒙古裸岩石砾主要分布在阿拉善盟西北部地区，面积为 63 310.28 km^2，占内蒙古荒漠生态系统的 41.83%，占内蒙古生态系统面积的 5.48%。从行政区划来看，裸岩石砾几乎全部分布在阿拉善盟，面积为61 060.41 km^2，占内蒙古裸岩石砾面积的96.45%，其次为巴彦淖尔市，面积为1 327.47 km^2，占内蒙古裸岩石砾面积的2.10%，其余盟市均小于0.50%，见图3.25；从行政区划的生态系统内部结构来看，阿拉善盟裸岩石砾面积占全盟生态系统类型的比重相比其他盟市最大，为24.60%，其次为巴彦淖尔市，为2.04%，其余盟市均小于0.80%，见图3.10。

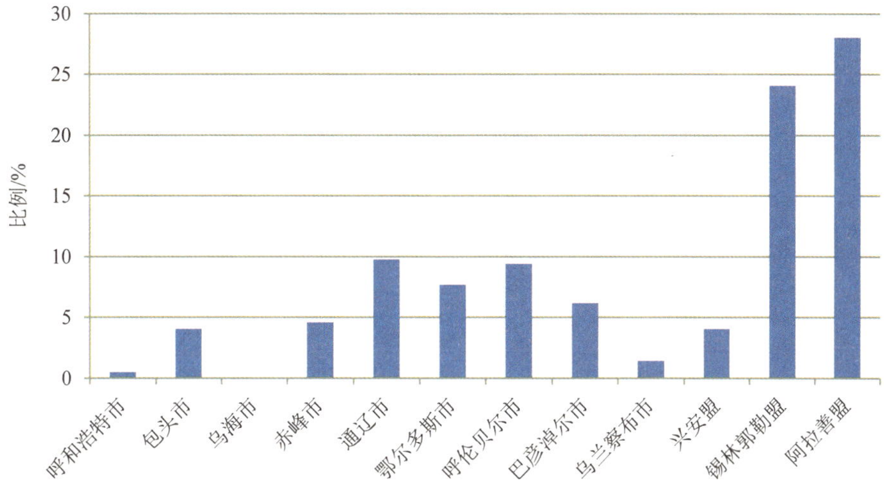

图3.24　内蒙古12盟市裸土地面积占内蒙古裸地总面积比例

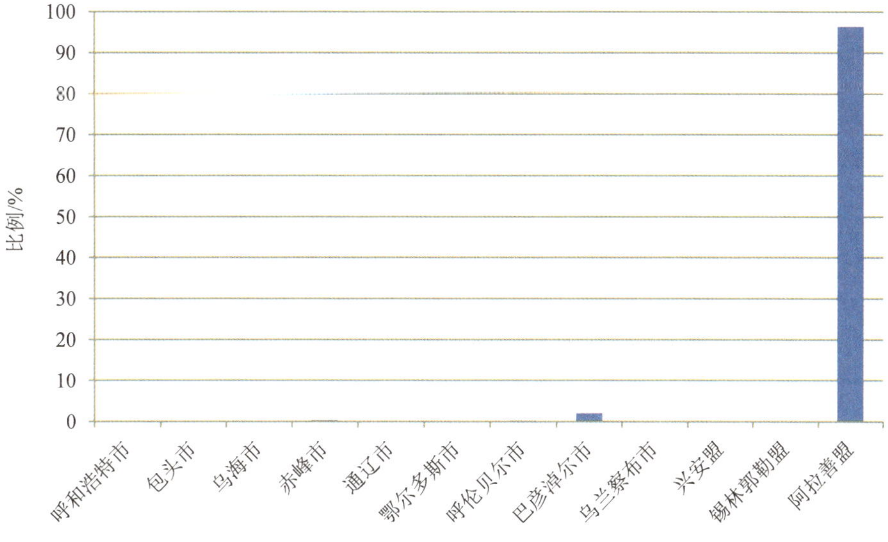

图3.25　内蒙古12盟市裸岩石砾面积占内蒙古裸岩石砾总面积比例

第三节 自然和人工生态系统分布

自然生态系统是指在一定时间和空间范围内，依靠自然调节能力维持的相对稳定的生态系统，包括森林生态系统、草地生态系统、水体生态系统、荒漠生态系统。从宏观结构上看，内蒙古自然生态系统面积为 1 021 659.14 km^2，占内蒙古生态系统面积比例为 88.48%；从内部结构来看，草地生态系统面积最大，为 514 424.18 km^2，占内蒙古自然生态系统的 50.35%，森林生态系统其次，面积为 348 573.33 km^2，占内蒙古自然生态系统的 34.12%，水体生态系统占比最小，占内蒙古自然生态系统的 0.72%。表 3.5 反映了内蒙古自然及人工生态系统所占比例情况。图 3.26 及图 3.27 反映了内蒙古 12 盟市自然及人工生态系统的面积以及内部占比情况。

表 3.5　内蒙古自然及人工生态系统所占比例

分类	内蒙古生态系统宏观结构名称	一级类型面积/km^2	一级类型面积占自然（人工）生态系统面积比例/%	面积/km^2	占内蒙古生态系统宏观结构总面积比例/%
自然生态系统	森林生态系统	348 573.33	34.12	1 021 659.14	88.48
	草地生态系统	514 424.18	50.35		
	水体生态系统	7 321.00	0.72		
	荒漠生态系统	151 340.62	14.81		
人工生态系统	农田生态系统	116 159.11	87.33	133 004.52	11.52
	聚落生态系统	16 845.41	12.67		

内蒙古自然生态系统主要分布在东部区域。从行政区划来看，阿拉善盟自然生态系统面积最大，为 246 475.76 km^2，占内蒙古自然生态系统的 24.13%，其次为呼伦贝尔市，面积为 227 960.13 km^2，占内蒙古自然生态系统的 22.31%，乌海市自然生态系统面积最小，占内蒙古自然生态系统的 0.11%；从行政区划的生态系统内部结构来看，阿拉善盟自然生态系统面积占全盟生态系统类型的比重相比其他盟市最大，为 99.30%，大于 90%的盟市还有锡林郭勒盟、鄂尔多斯市、呼伦贝尔市，分别为 97.32%、92.27%、90.18%，自然生态系统面积占全市生态系统类型的比重最小的为通辽市，为 59.67%，见表 3.6。

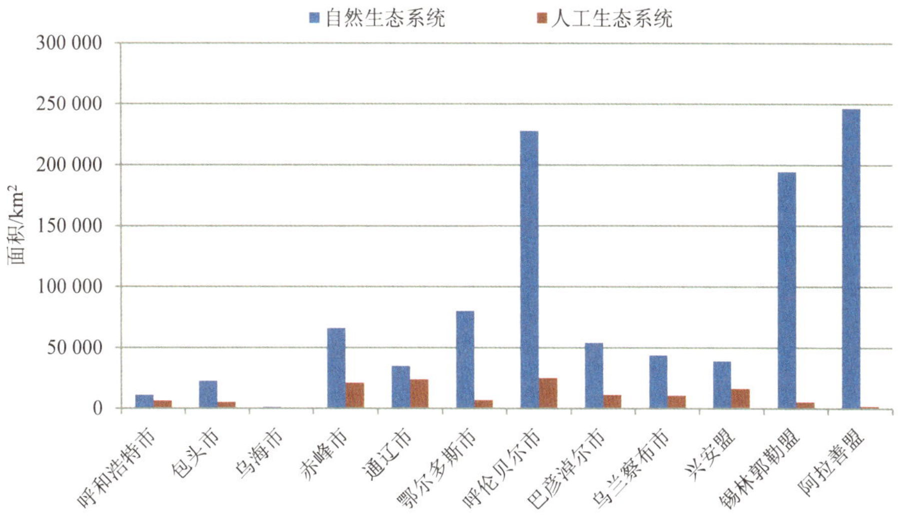

图 3.26　内蒙古 12 盟市自然及人工生态系统面积统计

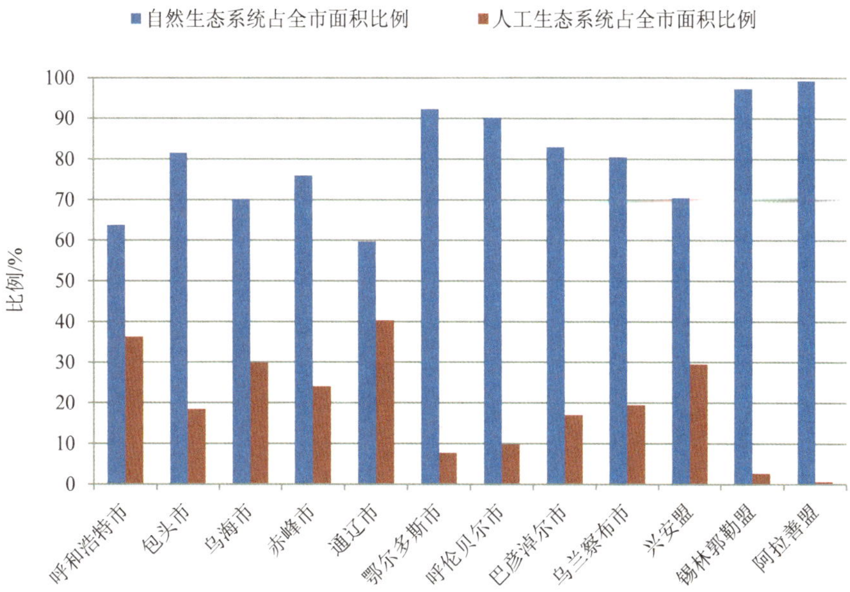

图 3.27　内蒙古 12 盟市自然及人工生态系统占全市面积比例

表 3.6 内蒙古 12 盟市自然及人工生态系统占全市面积比例

	呼和浩特市	包头市	乌海市	赤峰市	通辽市	鄂尔多斯市	呼伦贝尔市	巴彦淖尔市	乌兰察布市	兴安盟	锡林郭勒盟	阿拉善盟
自然生态系统占全市面积比例/%	63.73	81.54	70.16	75.97	59.67	92.27	90.18	82.98	80.52	70.53	97.32	99.30
人工生态系统占全市面积比例/%	36.27	18.46	29.84	24.03	40.33	7.73	9.82	17.02	19.48	29.47	2.68	0.70
总面积/km^2	17 185.08	27 585.81	1 655.43	86 914.40	58 858.59	86 875.08	252 771.22	65 145.21	54 455.92	55 132.15	199 883.60	248 201.16
占全市面积比例/%	100.00	100.00	100.00	100.00	100.00	100.00	100.00	100.00	100.00	100.00	100.00	100.00

人工生态系统是经过人类干预和改造后形成的生态系统，主要有以下几个特点：社会性，即受人类社会的强烈干预和影响；易变性，易受各种环境因素的影响，并随人类活动而发生变化，自我调节能力差；开放性，系统本身不能自给自足，依赖于外系统，并受外部的调控；目的性，系统运行的目的不是为维持自身的平衡，而是为满足人类的需要。人工生态系统主要包括农田生态系统和聚落生态系统。从整体上看，内蒙古人工生态系统面积为 133 004.52 km^2，占内蒙古生态系统面积的 11.52%，见表 3.5；从内部结构来看，农田生态系统比例较大，面积为 116 159.11 km^2，占内蒙古人工生态系统的 87.33%，聚落生态系统比例较小，面积为 16 845.41 km^2，占内蒙古人工生态系统的 11.52%。

内蒙古人工生态系统分布比较均匀。从行政区划来看，通辽市人工生态系统面积最大，为 23 740.28 km^2，占内蒙古人工生态系统的 17.85%，其次为赤峰市，面积为 20 888.38 km^2，占内蒙古人工生态系统的 15.71%，乌海市人工生态系统面积最小，占内蒙古人工生态系统的 0.37%；从行政区划的生态系统内部结构看，通辽市人工生态系统面积占全市生态系统类型的比重相比其他盟市最大，为 40.33%，其次为呼和浩特市，人工生态系统面积占全市生态系统类型的比重为 36.27%，人工生态系统面积占全盟市生态系统类型的比重最小的为阿拉善盟，为 0.70%，见表 3.6。

第四节　生态系统类型的地形分布特征

内蒙古地势较高，内蒙古整体上是一个高原型的地貌区。在世界自然区划中，属于著名的亚洲中部蒙古高原的东南部及其周沿地带，统称内蒙古高原，是我国四大高原之一。总观地势，西高东低、南高北低，由西向东北倾斜。在内部结构上又有着明显的差异，区内分布有山地、丘陵、高平原、平原、沙地、沙漠、河流、湖沼等多种地形。由东北向西南以大兴安岭、燕山、阴山、贺兰山等山脉为主，呈弧形横贯于内蒙古中部，高程多为 1 000～2 000 m，构成了内蒙古地区的地貌脊梁，形成了农业、牧业过渡地带和内、外流域的分界线。

根据区内地貌形态特征、成因、岩性、地层结构、大地构造等因素，可将内蒙古划分为 7 个大的地貌形态单元，即大兴安岭山地、西辽河平原、内蒙古北部高原、阴山山地、河套平原、鄂尔多斯高原和阿拉善高原。

农田生态系统为人类提供了丰富的农产品，如粮食、蔬菜、水果、纤维等，这些产品是人类繁衍生息的基础。内蒙古农田生态系统从空间分布上看，分布比较集中，主要分布在呼伦贝尔市、兴安盟、通辽市东部平原地区以及河套平原区域；从高程带分布上看，随着海拔的增加，气温、气压也随之降低，大于 2 000 m 后其对植被生长的限制越发明显。农田生态系统从 50～2 500 m 均有分布，在海拔 1 000 m 以下的占内蒙古农田生态系统面积的 68.14%，在海拔 1 000 m 以上的占 31.68%，且主要集中在 200～500 m 的高程带上，占内蒙古农田生态系统面积的 36.40%，海拔大于 2 000 m，农田分布极少，仅占农田生态系统面积的 0.03%，见表 3.7；从坡度带分布上看，随着坡度的增加，降水的径流量与冲刷量随之加大，水土流失也随之严重，植被覆盖度也随之降低。农田生态系统大部分分布在 5°以下，占内蒙古农田生态系统面积的 84.52%，且主要集中在 0°～2°区间内，占 61.82%，在 5°～15°区间内有 10.53%的农田分布，当坡度大于 15°以后很少有农田分布，仅占 0.84%，见表 3.8。

表 3.7　内蒙古农田生态系统按高程带分布占比

高程带/m	农田生态系统占比/%	高程带/m	农田生态系统占比/%
50～100	0.14	1 000～1 200	13.89
100～200	10.66	1 200～1 500	10.95
200～500	36.40	1 500～2 000	6.99
500～800	14.61	2 000～2 500	0.03
800～1 000	6.32		

表 3.8　内蒙古农田生态系统按坡度带分布占比

坡度带	农田生态系统占比/%	坡度带	农田生态系统占比/%
0°～2°	61.82	8°～10°	2.77
2°～3°	9.76	10°～15°	2.53
3°～5°	12.94	15°～25°	0.77
5°～6°	4.12	25°～35°	0.06
6°～8°	5.23	⩾35°	0.01

森林生态系统的特点是动植物种类繁多，群落的结构复杂，种群的密度和群落的结构能够长期处于稳定的状态，它在调节气候、涵养水源、保持水土、防风固沙方面起着重要的作用。内蒙古森林生态系统从空间分布上看，主要分布在大兴安岭山地、西辽河流域以及阿拉善盟高原东部；从高程带分布上看，森林生态系统主要集中在 100～2 000 m 的区间内，在海拔 50～1 000 m 之间的占内蒙古森林生态系统面积的

48.94%，在海拔 1 000～2 000 m 之间的占 50.79%，且以 1 200～1 500 m 最多，占内蒙古森林面积的 26.82%，海拔大于 2 000 m 的占 0.27%，见表 3.9；从坡度带分布上看，森林生态系统在 0°～35°均有分布，在 0°～5°区间内的，占内蒙古森林生态系统面积的 55.85%，在 5°～10°区间内的，占内蒙古森林生态系统面积的 19.18%，在 10°～35°区间内的，占内蒙古森林生态系统面积的 24.35%，当坡度大于 35°以后很少有森林分布，占 0.84%，见表 3.10。

表 3.9 内蒙古森林生态系统按高程带分布占比

高程带/m	森林生态系统占比/%	高程带/m	森林生态系统占比/%
50～100	0.00	1 200～1 500	26.82
100～200	1.07	1 500～2 000	6.61
200～500	9.99	2 000～2 500	0.21
500～800	19.87	2 500～3 000	0.06
800～1 000	18.00	3 000～3 500	0.01
1 000～1 200	17.36	3 500～5 000	0.00

表 3.10 内蒙古森林生态系统按坡度带分布占比

坡度带	森林生态系统占比/%	坡度带	森林生态系统占比/%
0°～2°	36.90	8°～10°	6.60
2°～3°	7.80	10°～15°	11.58
3°～5°	11.15	15°～25°	10.13
5°～6°	4.60	25°～35°	2.64
6°～8°	7.98	≥35°	0.62

草地生态系统与森林生态系统一样，也是重要的陆地生态系统之一。草地群落以多年生草本植物占优势，它在防风固沙、保持水土、净化空气等方面都具有重要的价值。内蒙古草地生态系统从空间分布上来看，主要分布在大兴安岭、燕山、阴山山脉的西部、北部平原地带；从高程带分布上来看，草地生态系统主要集中在 200～2 000 m 的区间内，在海拔 50～1 000 m 之间的占内蒙古草地生态系统面积的 40.86%，在海拔 1 000～2 000 m 之间的占 58.81%，且主要集中在 1 200～1 500 m 区间，占内蒙古草地面积的 26.80%，海拔大于 2 000 m 的占 0.33%，见表 3.11；从坡度带分布上看，草地

生态系统在 0°～35°均有分布，在 0°～5°区间内的，占内蒙古草地生态系统面积的 77.53%，在 5°～10°区间内的，占内蒙古草地生态系统面积的 11.39%，在 10°～35°区间内的，占内蒙古草地生态系统面积的 10.72%，坡度大于 35°的占 0.36%，见表 3.12。

表 3.11　内蒙古草地生态系统按高程带分布占比

高程带/m	草地生态系统占比/%	高程带/m	草地生态系统占比/%
50～100	0.00	1 200～1 500	26.80
100～200	1.47	1 500～2 000	8.27
200～500	5.97	2 000～2 500	0.30
500～800	16.66	2 500～3 000	0.03
800～1 000	16.77	3 000～3 500	0.00
1 000～1 200	23.75	3 500～5 000	0.00

表 3.12　内蒙古草地生态系统按坡度带分布占比

坡度带	草地生态系统占比/%	坡度带	草地生态系统占比/%
0°～2°	56.77	8°～10°	3.30
2°～3°	9.94	10°～15°	5.09
3°～5°	10.82	15°～25°	4.36
5°～6°	3.33	25°～35°	1.27
6°～8°	4.76	≥35°	0.36

内蒙古的水体生态系统主要指淡水生态系统，包括湖泊、水库和江河等。水体生态系统对于蓄水调洪、补充地下水、调节气候、保护生物多样性等具有重要的作用。内蒙古水体生态系统从空间分布上看，主要分布在大兴安岭山地、辽河流域、黄河流域以及黑河流域；从高程带分布上看，水体生态系统主要集中在 200～1 500 m 的区间内，在海拔 50～1 000 m 之间的占内蒙古水体生态系统面积的 61.25%，且主要集中在 500～800 m 区间，占内蒙古水体面积的 29.37%，在海拔 1000～2 000 m 之间的占 38.69%，海拔大于 2 000 m 的仅占 0.07%，见表 3.13。

表 3.13 内蒙古水体生态系统按高程带分布占比

高程带/m	水体生态系统占比/%	高程带/m	水体生态系统占比/%
50～100	0.13	1 000～1 200	18.55
100～200	2.77	1 200～1 500	16.16
200～500	12.61	1 500～2 000	3.97
500～800	29.37	2 000～2 500	0.07
800～1 000	16.37	2 500～3 000	0.00

荒漠生态系统区域一般年降水量在 250 mm 以下，水分的缺乏限制了绿色植物的生长以及一切直接或间接依赖绿色植物的动物和微生物，植物分布稀疏，几乎全为旱生种类。内蒙古荒漠生态系统从空间分布上来看，主要分布在阿拉善高原以及鄂尔多斯高原北部区域；从高程带分布上来看，荒漠生态系统主要集中在 800～2 000 m 的区间内，在海拔 50～1 000 m 之间的占内蒙古生态系统面积的 14.82%，在海拔 1000～2 000 m 之间的占 85.08%，且主要集中在 1200～1 500 m 区间，占内蒙古荒漠面积的 48.60%，海拔大于 2 000 m 的占 0.10%，见表 3.14；从坡度带分布上看，荒漠生态系统主要集中在 0°～5°区间内，占内蒙古荒漠生态系统面积的 69.02%，在 5°～10°区间内的，占内蒙古荒漠生态系统面积的 18.77%，在 10°～35°区间内的，占内蒙古荒漠生态系统面积的 12.02%，坡度大于 35°的占 0.19%，见表 3.15。

表 3.14 内蒙古荒漠生态系统按高程带分布占比

高程带/m	荒漠生态系统占比/%	高程带/m	荒漠生态系统占比/%
50～100	0.00	1 200～1 500	48.60
100～200	0.22	1 500～2 000	10.31
200～500	1.22	2 000～2 500	0.09
500～800	1.09	2 500～3 000	0.01
800～1 000	12.29	3 000～3 500	0.00
1 000～1 200	26.17		

表 3.15　内蒙古荒漠生态系统按坡度带分布占比

坡度带	荒漠生态系统占比/%	坡度带	荒漠生态系统占比/%
0°～2°	44.40	8°～10°	5.46
2°～3°	10.30	10°～15°	7.18
3°～5°	14.32	15°～25°	4.07
5°～6°	5.29	25°～35°	0.77
6°～8°	8.02	≥35°	0.19

第五节　生态系统一级类型的区域差异

内蒙古生态系统宏观结构受自然和社会经济条件的控制和影响，不同区域的生态系统结构类型存在差异。为了更深刻地表征内蒙古生态系统宏观结构，本章根据地理区划将内蒙古划分成三个区域：东部地区、中部地区和西部地区作为切入点，分别统计了 12 个盟市各生态系统类型面积及占比，结合区域划分，进一步细致刻画了各生态系统类型在盟市内的分布差异。

内蒙古东部地区（呼伦贝尔市、通辽市、兴安盟、赤峰市）以森林生态系统为主，所占比例最大，占区域生态系统面积的 43.33%，其中呼伦贝尔市最为突出，占 67.84%，东部地区大部分森林生态系统分布在呼伦贝尔市，其占比远远高于其他东部盟市；东部地区草地生态系统占 35.86%，其中占比最高的是呼伦贝尔市，占该地区草地生态系统的 55.65%，超过内蒙古东部区草地生态系统面积的一半之多；内蒙古东部地区农田生态系统占区域面积的 17.45%，其中呼伦贝尔市占 28.77%，通辽市占 27.98%，赤峰市占 23.88%，兴安盟占 19.37%，东部农田生态系统各盟市分布较均匀；内蒙古东部地区聚落生态系统占 1.44%；水体生态系统占 1.04%；荒漠生态系统占 0.88%。

图 3.28 体现出内蒙古东部各生态系统的空间分布情况。内蒙古东部以森林生态系统为主，主要分布在该区域的北部，草地生态系统主要分布在该区域的西部，部分农田生态系统分布在该区域的东部和南部。自东向西由森林生态系统向草地生态系统过渡。表 3.16 反映了内蒙古东部生态系统各盟市的占比情况。

内蒙古中部地区（呼和浩特市、乌兰察布市、锡林郭勒盟）以草地生态系统为主，占区域面积的 75.75%，其次森林生态系统占 14.58%，内蒙古中部地区绝大部分草地生态系统和森林生态系统分布在锡林郭勒盟，其占比分别为 79.21%和 72.54%；农田生态系统占 6.59%；聚落生态系统占 1.58%；荒漠生态系统占 1.12%；水体生态系统占 0.38%。

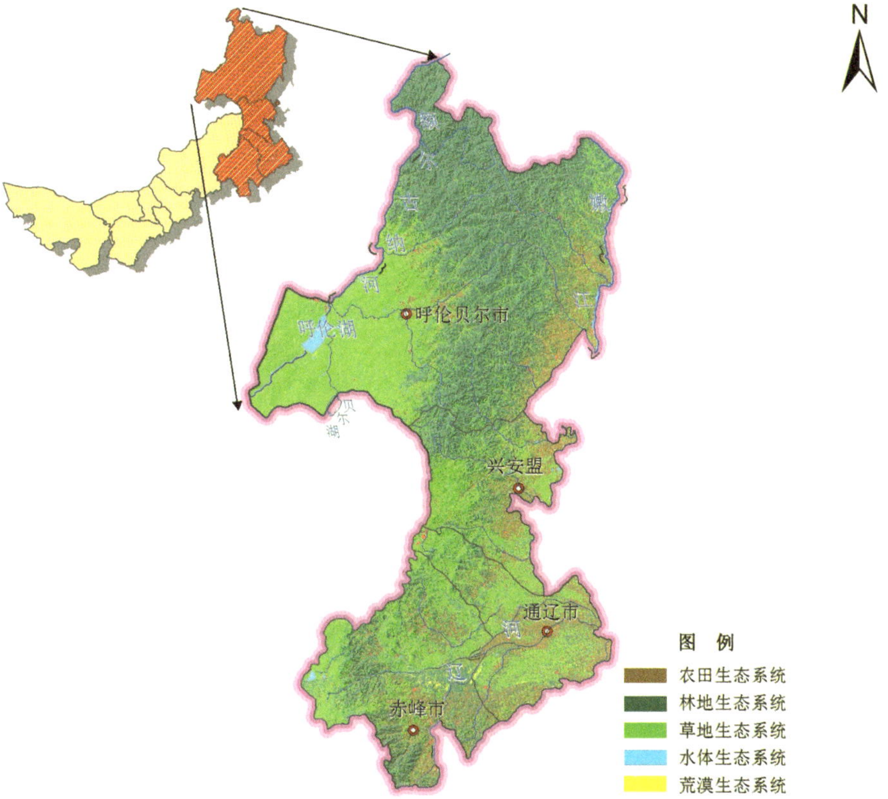

图 3.28　内蒙古东部生态系统类型分布

表 3.16　内蒙古东部生态系统各盟市占比

单位：%

内蒙古东部	生态系统					
	农田生态系统	森林生态系统	草地生态系统	水体生态系统	聚落生态系统	荒漠生态系统
赤峰市	23.88	16.93	18.56	11.15	30.45	50.55
通辽市	27.98	6.65	12.65	6.44	24.34	29.38
呼伦贝尔市	28.77	67.84	55.65	73.13	31.23	14.86
兴安盟	19.37	8.58	13.14	9.28	13.98	5.21

图 3.29 体现出内蒙古中部各生态系统的空间分布情况。内蒙古中部以草地生态系统为主，分布在该区域的北部和西部，森林生态系统分布在该区域的中部，农田生态

系统分布在该区域的南部，主要集中在乌兰察布市和呼和浩特市。表 3.17 反映了内蒙古中部生态系统各盟市占比情况。

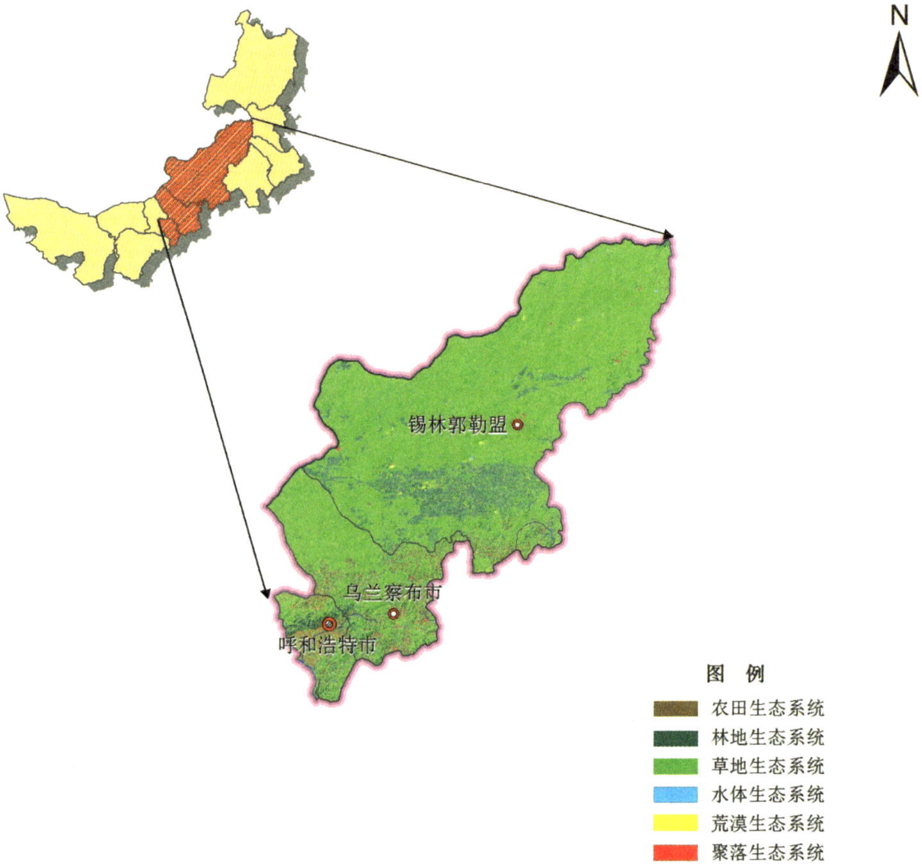

图 3.29 内蒙古中部生态系统类型分布

表 3.17 内蒙古中部生态系统各盟市占比

单位：%

内蒙古中部	生态系统					
	农田生态系统	森林生态系统	草地生态系统	水体生态系统	聚落生态系统	荒漠生态系统
呼和浩特市	29.10	9.61	3.29	10.92	23.77	8.51
乌兰察布市	51.29	17.85	17.50	18.61	33.08	19.89
锡林郭勒盟	19.61	72.54	79.21	70.47	43.15	71.60

内蒙古西部地区（包头市、鄂尔多斯市、巴彦淖尔市、乌海市、阿拉善盟）以草地生态系统和荒漠生态系统为主，分别占区域面积的 34.02%和 33.61%。在内蒙古西部地区草地生态系统中，占比最多的为阿拉善盟，其占比为 40.26%；在内蒙古西部地区荒漠生态系统中，阿拉善盟占比高达 89.37%；森林生态系统占区域面积的 26.16%，农田生态系统占区域面积的 4.44%，聚落生态系统占区域面积的 1.40%，水体生态系统占区域面积的 0.37%。

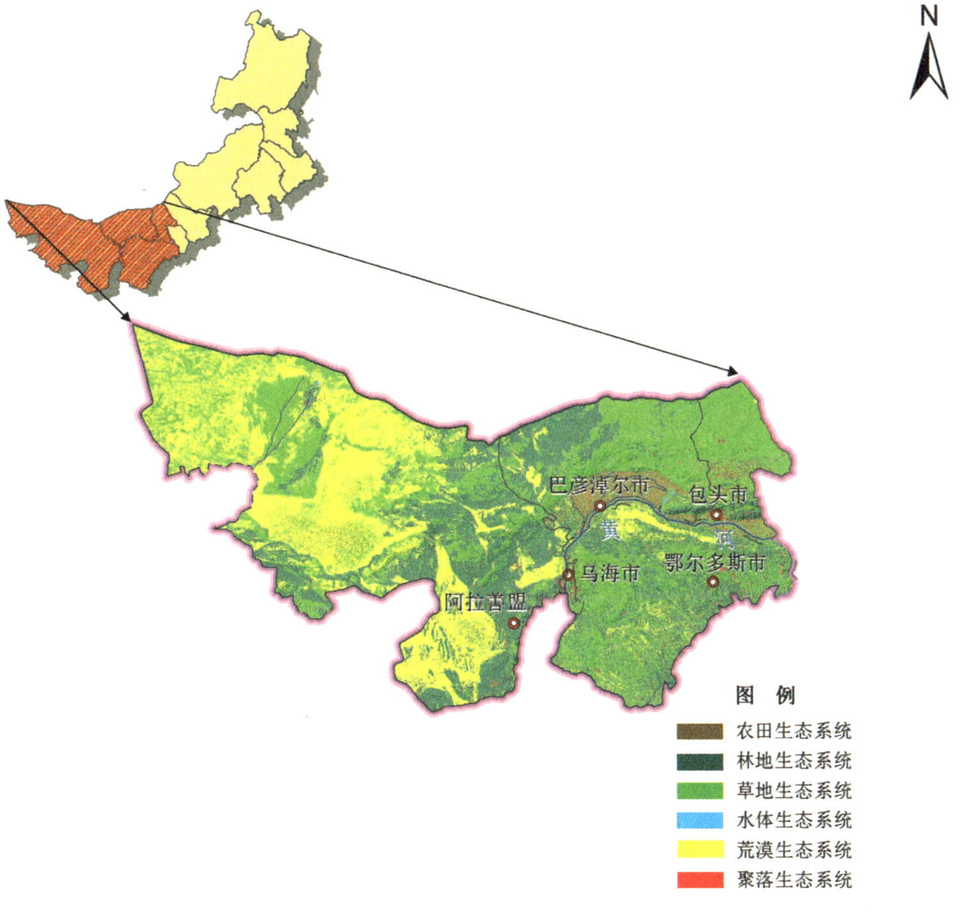

图 3.30 内蒙古西部生态系统类型分布

图 3.30 体现了内蒙古西部各生态系统分布情况。内蒙古西部以草地生态系统和荒漠生态系统为主，草地生态系统主要分布在该区域的东部，荒漠生态系统分布在该区域的西部，受降水、温度的主要影响，内蒙古西部自东向西由草地生态系统过渡到荒

漠生态系统。表 3.18 反映了内蒙古西部生态系统各盟市占比情况。

表 3.18　内蒙古西部生态系统各盟市占比

单位：%

地区	生态系统					
	农田生态系统	森林生态系统	草地生态系统	水体生态系统	聚落生态系统	荒漠生态系统
包头市	20.82	2.29	13.19	12.04	18.55	0.32
鄂尔多斯市	24.03	27.81	25.32	36.02	35.32	7.86
乌海市	0.50	0.32	0.46	4.73	6.63	0.04
巴彦淖尔市	50.42	17.60	20.77	28.29	24.26	2.42
阿拉善盟	4.23	51.98	40.26	18.92	15.24	89.36

根据统计数据分析以及空间分布发现，从整体上看，内蒙古东、中、西部生态系统类型一级类占比存在明显差异，宏观结构受自然和社会经济条件影响，在空间分布上呈现出自东向西由以森林生态系统为主过渡到以草地生态系统为主，再到以荒漠生态系统为主，受降水和温度的影响，内蒙古东部呼伦贝尔市、内蒙古中部锡林郭勒盟以及内蒙古西部阿拉善盟尤为突出，表 3.19 反映了内蒙古东部、中部、西部生态系统占比情况。

表 3.19　内蒙古东部、中部、西部生态系统占比

单位：%

地区	生态系统					
	农田生态系统	森林生态系统	草地生态系统	水体生态系统	聚落生态系统	荒漠生态系统
内蒙古东部	17.45	43.33	35.86	1.04	1.44	0.88
内蒙古中部	6.59	14.58	75.75	0.38	1.58	1.12
内蒙古西部	4.44	26.16	34.02	0.37	1.40	33.61

根据内蒙古行政区划对 12 盟市进行区域差异分析，12 盟市生态系统一级类型占比情况见图 3.31，表 3.20 反映了内蒙古 12 盟市生态系统所占面积情况。

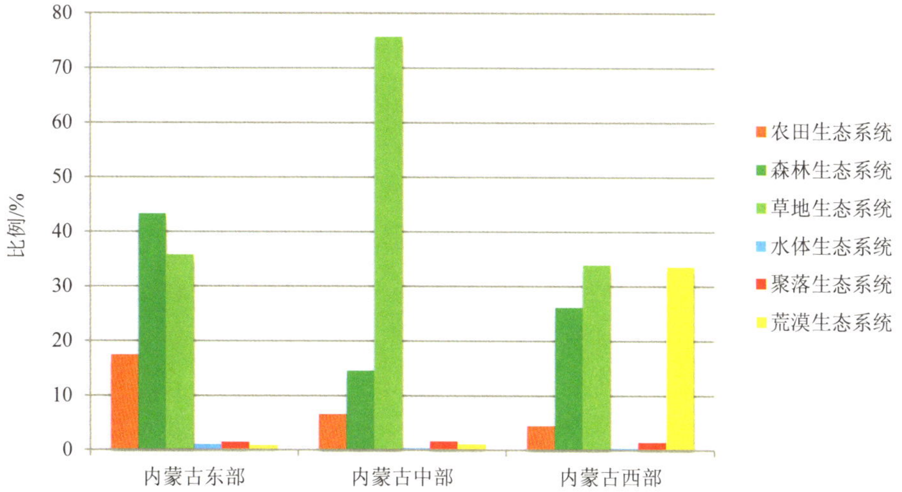

注：内蒙古东部地区：呼伦贝尔市、兴安盟、赤峰市、通辽市。
内蒙古中部地区：呼和浩特市、乌兰察布市、锡林郭勒盟。
内蒙古西部地区：乌海市、巴彦淖尔市、阿拉善盟、包头市、鄂尔多斯市。

图 3.31　内蒙古东部、中部、西部生态系统占比

表 3.20　内蒙古 12 盟市生态系统一级类型面积统计

单位：km^2

盟市	生态系统						
	农田生态系统	森林生态系统	草地生态系统	水体生态系统	聚落生态系统	荒漠生态系统	总生态系统面积
呼和浩特市	5 210.50	3 806.84	6 776.08	111.66	1 021.72	258.26	17 185.08
包头市	3 974.26	2 570.69	19 268.03	191.42	1 117.96	463.45	27 585.81
乌海市	94.51	356.36	678.28	75.15	399.43	51.70	1 655.43
赤峰市	18 903.49	33 292.20	30 193.69	525.11	1 984.89	2 015.03	86 914.40
通辽市	22 153.76	13 067.34	20 576.52	303.29	1 586.52	1 171.16	58 858.59
鄂尔多斯市	4 587.27	31 251.54	36 989.78	572.85	2 129.47	11 344.18	86 875.08
呼伦贝尔市	22 774.22	133 389.79	90 534.59	3 443.52	2 036.86	592.23	252 771.22
巴彦淖尔市	9 623.28	19 779.68	30 344.47	449.78	1 462.24	3 485.76	65 145.21
乌兰察布市	9 184.03	7 068.22	35 987.40	190.26	1 422.11	603.91	54 455.92
兴安盟	15 335.37	16 872.13	21 368.91	436.76	911.14	207.85	55 132.15
锡林郭勒盟	3 511.42	28 718.37	162 905.31	720.35	1 854.67	2 173.49	199 883.60
阿拉善盟	806.98	58 400.16	58 801.14	300.86	918.41	128 973.61	248 201.16

呼和浩特市以草地生态系统为主，面积为6 776.08 km^2，占呼和浩特市生态系统面积的39.43%，主要分布在呼和浩特市的南部；其次是农田生态系统，面积为5 210.50 km^2，占 30.32%，主要分布在呼和浩特市的西北区域和中部；森林生态系统的面积为3 806.84 km^2，占22.15%；聚落生态系统的面积为1 021.72 km^2，占5.95%；荒漠生态系统的面积为258.26 km^2，占1.50%；水体生态系统的面积为111.66 km^2，占0.65%。

包头市以草地生态系统为主，面积为 19 268.03 km^2，占包头市生态系统面积的69.85%，主要分布在包头市的北边；其次是农田生态系统，农田生态系统面积为3 974.26 km^2，占 14.41%，主要分布在包头市的中部和南部；森林生态系统面积为2 570.69 km^2，占9.32%；聚落生态系统的面积为1 117.96 km^2，占4.05%；荒漠生态系统面积为463.45 km^2，占1.68%；水体生态系统面积为191.42 km^2，占0.69%。

乌海市以草地生态系统为主，面积为678.28 km^2，占乌海市生态系统面积的40.97%，主要分布在乌海市的中部和南部；森林生态系统面积为356.36 km^2，占21.53%，主要分布在乌海市的中部；聚落生态系统面积为399.43 km^2，占24.13%；农田生态系统面积为94.51 km^2，占5.71%；水体生态系统面积为75.15 km^2，占4.54%；荒漠生态系统面积为51.70 km^2，占3.12%。

赤峰市以森林生态系统和草地生态系统为主，面积分别为 33 292.20 km^2 和30 193.69 km^2，分别占赤峰市生态系统的38.31%与34.74%，在赤峰市均匀分布；其次是农田生态系统，面积为18 903.49 km^2，占21.75%；荒漠生态系统面积为2 015.03 km^2，占 2.32%；聚落生态系统的面积为 1 984.89 km^2，占 2.28%；水体生态系统面积为525.11 km^2，占0.60%。

通辽市以农田生态系统和草地生态系统为主，面积分别为 22 153.76 km^2 和20 576.52 km^2，分别占通辽市生态系统的37.63%与34.96%，农田生态系统主要分布在通辽市的东部和南部，草地生态系统主要分布在北部；其次是森林生态系统，面积为13 067.34 km^2，占22.20%；聚落生态系统面积为1 586.52 km^2，占2.70%；荒漠生态系统面积为1 171.16 km^2，占1.99%；水体生态系统的面积为303.29 km^2，占0.52%。

鄂尔多斯市以草地生态系统和森林生态系统为主，面积分别为 36 989.78 km^2 和31 251.54 km^2，分别占鄂尔多斯市生态系统面积的42.58%与35.97%，在鄂尔多斯市均匀分布；其次是荒漠生态系统，面积为11 344.18 km^2，占13.06%，主要分布在北部和南部；农田生态系统面积为4 587.27 km^2，占5.28%；聚落生态系统面积为2 129.47 km^2，占2.45%；水体生态系统面积为572.85 km^2，占0.66%。

呼伦贝尔市以森林生态系统为主，面积为133 389.79 km^2，占呼伦贝尔市生态系统面积的 52.77%，主要分布在呼伦贝尔市的北部和中部；草地生态系统面积为

90 534.59 km^2，占 35.82%，主要分布在呼伦贝尔市的西部；农田生态系统面积为 22 774.22 km^2，占 9.01%，主要分布在呼伦贝尔市的东部；水体生态系统面积为 3 443.52 km^2，占 1.36%；聚落系统面积为 2 036.86 km^2，占 0.81%；荒漠生态系统面积为 592.23 km^2，占 0.23%。

巴彦淖尔市以草地生态系统为主，面积为 30 344.47 km^2，占 46.58%，主要分布在巴彦淖尔市的东北部；森林生态系统的面积为 19 779.68 km^2，占 30.37%，主要分布在巴彦淖尔市的西北部；农田生态系统的面积为 9 623.28 km^2，占 14.77%，集中分布在巴彦淖尔市的河套平原，巴彦淖尔市的南部。荒漠生态系统面积为 3 485.76 km^2，占 5.35%；聚落生态系统面积为 1 462.24 km^2，占 2.24%；水体生态系统面积为 449.78 km^2，占 0.69%。

乌兰察布市以草地生态系统为主，面积为 35 987.40 km^2，占乌兰察布市生态系统面积的 66.08%，大部分分布在乌兰察布市的西北部；农田生态系统面积为 22 774.22 km^2，占 16.87%，主要分布在乌兰察布市的中部和南部；森林生态系统面积为 7 068.22 km^2，占 12.98%；聚落生态系统面积为 2 036.86 km^2，占 2.61%；荒漠生态系统面积为 592.23 km^2，占 1.11%；水体生态系统面积为 3 443.52 km^2，占 0.35%。

兴安盟以草地生态系统为主，面积为 21 368.91 km^2，占兴安盟生态系统面积的 38.76%，分布在兴安盟的中部和南部；森林生态系统面积为 16 872.13 km^2，占 30.60%，主要分布在兴安盟北部；农田生态系统面积为 15 335.37 km^2，占 27.82%，主要分布在兴安盟东部；聚落生态系统面积为 911.14 km^2，占 1.65%；水体生态系统面积为 436.76 km^2，占 0.79%；荒漠生态系统面积为 207.85 km^2，占 0.38%。

锡林郭勒盟以草地生态系统为主，面积为 162 905.31 km^2，占锡林郭勒盟生态系统面积的 81.50%，分布在锡林郭勒盟北部、西部和南部；森林生态系统面积为 28 718.37 km^2，占 14.36%，分布在锡林郭勒盟中部；农田生态系统面积为 3 511.42 km^2，占 1.76%；荒漠生态系统面积为 2 173.49 km^2，占 1.09%；聚落生态系统面积为 1 854.67 km^2，占 0.93%；水体生态系统面积为 720.35 km^2，占 0.36%。

阿拉善盟以荒漠生态系统为主，面积为 128 973.61 km^2，占阿拉善盟生态系统面积的 51.96%，主要分布在阿拉善盟的西部和南部；草地生态系统面积为 58 801.14 km^2，占 23.69%；森林生态系统面积为 58 400.16 km^2，占 23.53%，主要分布在阿拉善盟的东部；聚落生态系统面积为 918.41 km^2，占 0.37%；农田生态系统面积为 806.98 km^2，占 0.33%；水体生态系统面积为 300.86 km^2，占 0.12%。

从行政区划上来看，草地生态系统和森林生态系统为内蒙古主要的生态系统，12 盟市中呼和浩特市、包头市、乌海市草地生态系统所占的比例最多，赤峰市森林生态系统和草地生态系统居多，通辽市以农田生态系统和草地生态系统为主，草地生态系统和森林生态系统占鄂尔多斯市大部分生态系统，呼伦贝尔市主要是森林生态系统其面积占比超过该区域生态系统占比的1/2，巴彦淖尔市的草地生态系统最多，乌兰察布市、兴安盟、锡林郭勒盟的草地生态系统占比在其盟市最大，阿拉善盟则以荒漠生态系统为主要生态系统，占比超其区域生态系统面积的一半。表3.21反映了内蒙古12盟市生态系统的占比详细情况。

表3.21 内蒙古12盟市生态系统占比

单位：%

生态系统	地区					
	呼和浩特市	包头市	乌海市	赤峰市	通辽市	鄂尔多斯市
农田生态系统	30.32	14.41	5.71	21.75	37.63	5.28
森林生态系统	22.15	9.32	21.53	38.31	22.20	35.97
草地生态系统	39.43	69.85	40.97	34.74	34.96	42.58
水体生态系统	0.65	0.69	4.54	0.60	0.52	0.66
聚落生态系统	5.95	4.05	24.13	2.28	2.70	2.45
荒漠生态系统	1.50	1.68	3.12	2.32	1.99	13.06
	呼伦贝尔市	巴彦淖尔市	乌兰察布市	兴安盟	锡林郭勒盟	阿拉善盟
农田生态系统	9.01	14.77	16.87	27.82	1.76	0.33
森林生态系统	52.77	30.37	12.98	30.60	14.36	23.53
草地生态系统	35.82	46.58	66.08	38.76	81.50	23.69
水体生态系统	1.36	0.69	0.35	0.79	0.36	0.12
聚落生态系统	0.81	2.24	2.61	1.65	0.93	0.37
荒漠生态系统	0.23	5.35	1.11	0.38	1.09	51.96

第六节 生态系统二级类型的区域差异

内蒙古生态系统宏观结构受自然和社会经济条件的控制和影响，不同区域的生态系统结构类型存在较为显著的差异。为了更深刻地表征内蒙古生态系统宏观结构，本节重点分析不同盟市间生态系统二级类型差异。

根据内蒙古生态系统分类体系，将生态系统类型分为16个二级类型：水田、旱地、有林地、灌木林地、疏林地和其他林地、高覆盖度草地、中覆盖度草地、低覆盖度草地、水体、城镇、非城镇、沙地、盐碱地、裸土地、裸岩石砾和其他未利用地。分别统计了12个盟市中16个二级类型所占的面积，并计算其在区域面积内所占的百分比，见表3.22和表3.23。

根据统计结果，呼伦贝尔市主要以有林地和高覆盖度草地生态系统为主，分别占该地区面积的50.55%和34.75%；兴安盟、锡林郭勒盟、乌兰察布市和乌海市都以高覆盖度草地生态系统为主，分别占各自区域面积的38.21%、80.47%、63.70%和22.96%；通辽市以旱地和高覆盖度草地生态系统为主，分别占该地区面积的37.30%和33.98%；赤峰市以高覆盖度草地生态系统为主，占区域面积的26.15%，旱地、灌木林地和有林地生态系统也占较大比重。呼和浩特市以旱地生态系统为主，占区域面积的30.32%；包头市以中覆盖度草地生态系统为主，占该地区面积的61.66%；鄂尔多斯市和巴彦淖尔市均以灌木林地和高覆盖度草地生态系统为主，其中灌木林地生态系统占各自区域面积的31.95%和29.16%，高覆盖度草地生态系统分别占各自区域面积的26.48%和31.38%；阿拉善盟总面积的23.25%是灌木林地生态系统，22.57%是低覆盖度草地生态系统，占比最高的是沙地生态系统，占该区域面积的26.76%，裸岩石砾生态系统占阿拉善盟总面积的24.60%。

分析发现，盟市间生态系统二级类型占比存在明显差异，受自然与社会经济条件影响，在空间分布上呈现出自东向西由有林地、灌木林地生态系统向草地类生态系统过渡，沙地裸地增多的变化规律。高覆盖度草地生态系统成为绝大部分盟市的主要生态系统二级类型，其中以锡林郭勒盟和乌兰察布市最为突出；有林地生态系统在呼伦贝尔市、兴安盟、通辽市和赤峰市占比较高，其中以呼伦贝尔市最为突出，区域面积内一半以上分布为有林地；灌木林地生态系统在巴彦淖尔市、鄂尔多斯市和阿拉善盟是分布较多的生态系统二级类型，乌海市、赤峰市、锡林郭勒盟、兴安盟和呼和浩特市也有少量占比；低覆盖度草地主要分布在阿拉善盟，乌海市次之；水田生态系统在内蒙古生态系统结构中比例极少，仅出现在赤峰市、通辽市、呼伦贝尔市和兴安盟，且分别占各自区域面积的比例不足1%；旱地生态系统在通辽市、呼和浩特市、兴安盟和赤峰市有较高的占比；盐碱地在阿拉善盟的占比最高，但也不足该区域面积的0.5%；沙地和裸岩石砾生态系统在阿拉善盟有较高的占比，成为其主要生态系统二级类型。12盟市生态系统二级类型内部结构见图3.32。

表 3.22　内蒙古 12 盟市生态系统二级类型按行政区划面积统计

单位：km^2

类型	呼和浩特市	包头市	乌海市	赤峰市	通辽市	鄂尔多斯市	呼伦贝尔市	巴彦淖尔市	乌兰察布市	兴安盟	锡林郭勒盟	阿拉善盟
水田	0.00	0.00	0.01	113.06	197.40	2.61	127.63	0.00	0.00	376.43	0.00	0.00
旱地	5 210.53	3 974.26	94.50	18 790.43	21 956.36	4 584.66	22 646.59	9 623.28	9 184.03	14 958.94	3 511.42	806.98
有林地	1 144.16	378.31	14.05	12 375.04	6 293.82	1 738.24	127 764.91	434.52	1 317.85	10 119.59	1 425.43	663.36
灌木林地	1 847.74	1 984.97	288.61	16 639.27	3 731.77	27 759.30	4 476.83	18 995.89	5 309.23	6 151.12	26 059.01	57 699.17
疏林地和其他林地	814.94	207.42	53.69	4 277.89	3 041.75	1 754.00	1 148.05	349.27	441.13	601.42	1 233.93	37.62
高覆盖度草地	3 162.49	1 042.33	380.11	22 731.75	19 998.83	23 004.06	87 848.75	20 444.77	34 690.98	21 068.13	160 853.56	1 878.81
中覆盖度草地	2 647.87	17 009.00	97.68	6 875.60	68.09	8 006.13	871.59	4 510.02	1 222.53	143.85	1 617.60	897.10
低覆盖度草地	965.71	1 216.71	200.50	586.34	509.60	5 979.59	1 814.25	5 389.68	73.88	156.93	434.15	56 025.22
水体	111.66	191.42	75.15	525.11	303.29	572.85	3 443.52	449.78	190.26	436.76	720.35	300.86
城镇	231.24	314.83	98.56	186.72	230.95	228.58	310.55	149.81	179.81	120.87	192.59	86.28
非城镇	790.47	803.13	300.86	1 798.17	1 355.56	1 900.88	1 726.31	1 312.42	1 242.30	790.27	1 662.08	832.13
沙地	122.01	257.80	39.34	1 732.01	1 034.01	11 012.55	289.00	2 076.97	503.19	134.52	1 432.57	66 412.47
盐碱地	0.00	8.72	1.44	8.35	16.90	188.73	22.08	5.88	21.97	7.86	324.28	1 158.92
裸土地	6.33	49.58	0.42	56.00	119.29	94.08	115.01	75.44	17.65	49.65	293.51	341.81
裸岩石砾	129.92	147.35	10.51	218.66	0.96	48.83	166.14	1 327.47	61.09	15.82	123.12	61 060.41
其他未利用地	0.00	0.00	0.00	0.00	0.00	0.00	0.00	0.00	0.00	0.00	0.00	0.00

表 3.23 内蒙古 12 盟市生态系统二级类型按行政区划内部结构占比

单位：%

类型	呼和浩特市	包头市	乌海市	赤峰市	通辽市	鄂尔多斯市	呼伦贝尔市	巴彦淖尔市	乌兰察布市	兴安盟	锡林郭勒盟	阿拉善盟
水田	0.00	0.00	0.00	0.13	0.34	0.00	0.05	0.00	0.00	0.68	0.00	0.00
旱地	30.32	14.41	5.71	21.62	37.30	5.28	8.96	14.77	16.87	27.13	1.76	0.33
有林地	6.66	1.37	0.85	14.24	10.69	2.00	50.55	0.67	2.42	18.36	0.71	0.27
灌木林地	10.75	7.20	17.43	19.14	6.34	31.95	1.77	29.16	9.75	11.16	13.04	23.25
疏林地和其他林地	4.74	0.75	3.24	4.92	5.17	2.02	0.45	0.54	0.81	1.09	0.62	0.02
高覆盖度草地	18.40	3.78	22.96	26.15	33.98	26.48	34.75	31.38	63.70	38.21	80.47	0.76
中覆盖度草地	15.41	61.66	5.90	7.91	0.12	9.22	0.34	6.92	2.24	0.26	0.81	0.36
低覆盖度草地	5.62	4.41	12.11	0.67	0.87	6.88	0.72	8.27	0.14	0.28	0.22	22.57
水体	0.65	0.69	4.54	0.60	0.52	0.66	1.36	0.69	0.35	0.79	0.36	0.12
城镇	1.35	1.14	5.95	0.21	0.39	0.26	0.12	0.23	0.33	0.22	0.10	0.03
非城镇	4.60	2.91	18.17	2.07	2.30	2.19	0.68	2.01	2.28	1.43	0.83	0.34
沙地	0.71	0.93	2.38	1.99	1.76	12.68	0.11	3.19	0.92	0.24	0.72	26.76
盐碱地	0.00	0.03	0.09	0.01	0.03	0.22	0.01	0.01	0.04	0.01	0.16	0.47
裸土地	0.04	0.18	0.03	0.06	0.20	0.11	0.05	0.12	0.03	0.09	0.15	0.14
裸岩石砾	0.76	0.53	0.63	0.25	0.00	0.06	0.07	2.04	0.11	0.03	0.06	24.60
其他未利用地	0.00	0.00	0.00	0.00	0.00	0.00	0.00	0.00	0.00	0.00	0.00	0.00

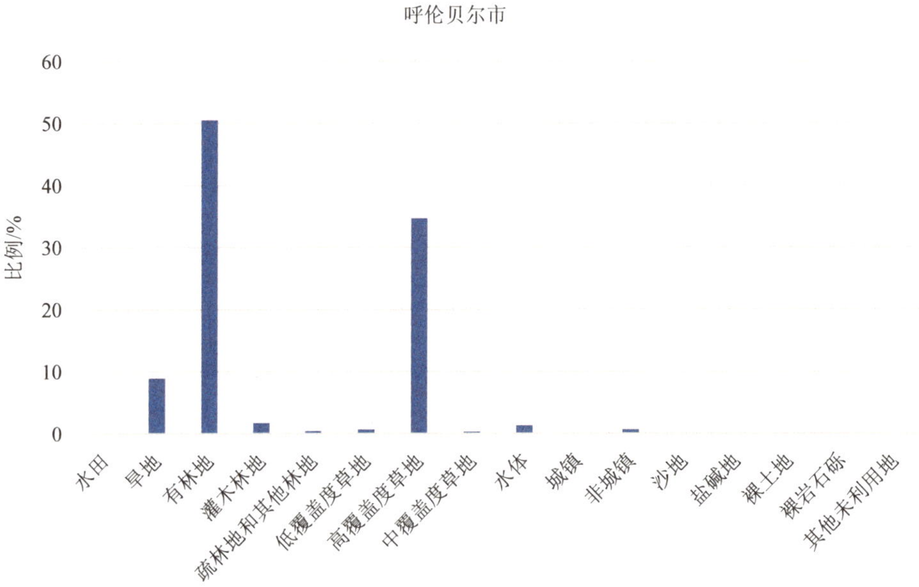
呼伦贝尔市
60
50
40
30
20
10
0
比例/%
水田
旱地
有林地
灌木林地
疏林地和其他林地
低覆盖度草地
高覆盖度草地
中覆盖度草地
水体
城镇
非城镇
沙地
盐碱地
裸土地
裸岩石砾
其他未利用地

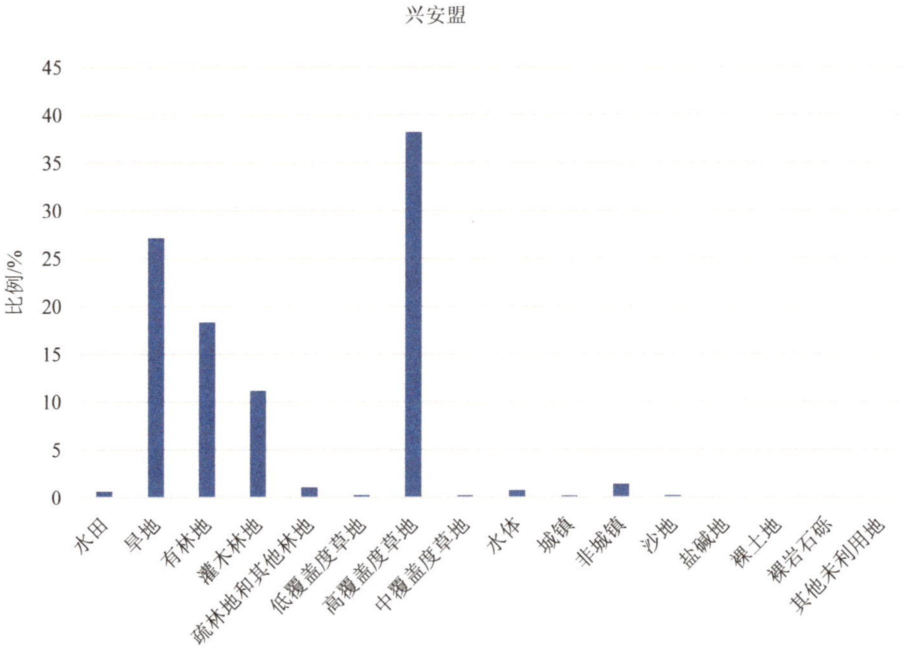
兴安盟
45
40
35
30
25
20
15
10
5
0
比例/%
水田
旱地
有林地
灌木林地
疏林地和其他林地
低覆盖度草地
高覆盖度草地
中覆盖度草地
水体
城镇
非城镇
沙地
盐碱地
裸土地
裸岩石砾
其他未利用地

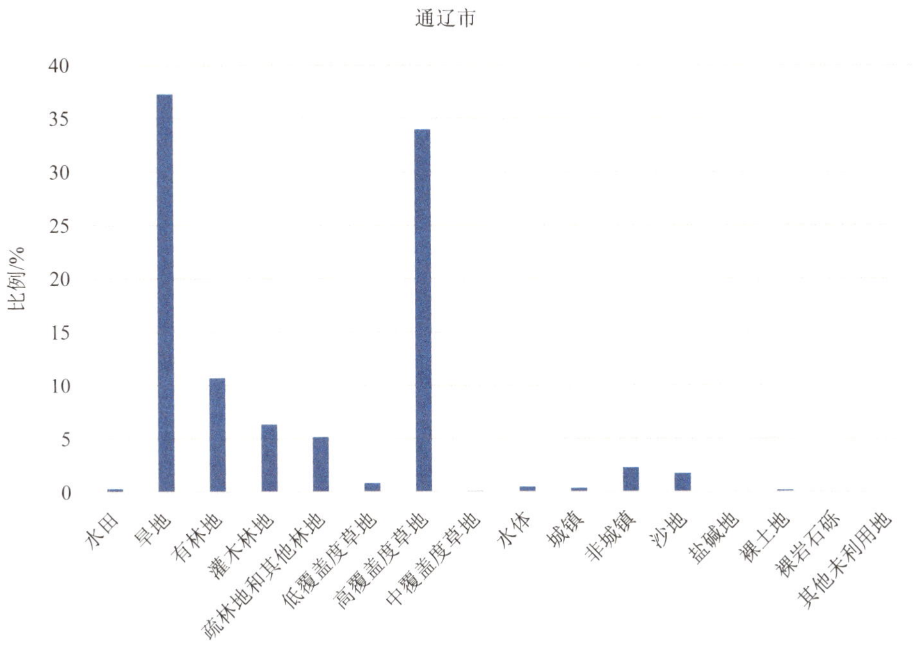

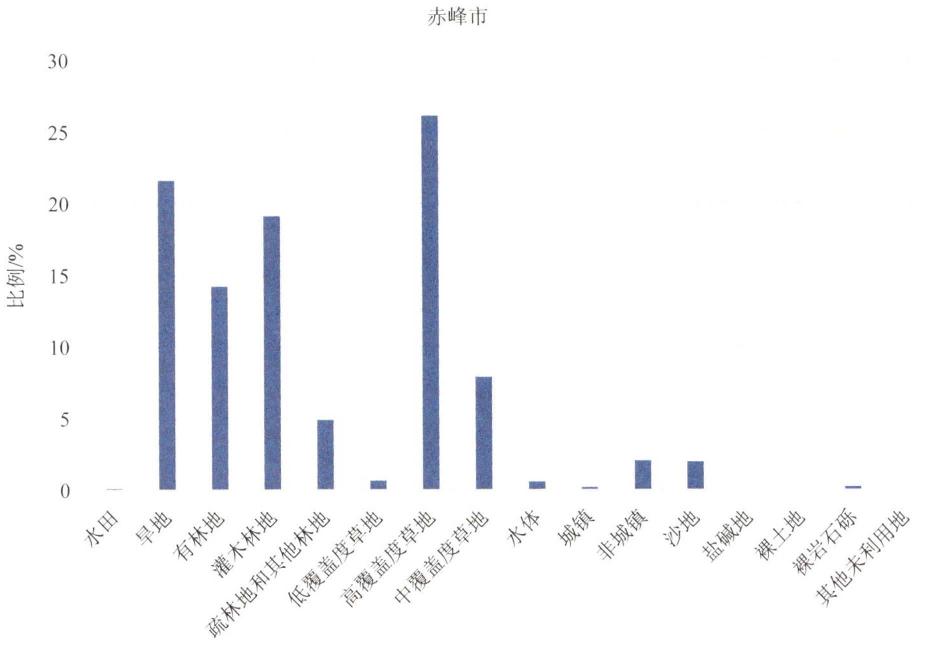

图 3.32（a） 内蒙古 12 盟市生态系统二级类型内部结构统计

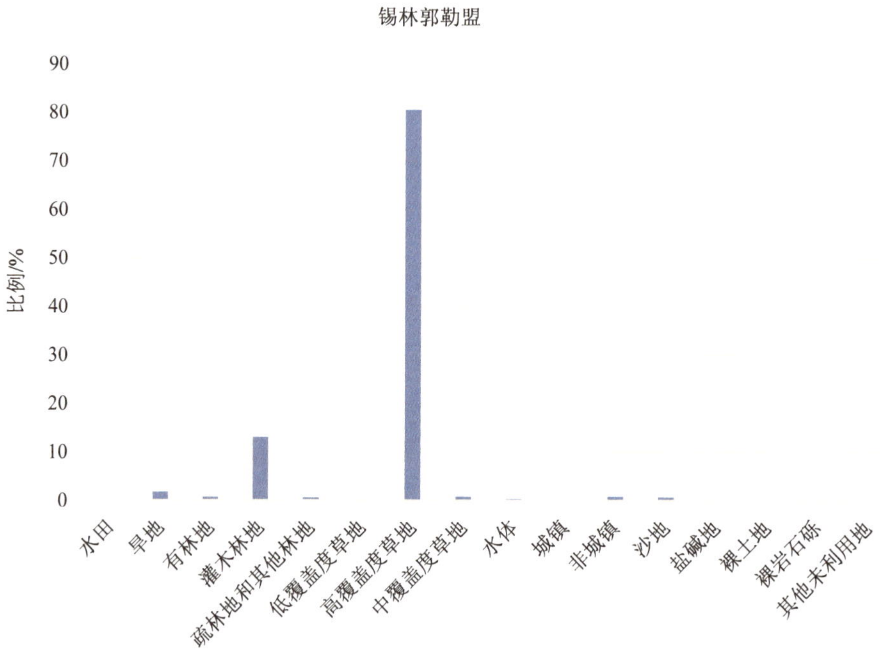
锡林郭勒盟
比例/%
90
80
70
60
50
40
30
20
10
0
水田
旱地
有林地
灌木林地
疏林地和其他林地
低覆盖度草地
高覆盖度草地
中覆盖度草地
水体
城镇
非城镇
沙地
盐碱地
裸土地
裸岩石砾
其他未利用地

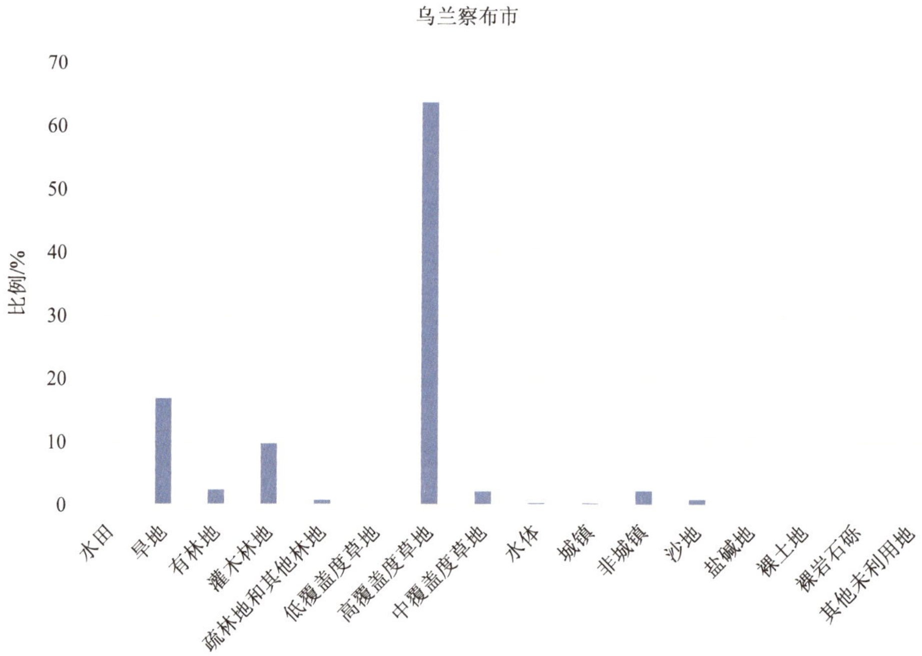
乌兰察布市
比例/%
70
60
50
40
30
20
10
0
水田
旱地
有林地
灌木林地
疏林地和其他林地
低覆盖度草地
高覆盖度草地
中覆盖度草地
水体
城镇
非城镇
沙地
盐碱地
裸土地
裸岩石砾
其他未利用地

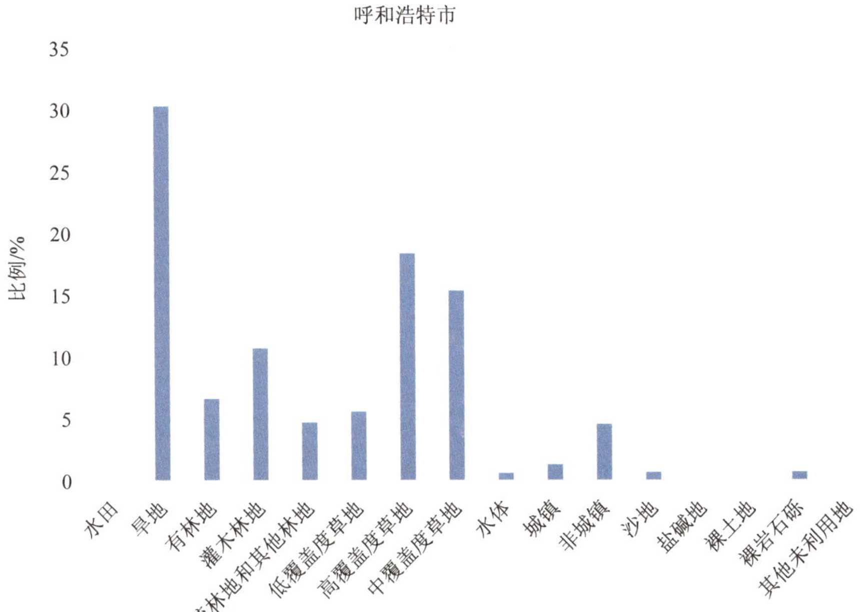

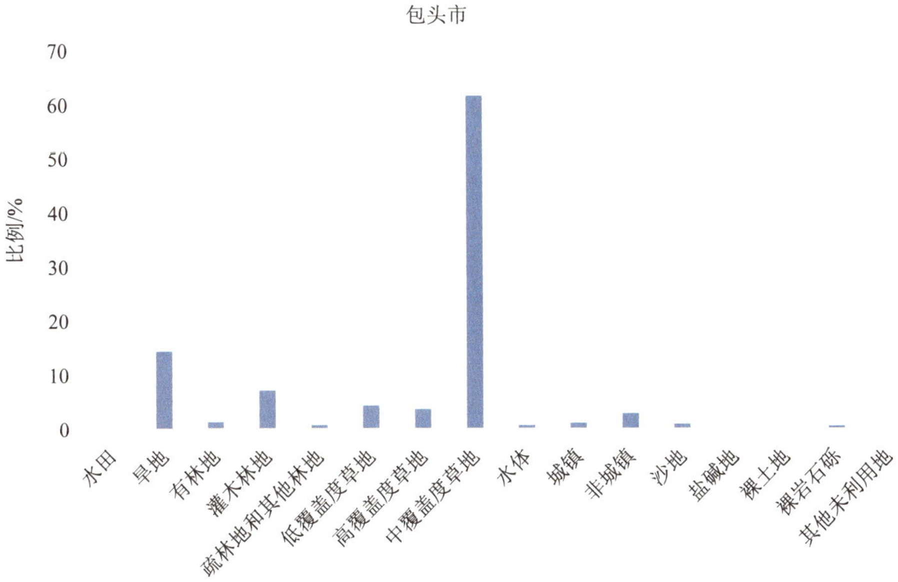

图 3.32（b）　内蒙古 12 盟市生态系统二级类型内部结构统计

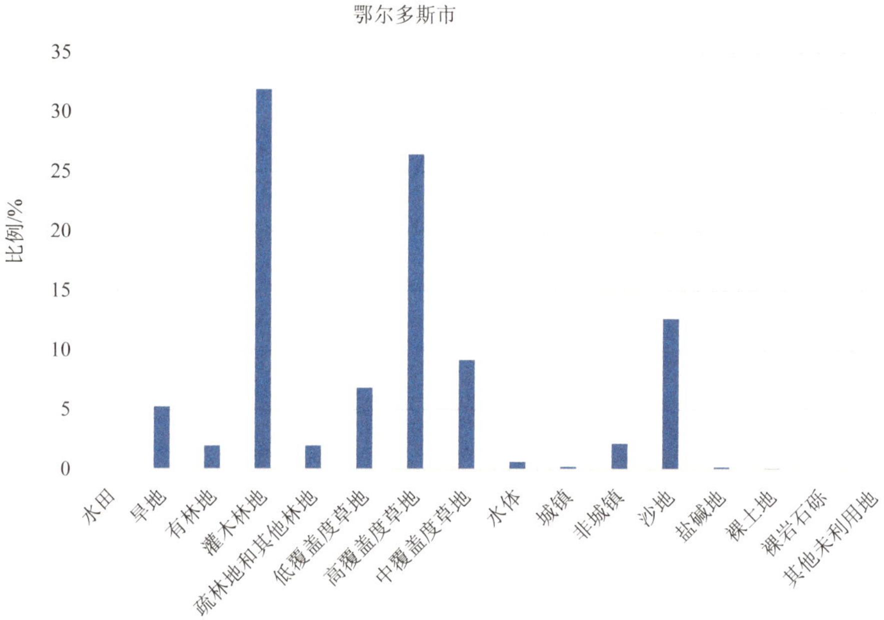
鄂尔多斯市
比例/%
35
30
25
20
15
10
5
0
水田
旱地
有林地
灌木林地
疏林地和其他林地
低覆盖度草地
高覆盖度草地
中覆盖度草地
水体
城镇
非城镇
沙地
盐碱地
裸土地
裸岩石砾
其他未利用地

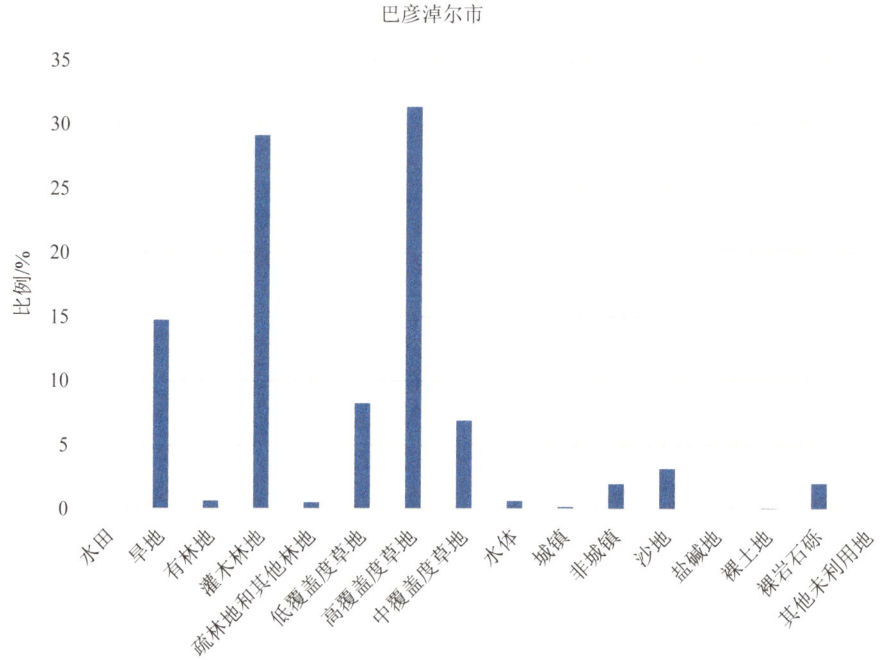
巴彦淖尔市
比例/%
35
30
25
20
15
10
5
0
水田
旱地
有林地
灌木林地
疏林地和其他林地
低覆盖度草地
高覆盖度草地
中覆盖度草地
水体
城镇
非城镇
沙地
盐碱地
裸土地
裸岩石砾
其他未利用地

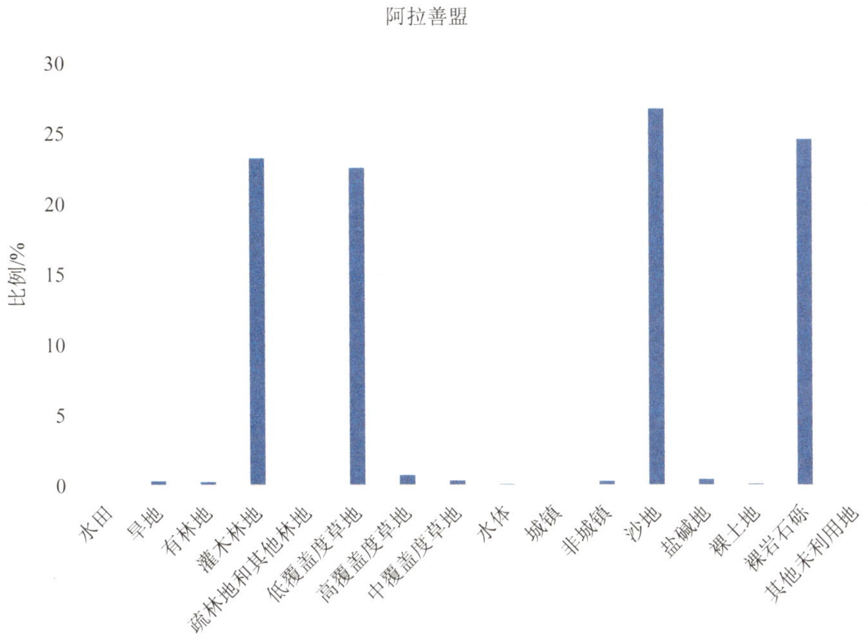

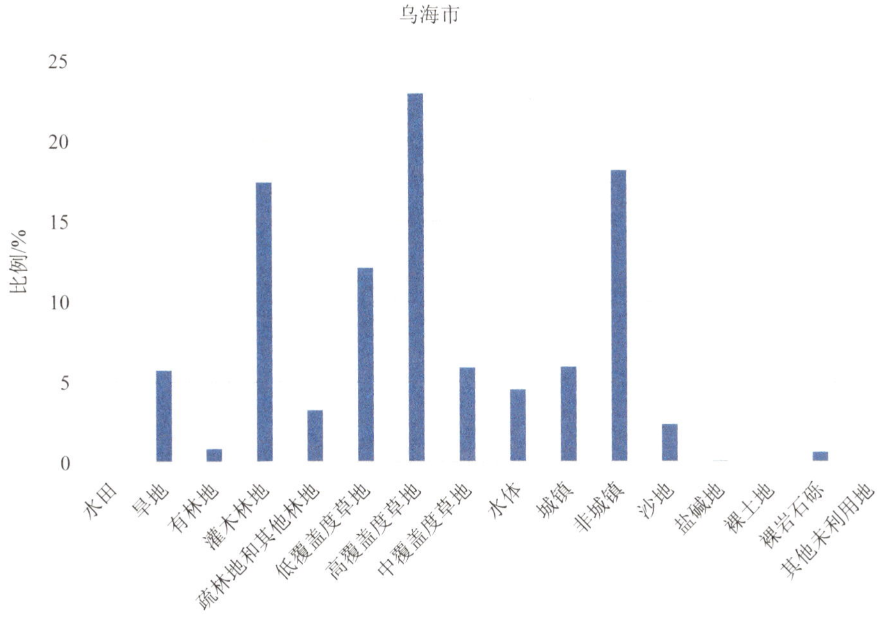

图 3.32（c） 内蒙古 12 盟市生态系统二级类型内部结构统计

第四章

内蒙古生态系统的宏观结构变化

内蒙古长时间序列高精度生态系统宏观结构遥感监测，通过数据挖掘与知识库的建立，快速获取生态系统宏观结构变化相关知识，对于内蒙古的可持续发展具有重要的战略意义。

基于 1990—2015 年每隔五年更新的内蒙古生态系统宏观结构变化数据库，分析 20 世纪 90 年代以来（1990—2015 年）内蒙古生态系统宏观结构变化的时空特征，并对比 20 世纪末最后 10 年（1990—2000 年）、21 世纪初第 1 个 10 年（2000—2010 年）和最近 5 年（2010—2015 年）的异同，揭示自 1990 年以来生态系统宏观结构变化特征，为内蒙古生态环境监测、评估及其相关领域的研究提供有价值的科学信息。

第一节　生态系统宏观结构变化时空特征

一、内蒙古生态系统宏观结构变化基本特征

（一）1990—2015 年内蒙古生态系统类型变化特征分析

1990—2015 年的 25 年间，内蒙古生态系统宏观结构变化表现为森林、草地生态系统总面积减少，而农田、聚落及荒漠、水体生态系统增加的状况，见图 4.1、表 4.1。其中，内蒙古草地和森林生态系统面积分别以 459.21 km^2/a 和 119.84 km^2/a 的速率减少；而农田、聚落生态系统面积则分别以 472.40 km^2/a、104.16 km^2/a 的速率增加；水体年均增加面积较少，仅 3.17 km^2/a。

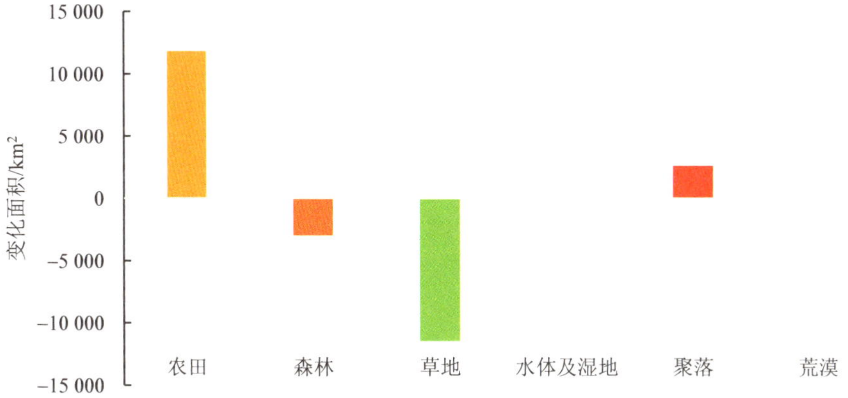

图 4.1　1990—2015 年内蒙古生态系统类型面积变化

表 4.1　1990—2015 年内蒙古生态系统类型变化总体特征

生态系统类型	变化面积/km²	年均变化面积/（km²/a）	变化比例/%	变化速率/（%/a）	变化程度
农田	11 810.05	472.40	10.72	0.43	轻微上升
森林	−2 996.06	−119.84	−0.72	−0.03	基本持平
草地	−11 480.28	−459.21	−2.85	−0.11	轻微下降
水体	79.35	3.17	4.20	0.17	轻微上升
聚落	2 603.95	104.16	18.28	0.73	明显上升
荒漠	−17.02	−0.68	−1.78	−0.07	轻微下降

（二）不同时段内蒙古生态系统类型变化特征分析

在 1990—2000 年、2000—2010 年和 2010—2015 年 3 个不同时段，内蒙古农田、森林、草地、水体、聚落和荒漠生态系统变化差异显著。

其中，1990—2000 年，农田、水体、聚落及荒漠生态系统面积增加，而森林、草地生态系统面积减少；2000—2010 年，出现农田、森林、聚落和荒漠生态系统面积增加，而草地、水体生态系统类型面积减少；2010—2015 年，又呈现森林、水体、聚落和荒漠生态系统类型面积增加，而农田、草地生态系统类型面积减少的状况，见图 4.2。

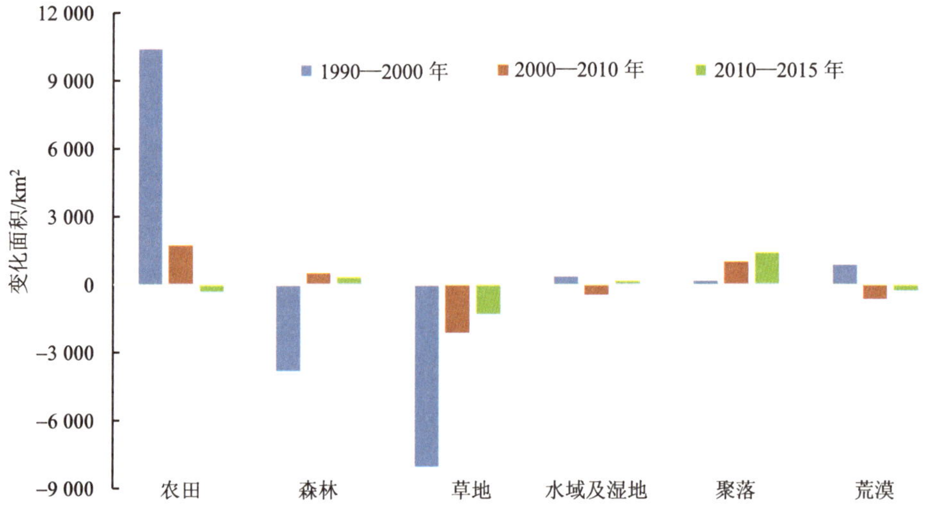

图 4.2　不同阶段内蒙古生态系统类型面积变化

基于各类生态系统类型面积变化统计结果，表 4.2 表明：1990—2015 年，内蒙古农田生态系统先增后减，其中，1990—2000 年净增加 10 403.67 km^2，2000—2010 年净增加 1 722.93 km^2，2010—2015 年净减少 316.56 km^2。森林生态系统先减后增，其中，1990—2000 年净减少 3 807.67 km^2，2000—2010 年净增加 497.66 km^2，2010—2015 年净增加 313.95 km^2。草地生态系统面积持续减少，其中，1990—2000 年净减少 8 039.72 km^2，2000—2010 年净减少 2 143.66 km^2，2010—2015 年净减少 1 296.90 km^2。水体生态系统面积先增后减、然后再增，其中，1990—2000 年净增加 371.28 km^2，2000—2010 年净减少 448.94 km^2，2010—2015 年净增加 157.02 km^2。聚落生态系统面积持续增加，其中，1990—2000 年净增加 187.35 km^2，2000—2010 年净增加 1 007.02 km^2，2010—2015 年净增加 1 409.59 km^2。荒漠生态系统呈现先增加后减少的趋势，其中，1990—2000 年净增加 885.10 km^2，2000—2010 年净减少 635.00 km^2，2010—2015 年净减少 267.11 km^2。

表 4.2　不同阶段内蒙古生态系统类型面积变化统计

时间段/年	生态系统类型	变化面积/km²	年均变化面积/km²	变化比例/%	变化速率/（%/a）	变化程度
1990—2000	农田	10 403.67	416.15	9.92	0.99	明显上升
	森林	−3 807.67	−152.31	−0.91	−0.09	轻微降低
	草地	−8 039.72	−321.59	−1.74	−0.17	轻微降低
	水体	371.28	14.85	4.86	0.49	明显上升
	聚落	187.35	7.49	1.32	0.13	轻微上升
	荒漠	885.10	35.40	0.60	0.06	基本持平
2000—2010	农田	1 722.93	68.92	1.01	0.10	轻微上升
	森林	497.66	19.91	0.12	0.01	基本持平
	草地	−2 143.66	−85.75	−0.69	−0.07	基本持平
	水体	−448.94	−17.96	−10.59	−1.06	明显降低
	聚落	1 007.02	40.28	6.98	0.70	明显上升
	荒漠	−635.00	−25.40	−0.89	−0.09	轻微下降
2010—2015	农田	−316.56	−12.66	−0.27	−0.05	基本持平
	森林	313.95	12.56	0.08	0.02	基本持平
	草地	−1 296.90	−51.88	−0.44	−0.09	轻微降低

时间段/年	生态系统类型	变化面积/km²	年均变化面积/km²	变化比例/%	变化速率/（%/a）	变化程度
2010—2015	水体	157.02	6.28	2.19	0.44	明显上升
	聚落	1 409.59	56.38	9.13	1.83	明显上升
	荒漠	−267.11	−10.68	−0.29	−0.06	轻微下降

从各阶段生态系统面积变化比例和变化速率来看，1990—2000 年内蒙古以农田、水体生态系统面积变化比例最高，分别为 9.92%和 4.86%，均呈明显上升变化趋势；其次以草地、聚落和森林生态系统面积变化比例较高，草地和森林变化轻微降低，而聚落变化轻微上升；荒漠生态系统基本持平。2000—2010 年内蒙古以水体变化比例最高，呈明显降低变化；其次为聚落生态系统，呈明显上升变化；而农田生态系统呈轻微上升变化，荒漠生态系统呈轻微下降变化，森林与草地生态系统则基本持平。2010—2015 年，内蒙古以聚落生态系统增加变化最为明显；其次为水体生态系统，相对上升较为明显；草地生态系统呈轻微上升趋势，农田与森林生态系统则基本持平，荒漠生态系统表现为轻微下降。

二、不同盟市生态系统宏观结构变化基本特征

（一）呼和浩特市

呼和浩特市除水体生态系统外，均在 2000—2015 年间有较大变化，其中以农田、草地和聚落生态系统变化最为显著，见图 4.3。该市农田生态系统自 20 世纪 90 年代以来呈前 10 年增加、后 15 年减少的趋势，其中，1990—2000 年以 39.05 km^2/a 的速度增长，而 2000—2010 年和 2010—2015 年则分别以 8.29 km^2/a 和 47.36 km^2/a 的速度减少。森林生态系统呈前 10 年减少、后 15 年增加的趋势，1990—2000 年以 1.20 km^2/a 的速度减少，而 2000—2010 年和 2010—2015 年则分别以 9.65 km^2/a 和 7.08 km^2/a 的速度增加。草地生态系统呈前 20 年减少、后 5 年增加的趋势，1990—2000 年和 2000—2010 年分别以 40.49 km^2/a 和 14.71 km^2/a 的速度减少，2010—2015 年则以 15.51 km^2/a 的速度增加。水体、聚落及荒漠生态系统均呈持续增加趋势，其中水体生态系统增长速度较低；聚落生态系统增加速度持续提升，由前 10 年的 1.78 km^2/a 提升到中间 10 年的 8.54 km^2/a，后提升到 2010—2015 年的 22.31 km^2/a；荒漠生态系统则先速度提升后降速，2000—2010 年间增速最快为 2.51 km^2/a。

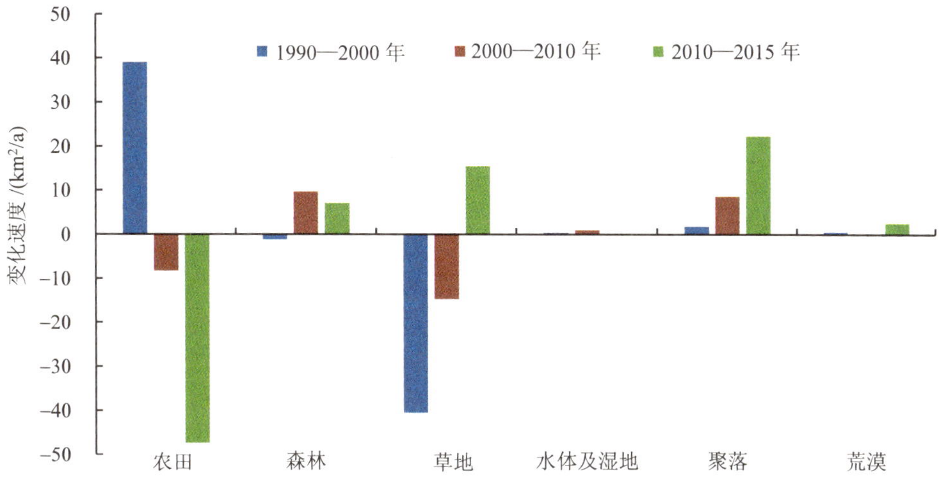

图 4.3 呼和浩特市生态系统结构变化速度

（二）包头市

包头市各类生态系统在过去 25 年间均呈现较大变化，见图 4.4。其中，该市农田生态系统自 20 世纪 90 年代以来呈前 10 年增加、后 15 年减少的趋势；1990—2000 年以 35.88 km^2/a 的速度增长，而 2000—2010 年和 2010—2015 年则分别以 9.59 km^2/a 和 10.13 km^2/a 的速度减少。森林生态系统呈前 10 年减少、后 15 年增加的趋势，1990—2000 年以 5.64 km^2/a 的速度减少，而 2000—2010 年和 2010—2015 年则分别以 15.36 km^2/a 和 3.13 km^2/a 的速度增加。草地生态系统持续减少趋势，且年均减少面积逐渐降低，1990—2000 年、2000—2010 年、2010—2015 年 3 个阶段的减少速度分别为 34.65 km^2/a、18.05 km^2/a、12.32 km^2/a。水体生态系统则经历前 10 年减少后缓慢增加、然后又重新减少的趋势，前 10 年和后 5 年的降低速度分别为 3.20 km^2/a 和 1.07 km^2/a，而中期 10 年的增加速度为 0.95 km^2/a。聚落及荒漠生态系统均呈持续增加趋势，但聚落生态系统增加速度逐渐加快，而荒漠生态系统则逐渐降低；其中，聚落由前 10 年的 0.78 km^2/a 提升到中间 10 年的 6.41 km^2/a，并进而提升到 2010—2015 年的 16.26 km^2/a；荒漠生态系统则由 6.83 km^2/a 降低到 4.91 km^2/a，然后又降低到 4.13 km^2/a。

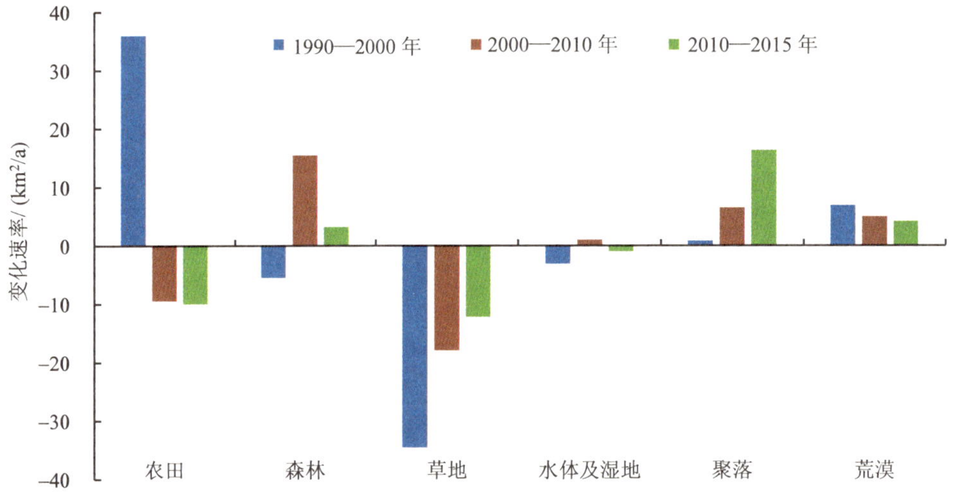

图 4.4　包头市生态系统结构变化速度

（三）乌海市

乌海市以草地和聚落生态系统变化最为显著，且各类生态系统均在 2000 年前没有显著变化，而 2000 年之后变化持续增加且越来越显著的趋势，见图 4.5。其中，农田生态系统在 2000 年后逐渐增加，而 2010 年后快速减少，两阶段变化速率分别为 1.11 km^2/a 和 4.11 km^2/a。森林和聚落生态系统 2000 年后呈持续增加且速度逐渐提升

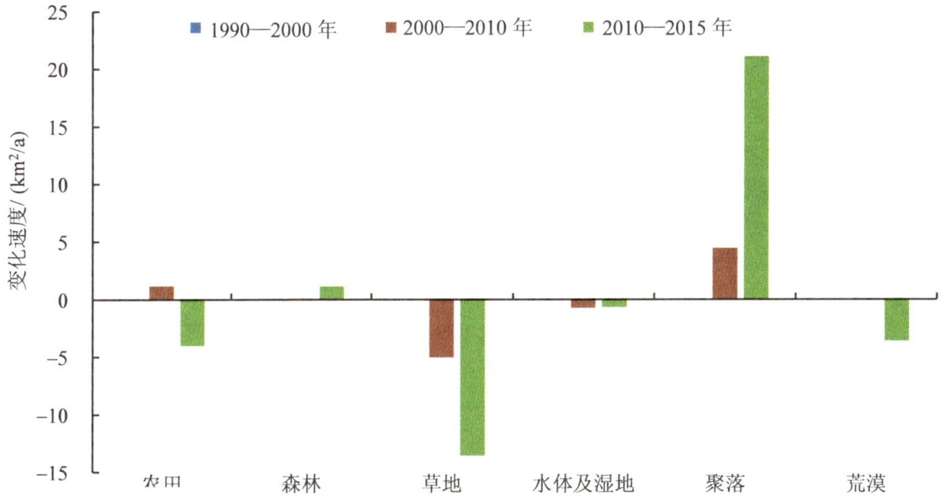

图 4.5　乌海市生态系统结构变化速度

的趋势；2000—2010 年二者的增速分别为 0.04 km^2/a 和 4.40 km^2/a，而到 2010 后则分别提升至 1.08 km^2/a 和 21.05 km^2/a，以聚落增速最为显著。草地和水体生态系统在近 15 年间的变化则与森林和聚落呈相反趋势，均自 2000 年始开始减少；其中，2000 年后 10 年间草地年均减少 5.12 km^2，水体减少 0.79 km^2；而 2010 年后草地年均减少 13.62 km^2，水体减少 0.74 km^2。荒漠生态系统 2000—2010 年先以 0.04 km^2/a 的速度缓慢减少，2010 年后又以 3.65 km^2/a 的速度快速减少。

（四）赤峰市

自 1990 年以来，赤峰市生态系统以农田和草地变化最为显著，见图 4.6。该市农田生态系统快速持续增加，且速度先由快到慢降低、又由慢到快显著变化；其中，1990—2000 年增速最快，年均增加近 250 km^2，2010—2015 年增速次之，为 151.33 km^2/a，中间 10 年则仅为 80.78 km^2/a。森林生态系统呈前 10 年缓慢增加、中期 10 年高速减少、后 5 年缓慢减少的趋势，其速度分别为 2.78 km^2/a、−25.47 km^2/a、−0.92 km^2/a。草地生态系统与农田生态系统变化趋势相反，其变化速度亦由快到慢、又由慢变快，但其面积总量则持续减少；三个阶段中，草地面积减少速度分别为 196.40 km^2/a、39.65 km^2/a、175.06 km^2/a。水体生态系统整体由减少变化为增加，其开始减少速率为 8.85 km^2/a，后降速为 4.45 km^2/a，然后又以 3.36 km^2/a 较快增加。此外，该区聚落生态系统持续增加，增速明显，由前 10 年的 2.21 km^2/a 提速到 7.14 km^2/a，2010 年后又显著提速到 26.51 km^2/a；荒漠生态系统面积则持续减少，但减少速度逐渐降低，由最初的 42.31 km^2/a 降为 18.35 km^2/a，后又降低为 5.21 km^2/a。

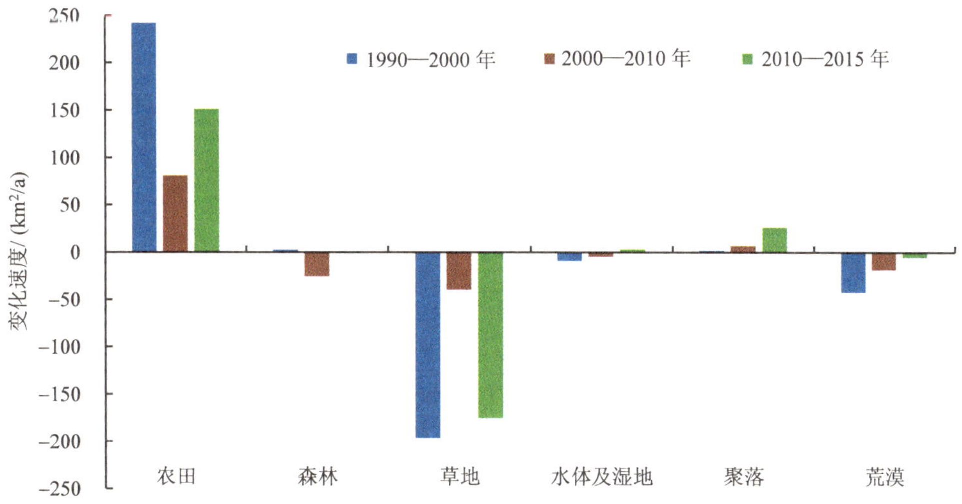

图 4.6　赤峰市生态系统结构变化速度

（五）通辽市

通辽市在过去 25 年间以农田和草地生态系统变化最为明显，且变化趋势相反，见图 4.7。其中，农田持续增加而草地持续减少，且农田增速自 2000 年后显著降低，草地则经历了 2000 年后减速降低、2010 年后又快速减少的变化趋势；农田在 3 个阶段的面积增加速度分别为 222.33 km^2/a、74.77 km^2/a、51.79 km^2/a，草地的减少速度分别为 232.34 km^2/a、34.07 km^2/a、133.02 km^2/a。此外，森林在 1990—2000 年先以 46.51 km^2/a 的速度增加，而后分别以接近 5.0 km^2/a 的速度减少；水体则先以接近 10.00 km^2/a 的速度在前 20 年间减少，自 2010 年后又以超过 5.00 km^2/a 的速度增加；聚落生态系统面积持续增加，变化速度由 1900—2000 年的 2.35 km^2/a 和 2000—2010 年的 9.21 km^2/a 提速到 2010 年后的 43.06 km^2/a；荒漠经历了面积较快减少、减少速率降低、面积增加的 3 个阶段，变化速率分别为−28.10 km^2/a、−12.93 km^2/a、37.63 km^2/a。

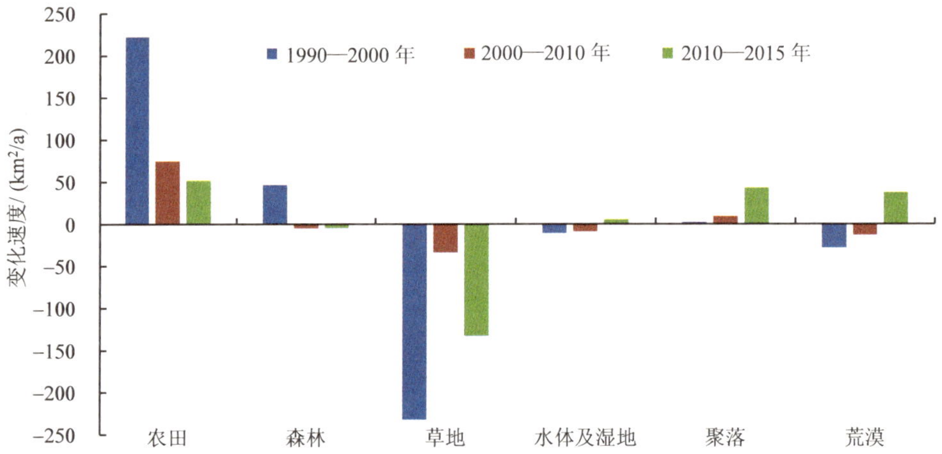

图 4.7　通辽市生态系统结构变化速度

（六）鄂尔多斯市

鄂尔多斯市整体呈现 2000 年之前变化较慢，而其后变化速率明显提升的趋势，见图 4.8。其中，农田生态系统先减后增再减，前 20 年变化速率均较慢，而 2010 年后面积快速减少，减少速率达 200.14 km^2/a；森林和聚落生态系统持续增加，且增加速率亦逐渐提升，2000 年前增速分别为 5.95 km^2/a 和 1.88 km^2/a，而 2010 年后则分别为 55.58 km^2/a 和 48.39 km^2/a；草地生态系统由 2000 年前的缓慢减少转为显著提速，在 2000—2010 年间减少速度达 62.03 km^2/a，而后自 2010 年开始逐渐增加，增速为

128.11 km^2/a；水体生态系统在 2000 年前无明显变化，之后分别以 10.20 km^2/a 和 15.67 km^2/a 的速度先减少后增加；荒漠生态系统经历了 2000 年前的低速增加，然后在 2000—2010 年间缓慢增加，变化速度分别为 17.61 km^2/a 和 1.26 km^2/a，2010 年以后又以 47.61 km^2/a 的速度持续减少。

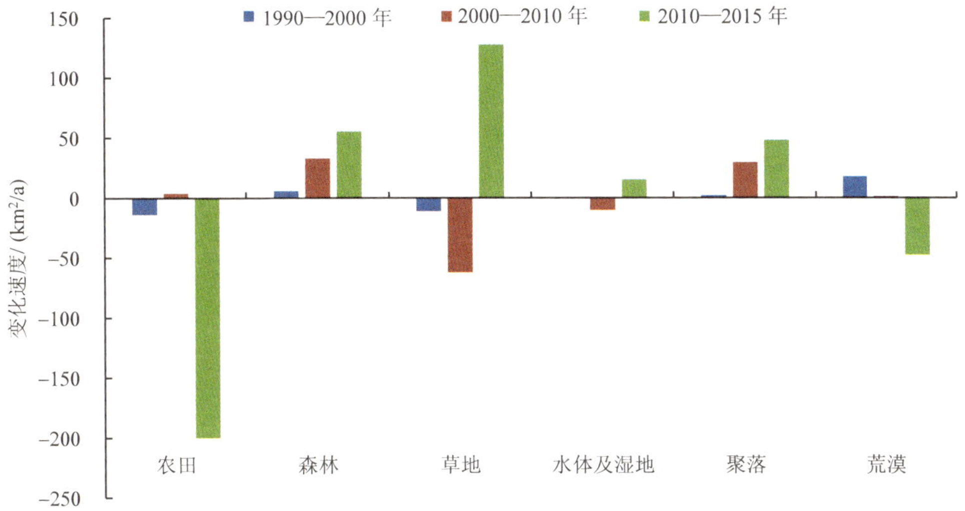

图 4.8　鄂尔多斯市生态系统结构变化速度

（七）呼伦贝尔市

呼伦贝尔市在 1990 年后整体以农田、森林和草地生态系统的快速变化为主，2000 年后各生态系统变化速度均呈现降低的趋势，见图 4.9。其中，1990—2000 年，农田生态系统高速增加，速度达 316.75 km^2/a，而森林和草地生态系统则高速减少，减少速度分别为 197.91 km^2/a 和 107.71 km^2/a；而到了 2000 年后，农田虽有增加但其增速远远低于前一阶段，森林和草地则分别经历了较为缓慢的增加后又逐渐减少，且 2010 年后的减少速率均高于 2000—2010 年的增加速率。此外，水体在 1990—2000 年间年均增加 8.65 km^2，2000 年后逐渐减少且其速率不断降低；聚落生态系统前 20 年以缓慢增速的趋势增加，而 2010 年后猛然增速到 26.22 km^2/a；荒漠生态系统整体呈先减少再增加后减少的变化趋势，1990—2000 年减少速度最快，年均为 23.02 km^2/a，在 2000—2010 年则以 8.37 km^2/a 增加，2010—2015 年则以 1.38 km^2/a 的速度缓慢减少。

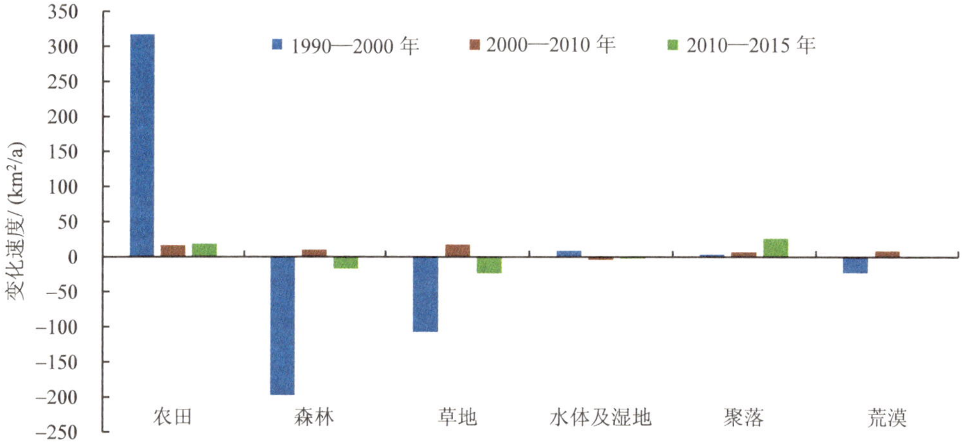

图 4.9 呼伦贝尔市生态系统结构变化速度

（八）巴彦淖尔市

近 25 年巴彦淖尔市各类生态系统呈现波动变化的趋势，见图 4.10。该区农田生态系统先减少、再增加、最后再次减少，其中，1990—2000 年减少速率达 53.08 km^2/a，2000—2010 年变化速率均在 14.91 km^2/a，而后五年的减少速率为 15.51 km^2/a。森林和聚落生态系统均呈持续增加态势，但森林自 2000 年后增加速度提升，两个阶段增加速率分别为 11.31 km^2/a 和 7.74 km^2/a，增速有所降低；而聚落则在 2010 年后才开始显著

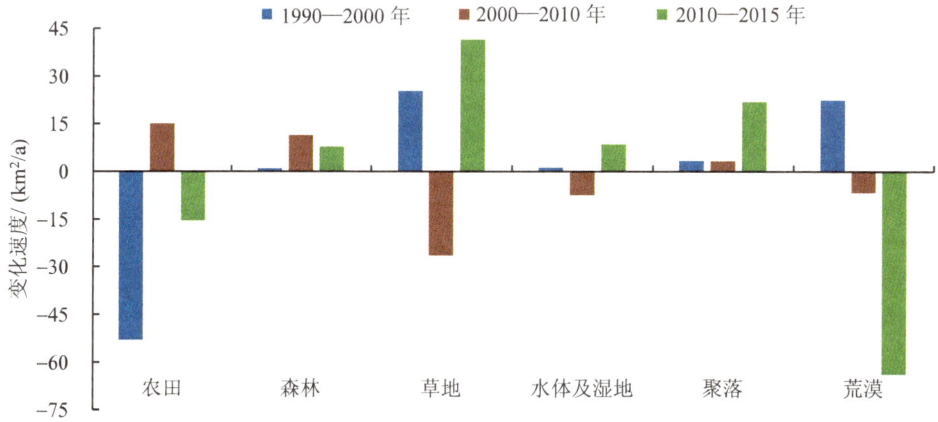

图 4.10 巴彦淖尔市生态系统结构变化速度

提速；前两个阶段均以接近 3.00 km²/a 的速度增加，而后则提速至 21.86 km²/a。草地和水体生态系统均呈前 10 年增加、中期 10 年减少、后 5 年增加的阶段性变化趋势；草地在三个阶段的变化速率均高于 25.00 km²/a，在 2010—2015 年更是高达 41.39 km²/a；而水体则低于 8.50 km²/a。此外，荒漠生态系统经历了前 20 年增速由快到慢、后 5 年猛然减少的变化趋势，三阶段变化速率分别为 22.45 km²/a、−6.75 km²/a、−63.92 km²/a。

（九）乌兰察布市

乌兰察布市以农田、水体生态系统面积减少，其他各类生态系统面积增加为过去 25 年间，特别是 2000 年以来的最主要趋势，见图 4.11。其中，2000 年之前，农田、聚落和荒漠生态系统均增加，而其他生态系统类型则减少，以草地最快，农田、荒漠次之，变化速度分别为−12.21 km²/a、7.00 km²/a、6.33 km²/a。而到 2000 年后，农田持续减少而草地持续增加，其速度分别由 37.13 km²/a 降低为 28.30 km²/a、由 17.09 km²/a 增加到 17.57 km²/a；水体生态系统 25 年间持续减少，但 2010 年后减少速度较 2000—2010 年间的 1.64 km²/a 提升了近 9 倍；森林、聚落持续增加，但森林增速从中期 10 年的 8.84 km²/a 提高到后 5 年的 14.35 km²/a，而聚落增加速度却逐渐降低，由 8.20 km²/a 降低到 4.82 km²/a；荒漠生态系统则在前 10 年和后 5 年表现为增加态势，而 2000—2010 年则表现为缓慢下降。

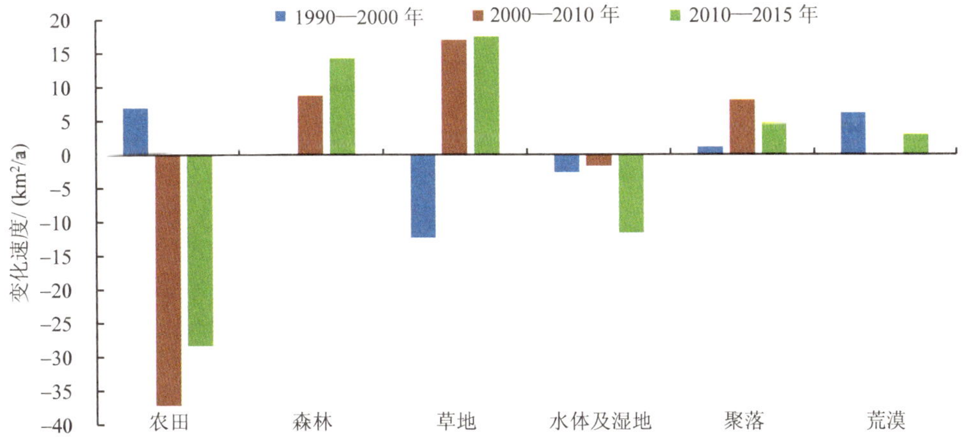

图 4.11　乌兰察布市生态系统结构变化速度

（十）兴安盟

兴安盟在 1990—2000 年农田、草地生态系统显著增加而森林生态系统显著减少，

2000—2010 年各生态系统变化均不显著，2010—2015 年农田和聚落增加、草地减少等三个阶段不同变化趋势为主要特征，见图 4.12。其中，25 年来该区农田持续增加，但以前 10 年增加面积最多最快，其速度达 197.68 km^2/a；森林持续减少，但前 10 年减少面积最多速度最快，其速度达 230.77 km^2/a；草地经历了前 10 年较快增加（45.66 km^2/a）、中期轻微减少、后 5 年较快减少（43.23 km^2/a）的变化趋势；水体整体变化不太显著；聚落生态系统增加速度逐渐加快，2010 年后达 11.40 km^2/a；荒漠则整体持续减少且速度不断下降。

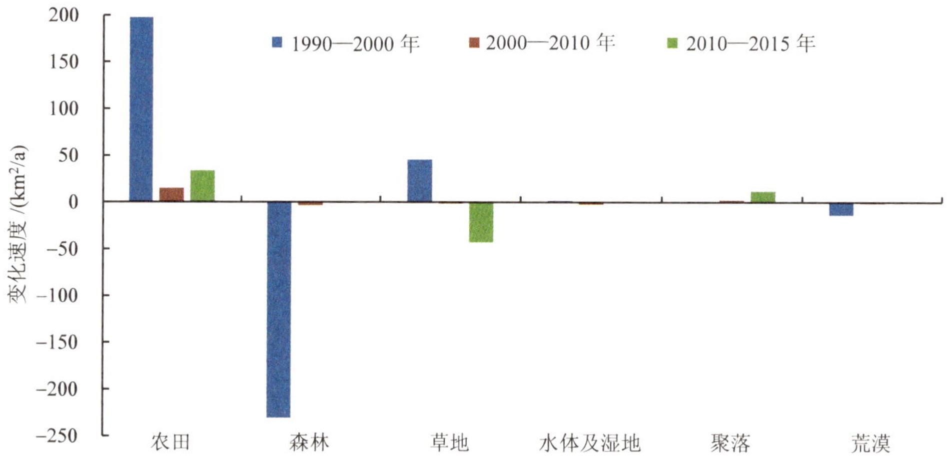

图 4.12　兴安盟生态系统结构变化速度

（十一）锡林郭勒盟

1990—2015 年，除森林生态系统，锡林郭勒盟其他各生态系统均得到了较为明显的变化，见图 4.13。其中，农田生态系统在 2000 年前以 39.17 km^2/a 的速率增加，但之后开始减少，2010 年后减少速度达 15.02 km^2/a；草地生态系统持续减少，但减少速率持续降低，2000 年前为 76.55 km^2/a，2000—2010 年降低为 52.64 km^2/a，之后又降低为 10.63 km^2/a；水体变化趋势与农田一致，即前 10 年增加、后 15 年减少，其前 10 年增加速度为 50.61 km^2/a，2000 年后持续减少，但 2000—2010 年减少速度是 2010 年后的近 10 倍；聚落生态系统自 2000 年后持续增速增加，其两阶段的速度分别为 13.90 km^2/a 和 22.89 km^2/a；荒漠生态系统在 2010 年之前两个阶段持续减少，但减少速率从 16.12 km^2/a 下降至 0.60 km^2/a，2010 以后以 5.80 km^2/a 的速度增加。

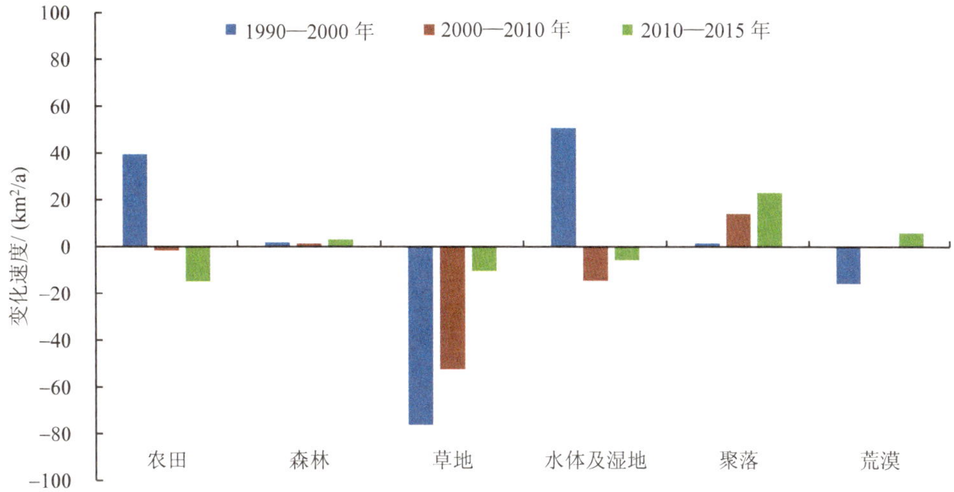

图 4.13　锡林郭勒盟生态系统结构变化速度

（十二）阿拉善盟

阿拉善盟草地和荒漠生态系统在 2000 年之前、2010 年之后两个阶段的变化显著，见图 4.14。其中，草地在这两个阶段均显著减少，而农田、森林、水体和聚落生态系统则整体变化速率较低。农田生态系统持续增加，但增速降低；森林生态系统持续减少，且 2000 年后减少速度维持在 5.00 km^2/a 左右；草地生态系统除在中期 10 年间缓

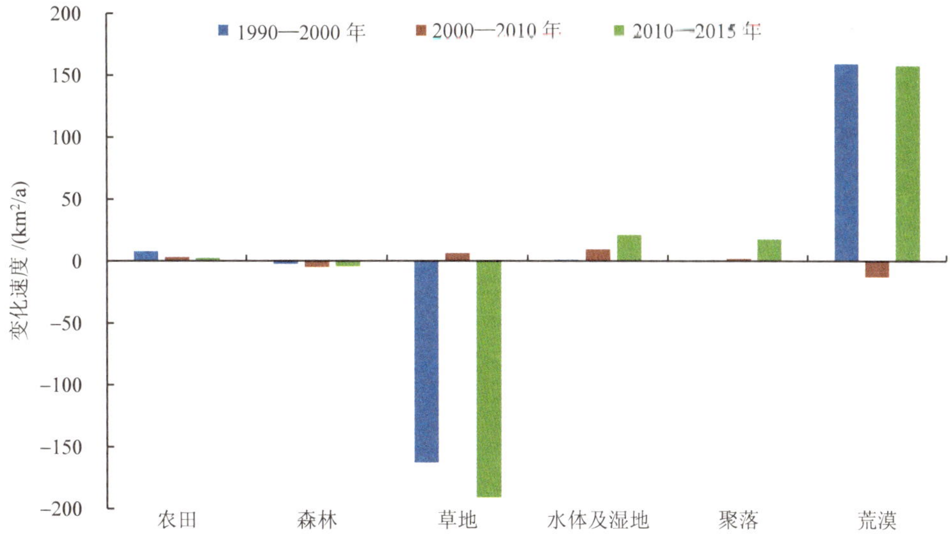

图 4.14　阿拉善盟生态系统结构变化速度

慢增长外，在前 10 年以超过 160.00 km^2/a 的速度快速减少，2010 年后以 51.68 km^2/a 的速度减少；水体生态系统和聚落生态系统均由轻微的增加显著提速，到 2010 年后其增速分别达 20.53 km^2/a 和 17.14 km^2/a；荒漠生态系统在前 10 年以接近 158.00 km^2/a 的速度增加，而在中期 10 年间以 12.52 km^2/a 的速度减少，2010 年以后则以 15.71 km^2/a 的速度增加。

第二节　各类生态系统宏观结构的时空变化

受内蒙古自然地理环境地域差异的影响，加之不同区域所受人类活动作用强度和气候变化影响程度的不同，各类生态系统宏观结构呈现较为明显的时空变化特征。

一、农田生态系统宏观结构的时空变化

1990—2015 年，内蒙古农田生态系统呈现先快速增加、再增速降低、后缓慢减少的趋势，25 年间净增加 11 810.05 km^2；其中 2000 年前 10 年增加 10 403.67 km^2，2000—2010 年增加 1 722.93 km^2，而后 5 年减少 316.56 km^2。内蒙古各盟市中，表现为除乌海市、鄂尔多斯市、巴彦淖尔市、乌兰察布市 4 市不同幅度的减少外，其他 8 个盟市不同幅度的增加，如图 4.15 所示。

其中，赤峰市农田生态系统面积增量最为突出，1990 年以来净增加 4 190.15 km^2；其中 1990—2000 年增加 2 425.69 km^2，而步入 21 世纪以来增速明显持续趋缓，2000—2010 年和 2010—2015 年仅分别增加 1 007.83 km^2 和 756.63 km^2。呼伦贝尔、通辽市 25 年间分别增加 3 421.80 km^2 和 3 229.98 km^2，其中，均以 1990—2000 年间增加面积最大，分别为 3 167.46 km^2 和 2 223.35 km^2，而在 2000 年以后增加面积急速降低。此外，兴安盟也增加较多，共增加 2 293.87 km^2；锡林郭勒盟、包头市、阿拉善盟、呼和浩特市 4 盟市则增加不多且在不同阶段呈不同增减状况。而在农田生态系统面积减少的盟市中，鄂尔多斯市在 25 年间减少面积最大，1990 年以来净减少 1 103.92 km^2，其中前两个阶段分别减少 142.69 km^2 和增加 39.46 km^2，而在 2010—2015 年间减少 1 000.70 km^2。此外，巴彦淖尔市和乌兰察布市也分别在 25 年间净减少 459.21 km^2 和 442.79 km^2；巴彦淖尔市 3 个阶段变化分别为减少 530.80 km^2、增加 149.13 km^2、减少 77.55 km^2；乌兰察布市 3 个阶段变化则分别增加 70.01 km^2、减少 371.32 km^2、减少 141.49 km^2。

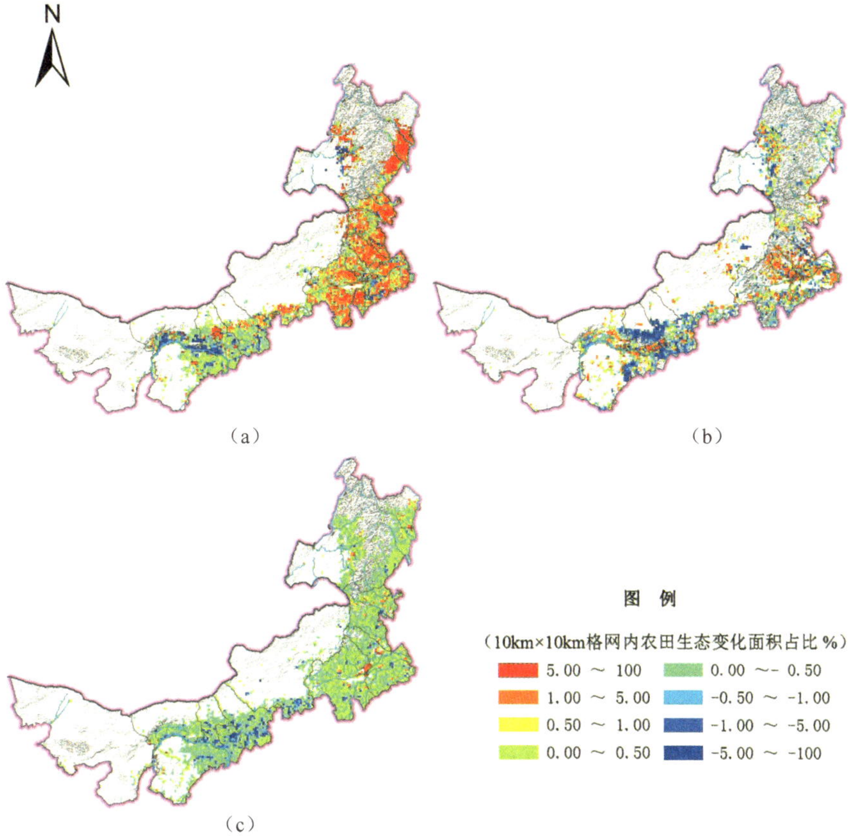

图 4.15　内蒙古（a）1990—2000 年、（b）2000—2010 年、（c）2010—2015 年农田生态系统变化（单位：hm^2 / 10 km×10 km）

二、森林生态系统宏观结构的时空变化

1990—2015 年，内蒙古森林生态系统呈现先快速减少、后逐渐增加的趋势，25 年间净减少 2 996.06 km^2；其中 2000 年前 10 年减少 3 907.67 km^2，2000—2010 年增加 497.66 km^2，而 2010—2015 年增加 313.95 km^2。内蒙古各盟市中，表现为除兴安盟、呼伦贝尔市、赤峰市和阿拉善盟 4 盟市不同幅度的减少外，其他 8 个盟市均不同幅度的增加，如图 4.16 所示。

其中，兴安盟森林生态系统面积减少最多，1990 年以来净减少 2 349.77 km^2，且在 3 个阶段持续减少，减少量分别为 2 307.74 km^2、36.71 km^2、5.33 km^2；呼伦贝尔市次之，共减少 1 966.80 km^2，且在 1990—2000 年减少量高达 1 979.06 km^2；赤峰市以 2000—2010 年减少为主，25 年间共减少 231.53 km^2；阿拉善盟则自 1990 年来持续缓慢减少 111.90 km^2。此外，鄂尔多斯市森林生态系统面积增量最大，20 世纪 90 年代以来净增加 669.74 km^2，其中自 2000 年起开始增速增加，2000—2010 年和 2010—2015 年分别增加 332.27 km^2 和 277.92 km^2；通辽市增加量次之，以 2000 年前增加为主、2000 年后缓慢减少，净增加 390.66 km^2。

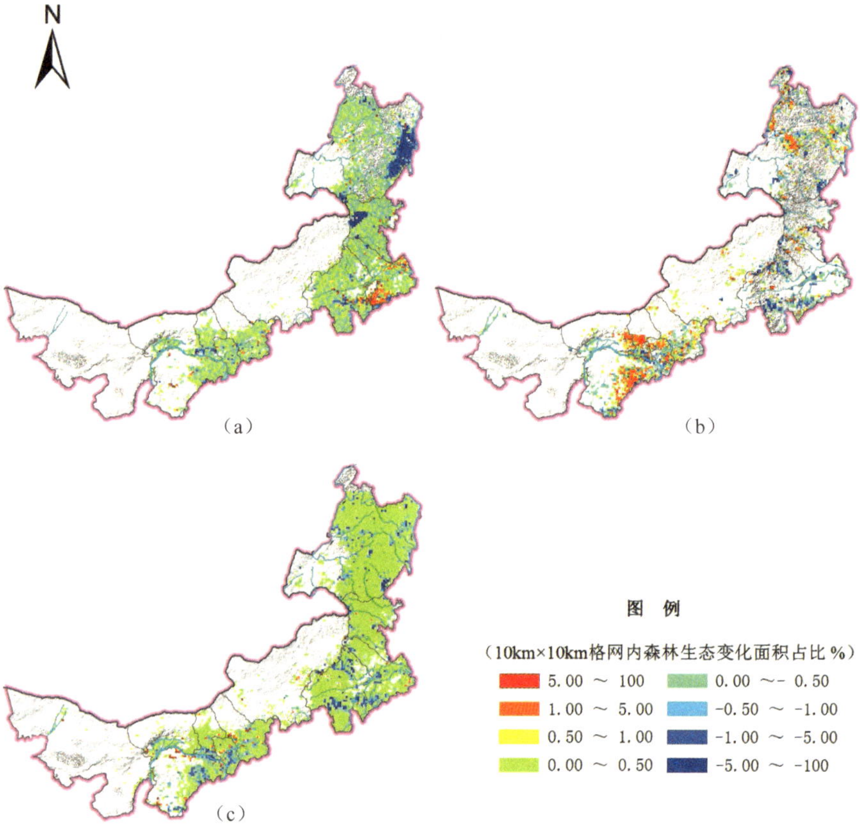

图 4.16 内蒙古（a）1990—2000 年、（b）2000—2010 年、（c）2010—2015 年森林生态系统变化（单位：hm^2 / 10 km×10 km）

三、草地生态系统宏观结构的时空变化

1990—2015 年，内蒙古草地生态系统呈现持续减少且减少速率先降低后提升的趋势，25 年间净减少 11 480.28 km^2；其中 3 个阶段分别减少 8 039.72 km^2、2 143.66 km^2 和 1 296.90 km^2。内蒙古各盟市中，表现为除巴彦淖尔、乌兰察布、兴安盟 3 市较低幅度的增加外，其他 9 个盟市不同幅度的减少，如图 4.17 所示。

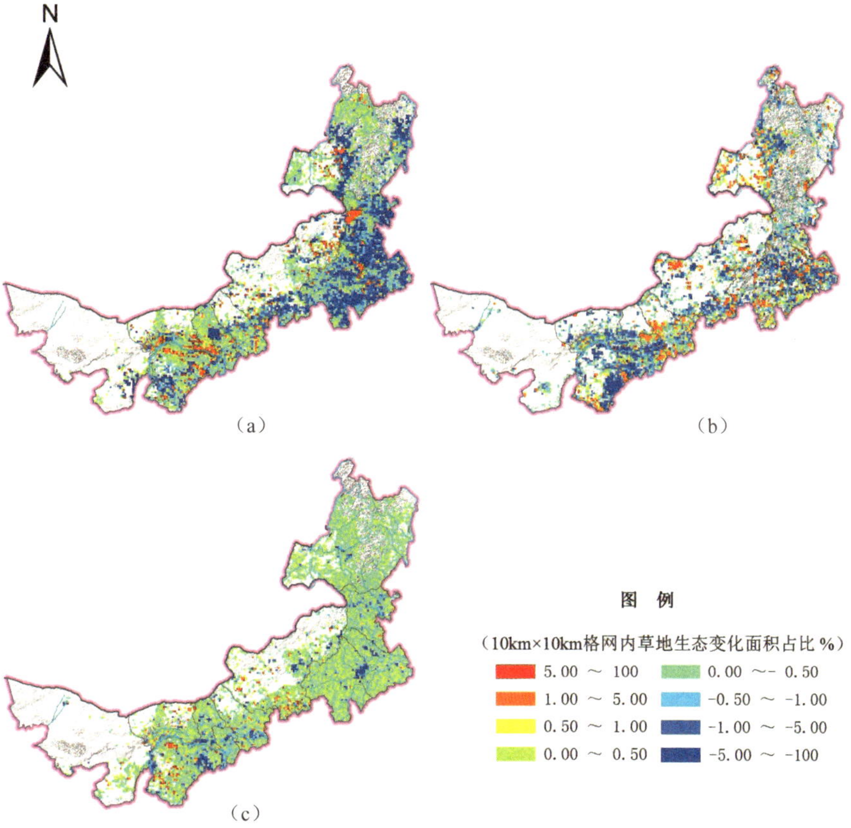

图 4.17 内蒙古（a）1990—2000 年、（b）2000—2010 年、（c）2010—2015 年草地生态系统变化（单位：hm^2 / 10 km×10 km）

其中，通辽市草地生态系统面积减少量最为突出，1990 年以来减少 3 329.16 km^2，1990—2000 年减少 2 323.38 km^2，而 2000—2010 年和 2010—2015 年仅分别减少 340.69 km^2 和 665.08 km^2。赤峰市减少面积次之，25 年间净减少 3 228.79 km^2，其中 3 个阶段分别减少 1 963.98 km^2、396.53 km^2 和 868.29 km^2。阿拉善、锡林郭勒、鄂尔多斯、呼伦贝尔也分别减少较多，25 年间净减少面积均超过 1 000.00 km^2；特别是阿拉善盟，减少量为 1 833.00 km^2，以 1990—2000 年和 2010 年后 5 年减少最为迅速，减少量分别为 1 633.90 km^2 和 258.38 km^2。此外，兴安盟、巴彦淖尔和乌兰察布三盟市共增加 553.27 km^2；锡林郭勒、包头和呼和浩特 3 个盟市 25 年间分别减少 1 345.07 km^2、588.65 km^2 和 474.99 km^2，且在各阶段变化幅度不大。

四、水体生态系统宏观结构的时空变化

1990—2015 年，内蒙古水体生态系统呈现先增加、后减少、再次增加的趋势，25 年间净增加 79.35 km^2；其中前 10 年增加 371.28 km^2，2000—2010 年减少 448.94 km^2，而后 5 年增加 157.02 km^2。内蒙古各盟市均表现为幅度较低的变化，其中，除阿拉善、呼伦贝尔、锡林郭勒和呼和浩特 4 个盟市增加外，其他盟市均减少，如图 4.18 所示。

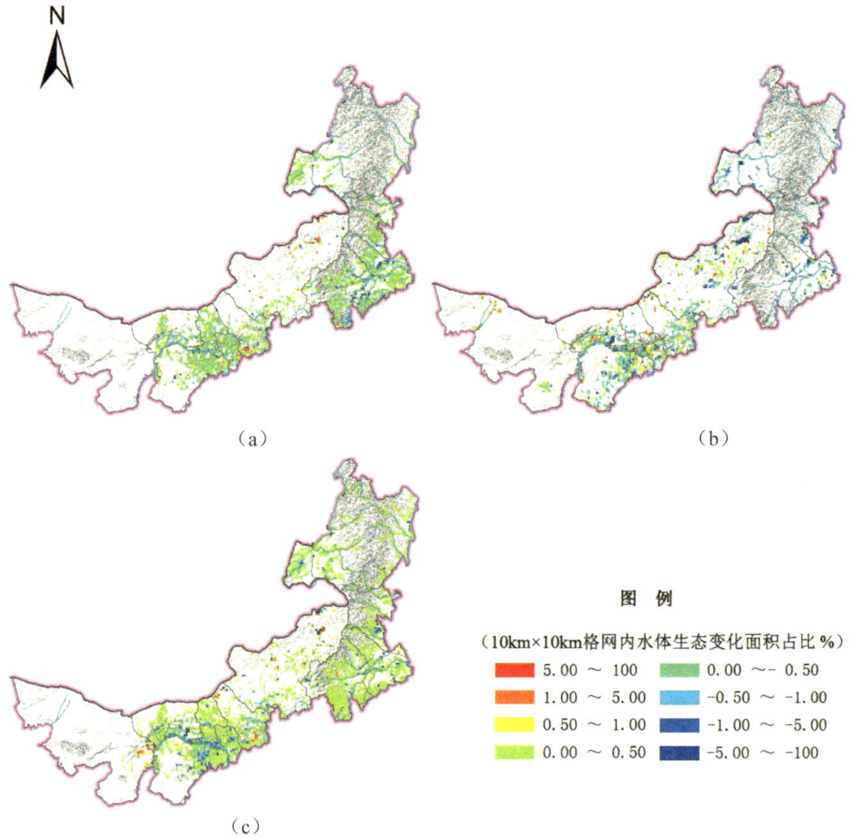

图 4.18　内蒙古（a）1990—2000 年、（b）2000—2010 年、（c）2010—2015 年水体生态系统变化（单位：hm^2 / 10 km×10 km）

其中，通辽市水体生态系统面积减少量最大，25 年间净减少 171.51 km^2；1990—2000 年减少 107.58 km^2，2000—2010 年和 2010—2015 年仅分别减少 90.55 km^2、增加 26.63 km^2。赤峰市、乌兰察布市减少量次之，分别净减少 116.20 km^2 和 99.48 km^2。此外，阿拉善在过去 25 年间持续增加且增速明显，1990 年以来共增加 197.18 km^2 且后两个阶段分别增加 90.44 km^2 和 102.66 km^2；呼伦贝尔和呼和浩特自 1990 年后分别增

加 29.13 km^2 和 13.30 km^2。

五、聚落生态系统宏观结构的时空变化

1990—2015 年，内蒙古聚落生态系统呈现持续快速增加的趋势，25 年间净增加 2 603.95 km^2 且在前后 3 个阶段增速逐渐提升。其中，前 10 年增加 187.34 km^2，2000—2010 年增加 1 007.02 km^2，而后 5 年减少 1 409.59 km^2。内蒙古各盟市聚落生态系统面积也均持续增大，以 2000 年后增大面积最为显著，并以鄂尔多斯市扩张最为迅速，通辽市、锡林郭勒盟、呼伦贝尔市、赤峰市及呼和浩特市等紧随其后，亦得到较大程度增加，如图 4.19 所示。其中，鄂尔多斯市聚落生态系统面积增量最为突出，1990 年以来净增加 559.40 km^2；其中 1990—2000 年仅增加 18.85 km^2，而步入 21 世纪以来增速明显持续提升，2000—2010 年和 2010—2015 年仅分别增加 298.61 km^2 和 241.94 km^2。

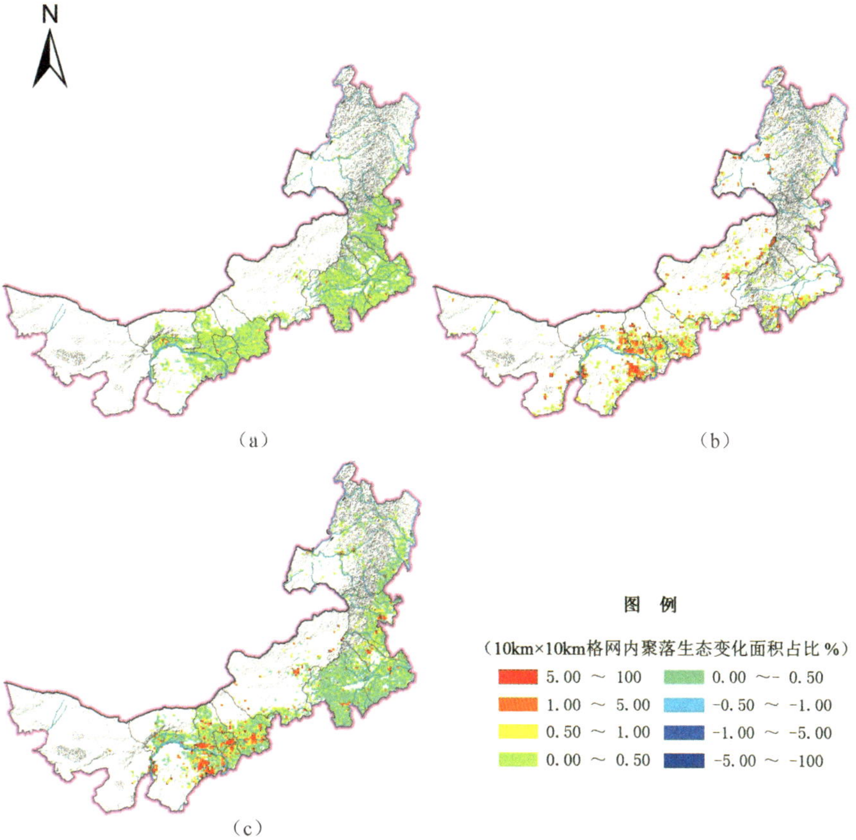

图 4.19　内蒙古（a）1990—2000 年、（b）2000—2010 年、（c）2010—2015 年聚落生态系统变化（单位：hm^2 / 10 km×10 km）

通辽市 25 年间共增加 330.94 km^2，2000—2010 年增加 92.13 km^2，而在 2010 年后快速增加，增加面积达 215.32 km^2。此外，锡林郭勒盟、呼伦贝尔市、赤峰市及呼和浩特市分别共增加了 266.52 km^2、230.79 km^2、226.06 km^2 和 214.73 km^2。而其他城市亦在 2000 年后快速增长，以兴安盟聚落增加最慢，25 年间仅增长 78.67 km^2；而阿拉善则增长较多，达 101.28 km^2。

六、荒漠生态系统宏观结构的时空变化

1990—2015 年，内蒙古荒漠生态系统呈现先快速增加、再增速提升、后缓慢降速的趋势，25 年间减少 17.02 km^2；其中 2000 年前 10 年增加 885.10 km^2，2000—2010 年减少 635.00 km^2，而后 5 年减少 267.11 km^2。内蒙古各盟市中，表现为除乌海市、赤峰市、通辽市、鄂尔多斯市、呼伦贝尔市、巴彦淖尔市、兴安盟、锡林郭勒盟 8 个盟市存在不同幅度的减少外，其他 4 个盟市不同幅度的增加，如图 4.20 所示。

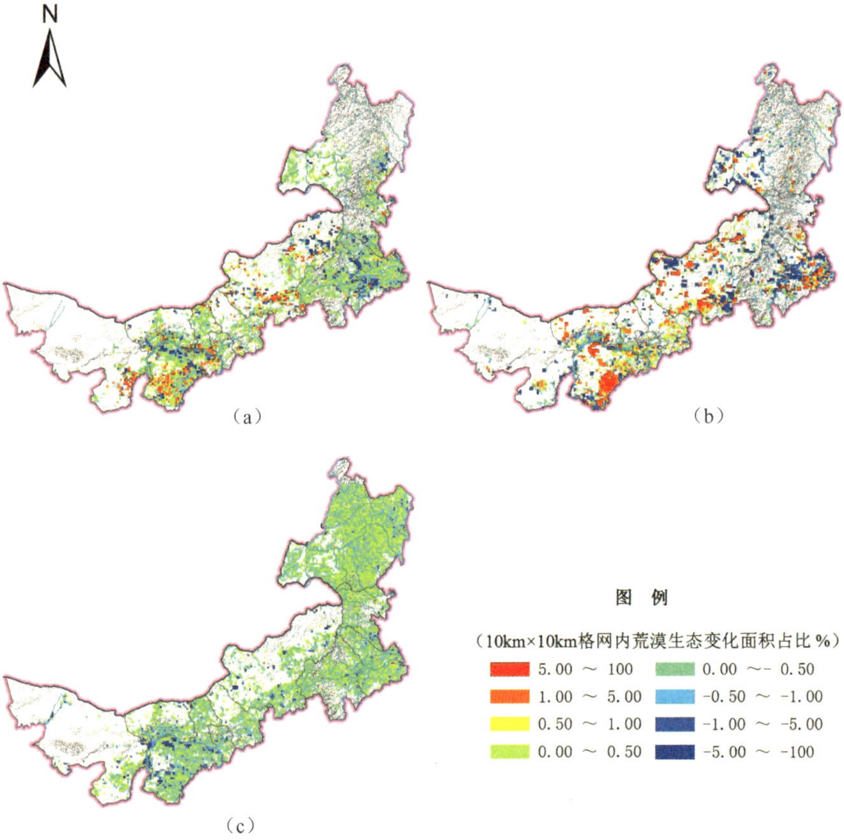

图 4.20　内蒙古（a）1990—2000 年、（b）2000—2010 年、（c）2010—2015 年荒漠生态系统变化（单位：hm^2 / 10 km×10 km）

其中，阿拉善盟荒漠生态系统净增长 1 539.32 km^2，增长最为突出，其中 1990—2000 年增加 1 586.01 km^2，而步入 21 世纪以来持续减少。其次为包头、乌兰察布市和呼和浩特市分别增加了 90.71 km^2、78.58 km^2 和 17.76 km^2。在荒漠生态系统面积减少的盟市中，赤峰市减少最多，共减少 836.46 km^2，主要集中在 2010 年之前，通辽市次之，25 年间共减少 222.09 km^2，呼伦贝尔市、巴彦淖尔市、兴安盟、锡林郭勒盟荒漠生态系统面积减少也均在 100.00 km^2 以上。

第五章

内蒙古生态系统时空变化预测模拟

第一节　CLUE-S 模型

一、CLUE-S 模型描述

CLUE-S 模型是荷兰瓦宁根大学环境科学系 Verburg 等科学家在其较早的 CLUE 模型的基础上为小尺度的研究区域开发的，该模型在对区域土地利用变化经验理解的基础上，通过定量分析土地利用变化与其社会、经济、技术及自然环境等驱动因子之间的关系，探索土地利用演变时空规律，进而对未来土地利用变化进行模拟预测，模型主要由非空间模块和空间模块组成。非空间模块需要采用相关模型或方法来计算每年不同土地利用类型的需求变化，不同的模拟情景决定了需求变化结构的差异，这些需求面积作为模型的输入，逐年分配到基于栅格系统的空间模块各候选单元中；空间模块则是根据各种驱动因素计算每个空间单元（栅格）的概率，在综合分析土地利用的空间分布概率适宜图、土地利用变化规则和初期土地利用分布现状图的基础上，根据总概率大小对土地利用的数量变化进行空间分配，从而实现对土地利用时空动态变化的模拟。

二、CLUE-S 模型结构

CLUE-S 模型分为两个不同的模块，如图 5.1 所示，非空间分析模块（非空间需求模块）以自然、社会和经济分析为基础，计算区域各模拟年度土地利用类型的需求变化；空间分析模块（空间详尽化分配模块）以栅格化空间数据为基础，依据土地利用类型的概率、各种土地类型的竞争力以及土地利用转换规则，对各模拟年份的土地利用需求进行空间上的分配。

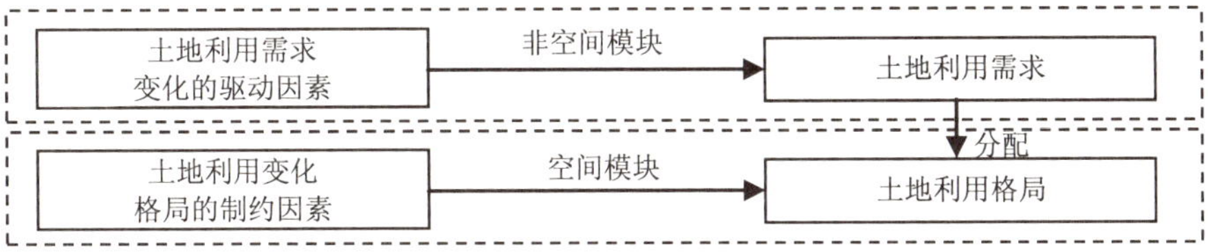

图 5.1　CLUE-S 模型结构

（一）基于马尔科夫链的非空间模块

非空间模块的结果是确定不同土地利用类型每年的需求面积，这是空间分配模块直接的输入。本书基于马尔科夫链在两种模拟情景下预估 2020 年土地利用需求面积，并用线性内插法得到 2015—2020 年各用地类型每年的需求面积。

马尔科夫模型因其长期预测优势在土地利用格局预测研究中得到广泛应用。Markov 过程具有无后效性的特点，它的转移过程与转移之前的时刻无关，与开始转移时候的状态和转移的步数相关。模型公式如下：

$$X_{t+1} = P_{ij} X_t \qquad P_{ij} = \begin{bmatrix} P_{11} & \cdots & P_{1n} \\ \vdots & \ddots & \vdots \\ P_{m1} & \cdots & P_{mn} \end{bmatrix}$$

式中，X_{t+1}，X_t——后一时刻和前一时刻的土地利用状态；

P_{ij}——土地利用状态由 i 转移到 j 的概率矩阵；

P——某一土地类型从当前时刻的空间分布格局到下一时刻分布格局的转移概率；

n，m——研究区域内的土地类型数量。

P_{ij} 矩阵需满足：

（1）$0 \leqslant P_{ij} \leqslant 1$，即矩阵中的每个元素都必须是非负值；

（2）$\sum_{j=i}^{n} P_{ij} = 1$，即矩阵中每行元素的总和都必须等于 1。

（二）空间分析模块

空间分析模块是 CLUE-S 模型框架的核心，各种土地利用类型的需求量形成一个以年为步长的序列数据，直接输入空间分析模块，以栅格数据为基础，将土地利用需求分配到空间上，用以模拟土地利用的空间变化特征，见图 5.2。此外，空间分析模块还允许使用者根据研究区土地利用的实际情况定义一组规则对不同土地利用转化的难易程度进行控制，如可以通过规则保证研究地区内的保护用地（如自然保护区等）在预测期内不发生转变等。

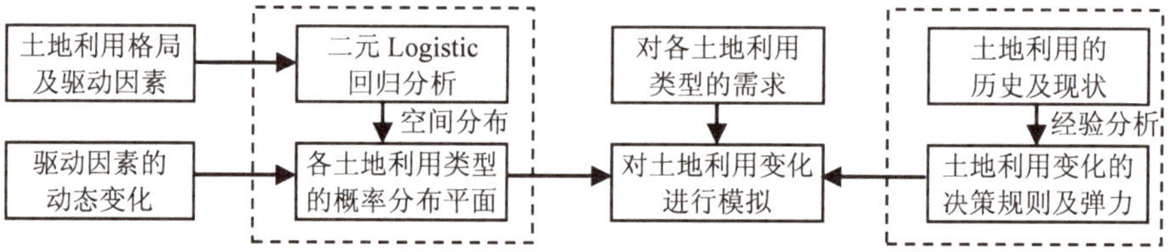

图 5.2　基于栅格地图的土地利用变化分配示意

土地利用与其驱动因子的关系可以用 Logistic 逐步回归进行评价分析。根据一组引起土地利用变化的驱动因子，运用 Logistic 回归可以对每一栅格单元可能出现某一种土地利用类型的概率进行诊断。可用下式表示：

$$\log\left(\frac{P_i}{1-P_i}\right)=\beta_0+\beta_1X_{1,i}+\beta_2X_{2,i}+\cdots+\beta_nX_{n,i}$$

式中，P_i——i 地类可能出现在每个栅格单元上的概率；

β_0——回归方程常数；

X_i，β_i——i 地类的驱动因素和该驱动因素对应的 Bate 系数。

二元 Logistic 回归通过计算事件的发生概率，使用自变量作为预测值，可以解释土地利用类型与其驱动因素之间的关系。一个事件发生的可能性等于该事件发生的概率除以该事件不发生的概率。一个预测值的发生比率表示当解释变量（驱动因子）的值每增加一个单位时，土地利用类型发生比的变化情况，Exp（B）＞1，发生比增加；Exp（B）=1，发生比不变。Logistic 回归结果的评价采用 Pontius 提出的 ROC（Relative Operating Characteristic）方法进行检验。通常，当 ROC 值大于 0.7 时，可以认为所选取的驱动因子具有较好的解释能力。

土地利用空间分配动态模拟是在综合分析土地利用空间分布概率、土地利用变化转化规则和不同土地利用类型需求量的基础上，通过多次迭代实现土地利用变化空间分配的过程。其过程为：

（1）先确定土地利用系统中允许变化的栅格单元，排除限制转换的区域。

（2）根据迭代分配公式：

$$\mathrm{TPTOP}_{i,u}=\mathrm{P}_{i,u}+\mathrm{ELAS}_u+\mathrm{ITER}_u$$

式中，$\mathrm{TPTOP}_{i,u}$——栅格 i 上土地利用类型 u 的总概率；

$\mathrm{P}_{i,u}$——通过 Logistic 回归方程式求得的土地利用类型 u 在栅格 i 中出现的概率；

ELAS_u——根据土地利用转变决策规则所设置的参数；

ITER_u——土地利用类型 u 的迭代变量。

土地利用类型 u 的总概率由上式计算。

（3）先对各种土地利用类型赋相同的迭代变量值，然后按栅格单元可能适合的土地利用类型的总概率的高低对各栅格单元的土地利用变化进行初次空间分配。

（4）对各种土地利用类型的初次空间分配面积与需求面积进行比较。如果土地利用类型的初次空间分配面积小于需求面积，就增加迭代变量 ITER_u 的值；反之，就减少迭代变量 ITER_u 的值，直到土地利用的空间分配面积等于需求面积。

（5）当空间面积等于需求面积时，就保存结果并开始下一年的模拟。

本书应用 SPSS 统计软件进行 Logistic 回归分析，选取的 10 个回归因子包括：距公路的距离、距铁路的距离、距乡村道路的距离、距城市道路的距离、距城市中心的距离、距水域的距离、高程、坡度、GDP 和人口密度。

三、CLUE-S 模型检验

本书以 2010 年的土地利用栅格数据作为基准数据，选取 2010 年 10 种驱动因子通过 CLUE-S 模型预测 2015 年土地利用类型，与 2015 年实际土地利用图进行对照，分别计算各地类模拟精度和 Kappa 指数对 CLUE-S 模型模拟结果进行定量检验，以评价模拟的效果是否理想。各地类模拟精度指的是各地类模拟正确的栅格数与该地类总栅格数的比值，Kappa 指数计算公式如下：

$$\text{Kappa} = \frac{P_0 - P_c}{P_p - P_c}$$

式中，P_0—— 正确模拟的比例；

P_c—— 随机情况下期望的正确模拟比例。

研究区共有 6 种生态用地类型，因此，每个栅格随机模拟状况下的正确比例 P_c=1/6；P_p 为理想分类情况下正确模拟的比例，P_p=1。Kappa 值在[0，1]范围内，值越大模拟精度越高，模拟结果越接近于真实状况，反之，值越小则表示模拟精度越低，模拟结果越不准确。当 Kappa≥0.75 时，表示一致性较好；当 0.4≤Kappa＜0.75 时，表示一致性较一般；当 Kappa＜0.4 时，表示一致性较差。

第二节　生态系统结构变化预测模拟

本书采用 MARKOV-CLUE-S 模型，以内蒙古 2015 年生态系统空间栅格数据为基础，以 500 m×500 m 为模拟尺度，选取距公路的距离、距铁路的距离、距乡村道路的距离、距城市道路的距离、距城市中心的距离、距水域的距离、高程、坡度、GDP 和人口密度等 10 个驱动因子，应用 SPSS 统计软件进行 Logistic 回归分析，并对模型精度进行检验的前提下，采用两种不同的生态系统类型需求方案，分别在自然演化情景和生态保护情景下模拟 2020 年各生态系统格局的变化情况，并对结果进行分析。

一、精度验证与情景设置

（一）模型精度验证

为了检验 CLUE-S 模型在内蒙古 12 盟市的适用性和模拟精度，本书以 12 盟市为单位，以各盟市 2010 年土地利用现状栅格数据为基准，模拟预测各盟市 2015 年生态系统类型现状数据，并与 2015 年真实现状数据进行对比，分别采用各地类模拟精度和 Kappa 指数进行检验以验证模拟精度，从而验证模型的适用性。

在 CLUE-S 模型设置中，将自然和文化遗产、风景名胜区和旅游区、森林公园和地质公园作为限制区文件 region_park1.fil，在限制区范围内不允许生态类型发生变化，以保证模拟情景最接近真实状况。同时，由于 CLUE-S 模型对转换弹性系数较为敏感，生态系统类型转换弹性系数的改变对模拟结果产生较大的影响，因此，在其弹性系数设置上根据以往的经验，在试验中不断调试直到寻找到最优值。通过计算内蒙古 12 个盟市的 6 种生态用地类型精度与 Kappa 指数，发现 12 个盟市 6 种地类的平均模拟精度为 93.51%，其中乌海市的森林和阿拉善盟的聚落模拟精度较低，近似 60%，主要是由于此两种生态系统在其所辖盟市中的比例小且分布极为分散，因此模拟精度较差，但不影响整体结果，结果表明，模拟精度较高。各盟市 2015 年的 Kappa 指数均大于 0.75，其中乌海市的最小，为 86.41%，其余 10 个盟市均达到 90%。综合两项精度验证指标，此次模拟结果较为理想，可以使用该模型和相关参数对内蒙古 12 个盟市未来生态系统空间格局进行模拟预测。

（二）自然演化情景设置

生态系统类型需求量的变化趋势基于以下基本假设：决定生态系统需求量的历史因素，在很大程度上决定生态系统需求量的未来发展趋势，这些历史因素作用的机理和数量关系保持不变或变化不大。因此，假定 2020 年生态系统演化按照 Markov 自然演化情景进行正常演化。利用 Markov 模型预测 2020 年生态系统类型需求量，空间分配模块，继续采用模型验证时采用的限制区文件 region_park1.fil，规定在此范围内禁止各生态类型发生转变。

（三）生态保护情景设置

近年来，内蒙古快速增长的经济和高强度、大规模的开发利用活动必然伴随着建设用地的快速扩展，同时导致了对农田、森林、草地和水域等重要生态用地的大规模侵占，近而带来了一系列的环境问题，如土地滥用、生态环境破坏等。因此，未来的发展需要在一定程度上保护生态用地不再受破坏。基于此，在自然演化情景采用的生态系统类型转移概率的基础上，设定生态保护需求。在生态保护情景下，限定水域不可以转向农田，聚落和荒漠；将农田、森林、草地转变为聚落的概率减少 50%；农田转变为森林、草地的概率增加 10%。以此概率预测 2020 年各生态类型面积，得到 2020 年生态保护情景下各盟市生态系统需求面积。在空间分配上，除了自然演化情景中的 region_park1.fil 限制区范围，新加入了自然文化保护区、湿地保护区等多类保护区组成的 region_park2.fil 限制区文件，同样地，在限制区范围内各生态类型禁止发生转变，见图 5.3 和图 5.4。

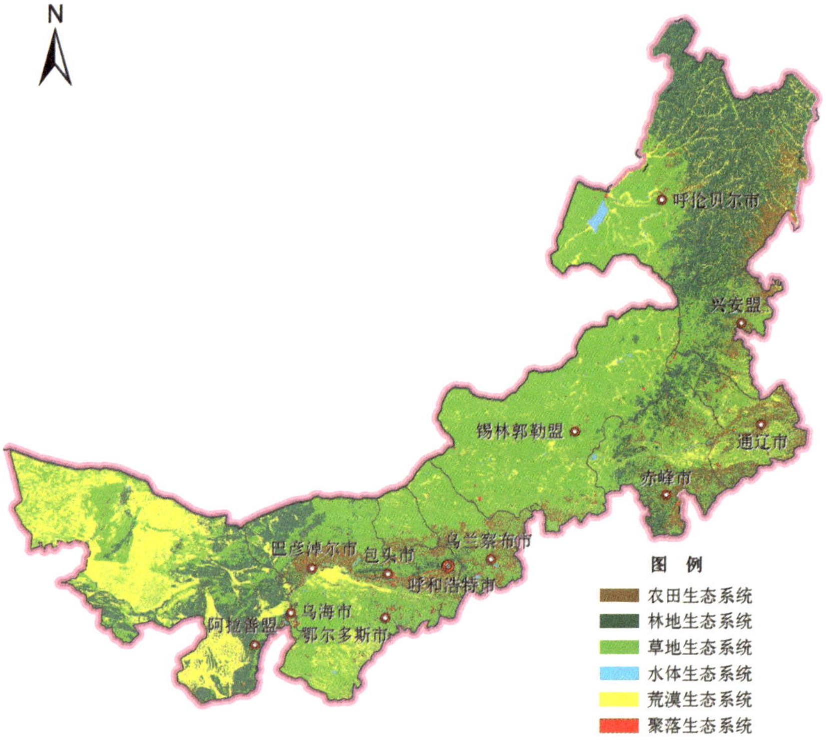

图 5.3 2020 年自然演变情景下内蒙古生态系统空间分布

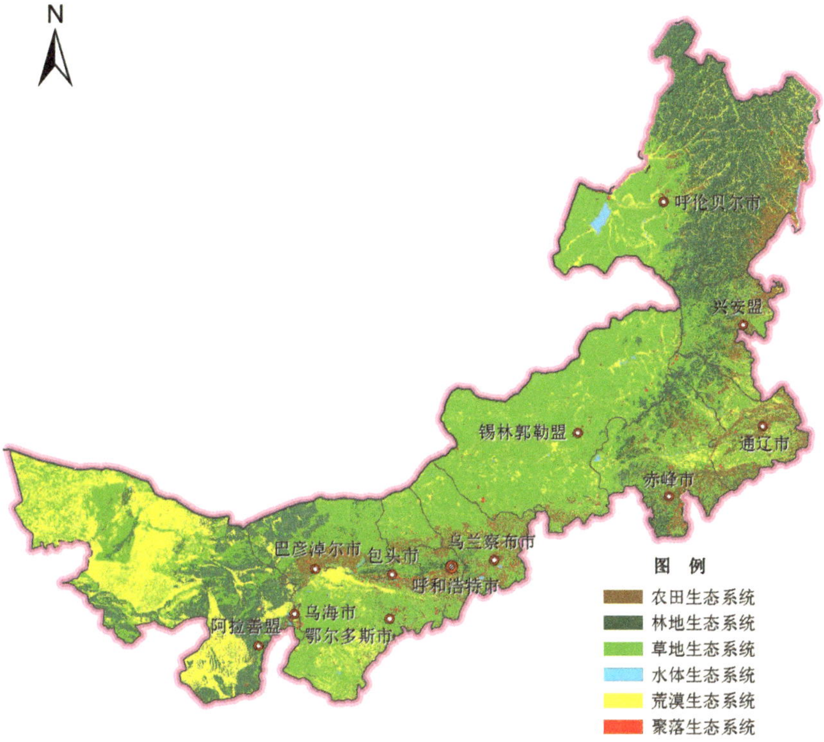

图 5.4　2020 年生态保护情境下内蒙古生态系统空间分布

二、两种情景下 2020 年内蒙古各生态系统预测模拟分析

根据 2020 年内蒙古生态系统结构预测模拟分析可知，在不同情景下，模拟期内研究区各生态系统类型面积变化相对明显，加之内蒙古地域辽阔、自然地理环境差异较大、人类活动作用强度不同等，将导致未来 5 年内各生态系统类型在空间分布上也表现出明显的差异性。

（一）生态系统类型数量变化

在自然演化情景之下，2015—2020 年内蒙古各生态系统类型按照以往的趋势发展，聚落和森林面积在增加，其他 4 种生态系统面积在减少，其中聚落、森林面积分别增加了 2 770.20 km^2、270.49 km^2。农田、草地、水体和荒漠面积分别减少了 255.46 km^2、707.44 km^2、134.96 km^2 和 1 942.83 km^2。与 2015 年相比，内蒙古聚落面积变化最大，增长率为 9.11%，聚落的增加主要是占用了草地、农田、荒漠及少量的森林和水体，从生态系统类型转移矩阵分析可知，分别有草地 1 548.40 km^2、农田 725.16 km^2、荒漠 405.97 km^2 转为聚落，其中草地转移面积最大，见表 5.1。

表 5.1　2015—2020 年内蒙古生态系统面积变化

单位：km^2

	年份	农田	森林	草地	水体	聚落	荒漠
	2015	116 159.11	348 573.33	514 424.18	7 321.00	16 845.41	151 340.62
自然演化	2020	115 903.65	348 843.82	513 716.74	7 186.04	19 615.61	149 397.79
	面积对比	−255.46	270.49	−707.44	−134.96	2 770.20	−1 942.83
生态保护	2020	116 078.18	348 901.94	514 555.95	7 571.80	18 357.16	149 198.62
	面积对比	−80.93	328.61	131.77	250.80	1 511.75	−2 142.00

在生态保护情景之下，2015—2020 年内蒙古农田和荒漠分别减少了 80.93 km^2 和 2 142.00 km^2，森林、草地、水体和聚落分别增加了 328.61 km^2、131.77 km^2、250.80 km^2 和 1 511.87 km^2。与自然演化情景预测结果相比，在生态保护情景下，农田面积减少幅度变小，聚落扩张速度明显放缓，森林、草地和水体等生态用地面积在增加，荒漠面积大量减少。因此，在生态保护情景下，能兼顾城市发展与生态保护需求。

（二）生态系统类型空间变化

从空间变化来看，在自然演化情景之下，2015—2020 年内蒙古农田生态系统在空间上有明显的差异性，减少区域主要分布在包头市、呼和浩特市、乌兰察布市、巴彦淖尔市东部和锡林郭勒盟，其中乌兰察布市减少最多，其减少面积为 335.81 km^2。增长区域主要分布在巴彦淖尔市南部、赤峰市东部、通辽市东部和呼伦贝尔市东部的松嫩平原，其中增加面积最多的是赤峰市，其增加面积为 440.15 km^2。与自然演化情景相比，在生态保护情景下呼伦贝尔市、锡林郭勒盟和阿拉善盟的农田相对减少，其余各盟市均有不同程度的增加。

与 2015 年相比，在自然演化情景之下，内蒙古中部的巴彦淖尔市、鄂尔多斯市、呼和浩特市、乌兰察布市和东部的呼伦贝尔市北部沿大兴安岭地区，森林生态系统面积增长明显，其中鄂尔多斯森林生态系统面积净增加 229.45 km^2，增长最为突出，其大部分由农田转化而来。内蒙古东部的呼伦贝尔市、兴安盟和通辽市为主要的森林生态系统面积减少区域，其中呼伦贝尔市的森林生态系统面积减少最多，为 57.92 km^2。与自然演化情景相比，生态保护情景之下，内蒙古 12 个盟市森林生态系统均有不同程度的增加，其中鄂尔多斯市增加最多。

草地生态系统是内蒙古最主要的生态系统类型，面积大、分布广，与 2015 年相比，自然演化情景之下，6 种生态系统类型中草地生态系统的转出和转入最为明显，有 5 128.50 km^2 的草地转化为其他生态系统类型，4 433.00 km^2 的其他生态类型转化为草地，从空间分布来看，草地增加区主要分布在阿拉善盟、乌海市和鄂尔多斯市交界处，巴彦淖尔市、锡林郭勒盟和呼伦贝尔市东部。12 个盟市的草地均有不同程度的减少，其中内蒙古中东部区域减少最为明显。分盟市综合变化面积后发现，阿拉善盟草地增加最多，为 216.39 km^2，赤峰市减少最明显，为 479.71 km^2。与自然演化情景相比，在生态保护情景之下，鄂尔多斯市和锡林郭勒盟草地生态系统大量增加。

两种情景下，与 2015 年相比，6 类生态系统中水体生态系统变化最小，在空间分布上最为分散。自然演化情景下水体增加区域主要分布在乌兰察布市、赤峰市和呼伦贝尔市，减少区域主要分布在呼伦贝尔市西部、兴安盟、赤峰市、通辽市的东部及阿拉善盟，其中减少最多的是阿拉善盟。在生态保护情景之下的水体空间分布与自然演化情景下的基本一致，其差别在于巴彦淖尔市和鄂尔多斯市交界处、锡林郭勒盟西南部有水体增加。

在自然演化情景之下，与 2015 年相比，聚落生态系统在内蒙古范围内明显增长，只有极少数边缘地区少量的减少，说明若是按照以往的趋势发展生态用地将会被大量占用。其中鄂尔多斯市聚落扩张最为明显，聚落面积净增长达到 617.56 km^2，其次是锡林郭勒盟和乌兰察布市，增长面积最少的是乌海市。在阿拉善盟、锡林郭勒盟和呼伦贝尔市周边区域出现减少趋势。对内蒙古而言，在生态保护情景之下，聚落扩张区域与自然保护情景之下的扩张趋势大致相同，但是增长强度明显放缓，以鄂尔多斯市和锡林郭勒盟最为明显。

在自然演化情景之下，与 2015 年相比，内蒙古荒漠生态系统整体上有明显的减少趋势，但部分区域有少量的增长，减少区域集中分布在鄂尔多斯市、巴彦淖尔市南部、呼和浩特市、乌兰察布市东南部，其中鄂尔多斯市的荒漠生态系统面积减少最多，占整个减少面积的 44.30%。增长区域主要集中在阿拉善盟、巴彦淖尔市、鄂尔多斯市北部、锡林郭勒盟和通辽市。在生态保护情景之下，与自然演化情景相比，其主要区别在于，阿拉善盟和鄂尔多斯市有两处荒漠在自然演化情景下会转为草地，但在生态保护情景之下仍然是荒漠，这是由于此处是四合木、半日花等古老残遗濒临植物和荒漠生态系统的国家级自然保护区，在生态保护情景之下禁止此区域参与生态系统类型转移，所以保持了原有的荒漠生态系统类型，见图 5.5～图 5.10。

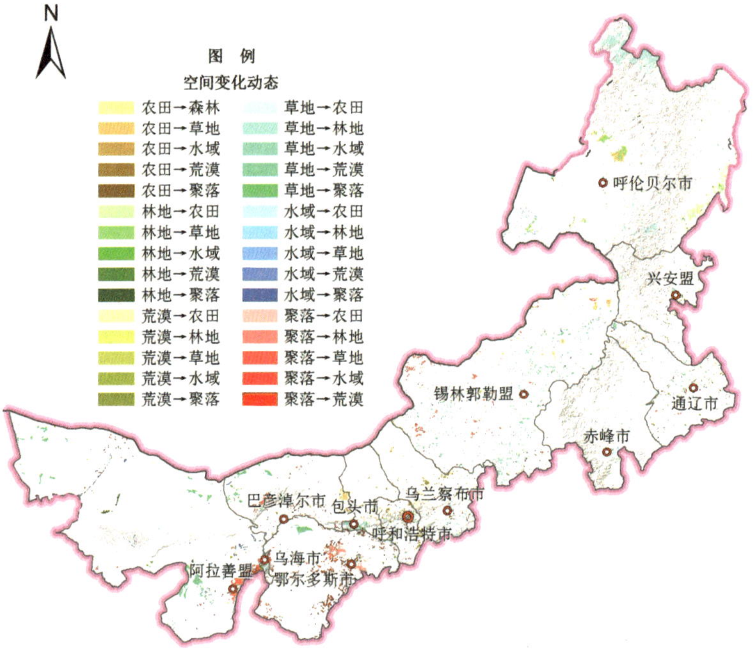

图 5.5　2015—2020 年自然演变情景下内蒙古生态系统空间变化动态分布

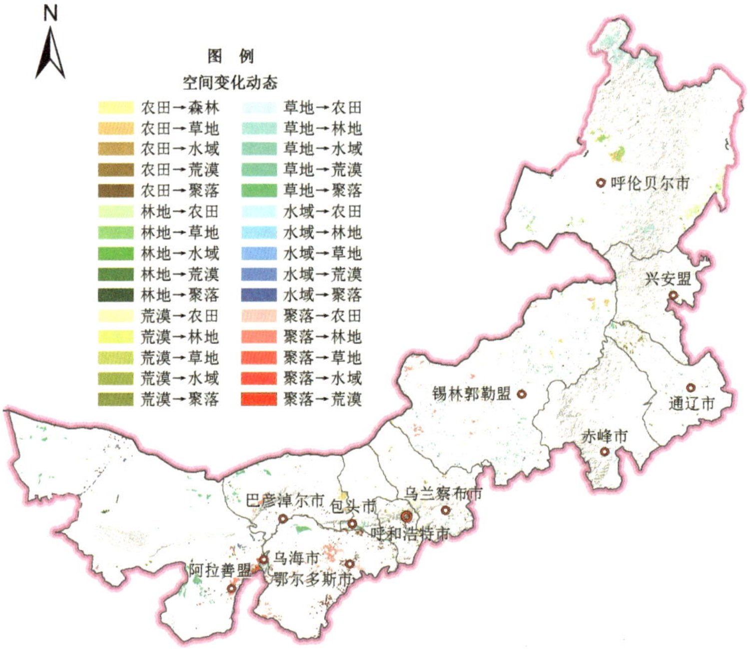

图 5.6　2015—2020 年生态保护情景下内蒙古生态系统空间变化动态分布

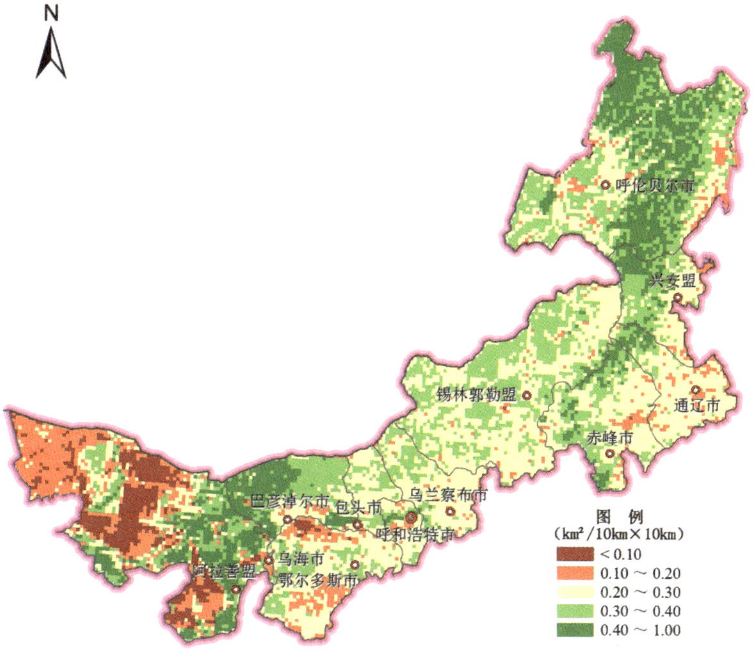

图 5.7 自然演变情景下内蒙古生态系统质量评价图

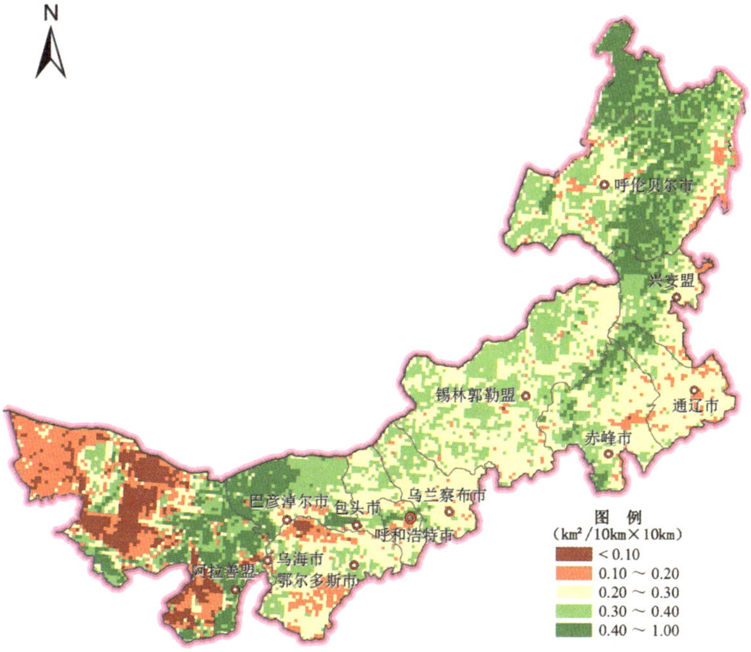

图 5.8 生态保护情景下内蒙古生态系统质量评价图

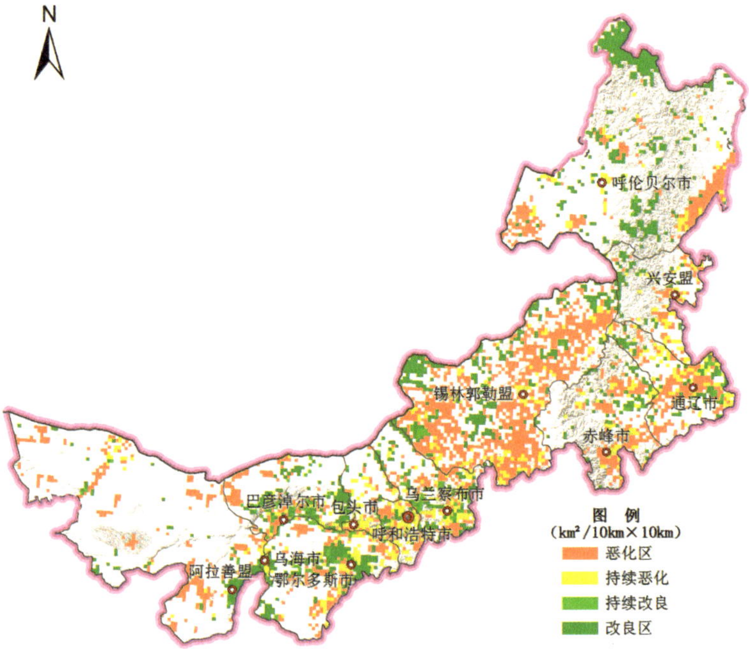

图 5.9 自然演变情景下内蒙古生态系统质量变化图

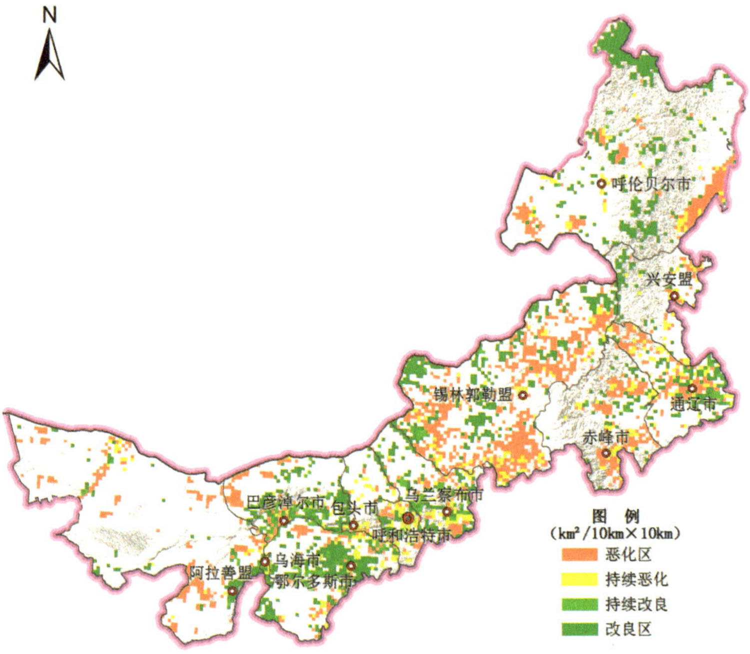

图 5.10 生态保护情景下内蒙古生态系统质量变化图

三、两种情景下 2020 年各盟市生态系统预测模拟分析

（一）呼和浩特市

由表 5.2 可知，自然演化情景下，2015—2020 年呼和浩特市各生态系统按照以往的趋势发展，农田、草地和荒漠面积按照以往的趋势减少，森林、水体和聚落面积按照以往的趋势增加。其中农田、草地和荒漠面积分别减少了 165.71 km^2、81.86 km^2 和 33.13 km^2。森林、水体和聚落面积分别增加了 18.95 km^2、3.02 km^2 和 258.73 km^2。与 2015 年相比聚落增加最多，其增长率为 20.29%。2015—2020 年，聚落扩展过程中占用了大量的农田、荒漠、草地。对其进行生态系统类型转移分析可知，农田转为聚落的面积最大，为 146.80 km^2，其次是草地和荒漠，其面积分别为 76.00 km^2 和 32.09 km^2。

生态保护情景之下，2015—2020 年呼和浩特市农田、草地和荒漠面积分别减少了 97.20 km^2、43.48 km^2 和 33.37 km^2，森林、水体和聚落面积分别增加了 26.25 km^2、7.85 km^2 和 139.95 km^2。虽然，与 2015 年现状相比，农田、草地等生态用地面积仍然有小幅度的减少，聚落面积少量增加，但是与自然演化情景结果相比，生态保护情景下农田和草地减少幅度变小，聚落面积增长明显放缓，其预测面积相比自然演化情景下的面积少了 118.78 km^2，同时，生态效益较好的森林、水体面积有小幅增加，荒漠面积变小，即加大了对非生态用地的利用率，因此，在生态保护情景下能有效地保护生态环境。

表 5.2 2015—2020 年呼和浩特市生态系统面积变化

单位：km^2

	年份	农田	森林	草地	水体	聚落	荒漠
	2015	5 210.50	3 806.84	6 776.08	111.66	1 021.72	258.26
自然演化	2020	5 044.79	3 825.79	6 694.22	114.68	1 280.45	225.13
	面积对比	−165.71	18.95	−81.86	3.02	258.73	−33.13
生态保护	2020	5 113.30	3 833.09	6 732.60	119.51	1 161.67	224.89
	面积对比	−97.20	26.25	−43.48	7.85	139.95	−33.37

空间分布上，与 2015 年相比，在自然演变情景之下 2020 年呼和浩特市各区县的聚落面积均大量增加，主要是沿着原聚落的范围向周边扩展以及内部填充，其中和林格尔县和武川县的聚落主要是由耕地转化而来，东部的回民区、玉泉区、赛罕区与新城区交

界处聚落的主要来源为森林和草地，同时，中部的赛罕区、玉泉区和土默特左旗相连区域及武川县北部和清水河县南部有部分荒漠转为聚落。森林面积增加区域集中出现在土默特左旗西北部，占整个森林增加面积的 76%，主要是由农田和草地转化而来。

生态保护情景下，2020 年呼和浩特市的农田、森林、草地、水体、荒漠生态系统类型整体布局与2020年自然演化情景下的类似，但聚落生态系统表现出明显的差异性，相比自然演化情景，聚落面积增长幅度明显减少，增长面积将近减少了 50%，在空间上，没有保护情景的自然演化情景下，武川县南部和和林格尔县东部有大片农田转化成聚落，但是在生态保护情景下会保持原有的农田生态系统类型，能有效地遏制聚落的扩张。

（二）包头市

由表 5.3 可知，自然演化情景下，2015—2020 年包头市的森林、水体和聚落的面积有所增加，而农田、草地以及荒漠的面积在减少。其中，聚落面积增加最多，为 257.68 km^2，相比 2015 年增长了 21.17%；森林的面积增加了 14.71 km^2，相比 2015 年增长了 1.15%；水体面积增加了 12.12 km^2，相比 2015 年增长了 2.47%；农田面积减少了 113.60 km^2，相比 2015 年降低了 2.37%；草地面积减少了 156.03 km^2，相比 2015 年降低了 0.87%；荒漠面积减少了 14.88 km^2，相比 2015 年降低了 0.79%。聚落面积的增加主要是由农田和草地的面积转变而成。从生态系统类型转移矩阵分析可知，草地转变为聚落的面积最多为 164.06 km^2，所占转移草地面积的比例达 62.04%，其次是农田，转变为聚落的面积为 84.49 km^2，所占转移农田面积的比例为 31.95%。由此可见，在自然演化情景下，2015—2020 年包头市生态利用转移类型主要是由农田和草地转变为聚落。

表 5.3　2015—2020 年包头市生态系统面积变化

单位：km^2

	年份	农田	森林	草地	水体	聚落	荒漠
	2015	3 974.26	2 570.69	19 268.03	191.42	1 117.96	463.45
自然演化	2020	3 860.66	2 585.40	19 112.00	203.54	1 375.64	448.57
	面积对比	−113.60	14.71	−156.03	12.12	257.68	−14.88
生态保护	2020	3 898.74	2 588.5	19 195.83	206.59	1 248.15	448.00
	面积对比	−75.52	17.81	−72.20	15.17	130.19	−15.45

生态保护情景下，2015—2020 年包头市森林、水体和聚落的面积有所增加，而农

田、草地和荒漠的面积有所减少。其中聚落的面积增加最多，增加了 130.19 km^2，相比 2015 年聚落面积增长了 10.70%；其次为森林，增加的面积为 17.81 km^2，相比 2015 年增长了 1.39%；水体面积增加了 15.17 km^2，相比 2015 年增长了 3.09%；农田面积减少了 75.52 km^2，相比 2015 年降低了 1.57%；荒漠减少了 15.45 km^2，相比 2015 年降低了 0.82%；草地面积减少了 72.20 km^2，相比 2015 年降低了 0.40%。与自然演化情景相比，在生态保护情景下，农田、森林、草地和水体面积有所增加，增加的面积分别为 38.08 km^2、3.10 km^2、83.83 km^2 和 3.05 km^2。聚落和荒漠的面积有所减少，减少的面积分别为 127.49 km^2 和 0.57 km^2。故在生态保护情景下与自然演化情景相比，包头市草地增加最多，占增加面积的 65.46%，聚落面积减少最多，降低了 99.55%。

从空间变化来看，自然演化情景下包头市 2020 年与 2015 年相比聚落大面积的增加，增加的聚落主要分布在固阳县中部和南部、土默特右旗中部、石拐区中部和南部、东河区西部，九原区东部、中部和西北部、昆都仑区中部和东北部以及青山区的中部与南部。主要是由草地和农田演化而成。森林的面积也有所增加，在空间上主要分布在固阳县的东部、东河区的北部和九原区的西北部，主要是由草地和农田演化而成。在演化过程中，有部分农田演化为水体，主要分布在土默特右旗南部。生态保护情景下包头市 2020 年与 2015 年相比聚落的面积增加最多，增加的聚落在空间位置上与自然演化情景空间位置基本一致，但增加的面积相比自然演化情景有所减少。减少范围主要在固阳县东部和南部、土默特右旗中部、石拐区中部和南部、东河区中部和西部、九原区的中部和西北部、昆都仑区的西部、青山区的中部。

对比包头市生态保护与自然演化情景的空间分布可以发现草地在生态保护情景下有大面积增加，且增加的草地主要分布在土默特右旗中部、石拐区南部、东河区中部、九原区的东部、中部和西北部、昆都仑区西部和青山区的中部，主要是减少了自然演化情景下的聚落，在生态保护情景下演化成草地。农田在生态保护情景下也有所增加，增加的农田主要分布在达尔罕茂明安联合旗的东南部以及固阳县东部和南部。

（三）乌海市

由表 5.4 可知，在自然演化情景下，2015—2020 年乌海市的各生态系统面积按照以往的趋势发展，森林、水体、聚落面积按照以往的趋势在增加，农田、草地、荒漠面积按照以往的趋势在减少。其中，森林、水体、聚落分别增加 4.32 km^2、19.71 km^2、59.16 km^2，农田、草地、荒漠分别减少 3.16 km^2、50.82 km^2、29.21 km^2。与 2015 年相比乌海市聚落面积增加的最多，增长率接近 20%，其增加的主要来源是生态用地中的草地，也有部分荒漠和农田。从生态系统类型转移矩阵分析可知，分别有 74.20 km^2

草地、2.94 km^2 农田、32.73 km^2 荒漠、14.97 km^2 水体转变为聚落。其中，草地的转移面积最大，其次是耕地和荒漠。

表 5.4 2015—2020 年乌海市生态系统面积变化

单位：km^2

	年份	农田	森林	草地	水体	聚落	荒漠
	2015	94.51	356.36	678.28	75.15	399.43	51.70
自然演化	2020	91.35	360.68	627.46	94.86	458.59	22.49
	变化面积	−3.16	4.32	−50.82	19.71	59.16	−29.21
生态保护	2020	93.07	361.30	646.85	106.35	429.99	17.87
	变化面积	−1.44	4.94	−31.43	31.20	30.56	−33.83

在生态保护情景下，2015—2020 生态系统面积发生如下变化：森林、水体、聚落面积分别增加了 4.94 km^2、31.2 km^2、30.56 km^2，农田、草地、荒漠面积分别减少了 1.44 km^2、31.43 km^2、33.83 km^2。与自然发展情境下相比，农田面积减少幅度变小，森林和水体面积增加更加明显，草地的减少速度和聚落的扩张速度明显放缓，荒漠的利用度提高。

从空间变化来看，以海南区中部为界将乌海市分为南北两部分。在自然演化情景下，与 2015 年空间分布情况相比，2020 年乌海市北部聚落大面积增加，主要集中在海勃湾区中部、乌达区南部和海南区北部。其主要来源为草地和荒漠，极少量来自海南区中部的农田。在海勃湾区西北部出现了由荒漠变为农田和水体相连的区域，但其南部有较大面积草地转变为荒漠。2020 年，森林和水体相连的区域集中出现在乌达区北部，在其南部和中部也有零星出现，这些均由草地和荒漠变化而来。乌海市南部有大面积的荒漠转变为水体、草地、森林和农田，在东南部森林和草地增加，西南部新增一片农田，其余部分均为水体。

在生态保护情景下，与 2015 年相比，2020 年乌海市聚落增加主要分布在海勃湾区中部和海南区北部，乌达区有少面积增加，其主要来源为草地、荒漠和农田。相比于自然演化情景，聚落增加的面积明显减少，其中以乌达区和海南区北部最为明显，使得当地草地被聚落侵占速度减缓，草地得到保护。海勃湾区南部依然有一片草地变为荒漠，但面积比自然演化情景下降低了 56.52%。乌达区在 2020 年新增了较大面积水体和森林。海南区南部的新增水体、草地、森林和农田主要来源于荒漠。乌达区和海南区中南部的生态用地类型，如水体、森林增加明显。

（四）赤峰市

由表 5.5 可知，自然演化情景下，2015—2020 年赤峰市的农田和聚落的面积有所增加，而森林、草地、水体以及荒漠的面积有所减少。其中，农田面积增加最多，增加了 440.15 km^2，相比 2015 年增长了 2.04%；聚落增加了 60.17 km^2，相比 2015 年增长了 2.96%；草地面积减少了 479.71 km^2，相比 2015 年降低了 1.34%；水体面积减少了 6.91 km^2，相比 2015 年降低了 0.45%。农田面积的增加主要是由草地面积转变而成。从生态系统类型转移矩阵分析可知，草地转变为农田的面积最多，为 477.09 km^2，所占转移草地面积的比例高达 93.17%，其次是水体，转变为农田的面积为 16.35 km^2，所占转移农田面积的比例为 3.19%。由此可见，在自然演化情景下，2015—2020 年赤峰市生态利用转移类型主要是由草地和水体转变为农田。

表 5.5　2015—2020 年赤峰市生态系统面积变化

单位：km^2

	年份	农田	森林	草地	水体	聚落	荒漠
自然演化	2015	18 903.49	33 292.20	30 193.69	525.11	1 984.89	2 015.03
	2020	19 343.64	33 283.20	29 713.98	518.20	2 045.06	2 010.33
	面积对比	440.15	−9.00	−479.71	−6.91	60.17	−4.70
生态保护	2020	19 346.54	33 287.23	29 727.59	534.91	2 012.15	2 005.99
	面积对比	443.05	−4.97	−466.10	9.80	27.26	−9.04

生态保护情景下，2015—2020 年赤峰市农田、水体和聚落的面积有所增加，而森林、草地以及荒漠的面积有所减少。其中农田的面积增加最多，为 443.05 km^2，相比 2015 年农田面积增长了 2.06%；其次为聚落，增加的面积为 27.26 km^2，相比 2015 年聚落面积增长了 1.34%；水体增加了 9.80 km^2，相比 2015 年增长了 0.65%；草地面积减少了 466.10 km^2，相比 2015 年降低了 1.30%；荒漠面积减少了 9.04 km^2，相比 2015 年降低了 0.12%；森林面积减少了 4.97 km^2，相比 2015 年降低了 0.03%。在生态保护情景下相比较自然演化情景，农田、森林、草地和水体面积有所增加，增加的面积分别为 2.90 km^2、4.03 km^2、13.61 km^2 和 16.71 km^2。聚落和荒漠的面积有所减少，减少的面积分别为 32.91 km^2 和 4.34 km^2。故在生态保护情景下与自然演化情景相比，赤峰市水体增加最多，占增加面积的 44.86%，聚落面积减少最多，降低了 88.35%。

从空间变化来看，在自然演化情景下赤峰市 2020 年与 2015 年相比农田大面积增加，增加的农田主要集中在宁城县东部、喀喇沁旗北部和东部、元宝山区北部和南部、红山区中部和南部、松山区的东部、敖汉旗的西部、翁牛特旗中部、林西县中部、巴林右旗西南部、巴林左旗南部、阿鲁科尔沁旗中部和南部，其主要是由草地转变而成。聚落面积也有所增加，在空间上主要集中在宁城县北部、元宝山区中部和红山区北部，其主要是由农田和草地转化而成。在生态保护情景下，与2015年相比赤峰市农田大面积增加，增加的农田在空间位置上与自然演化情景空间位置基本一致，面积相比自然演化情景有所增多。聚落的空间分布与自然演化情景下空间分布基本一致，但在生态保护情景下聚落增加的面积有所减少，减少的范围主要分布在宁城县北部、元宝山区中部以及红山区的中部。

对比赤峰市生态保护与自然演化的空间分布可以发现水体在自然演化情景下为减少，生态保护情景下有所增加，并且增加的水体主要分布在巴林右旗的东南部，主要是由自然演化情景下的聚落和荒漠演化成生态保护情景下的水体。

（五）通辽市

由表5.6可知，自然演化情景下，2015—2020年通辽市各生态系统类型按照以往的趋势发展，农田、聚落面积按照以往的趋势在增加，森林、草地、水体和荒漠面积按照以往的趋势在减少，其中农田增加了69.48 km^2，聚落增加了149.01 km^2，森林、草地、水体和荒漠分别减少了22.32 km^2、159.54 km^2、7.51 km^{2}和29.12 km^2，与2015年相比聚落面积增加最多，其增长率为9%。从生态系统类型转移矩阵分析可知聚落扩展过程中主要侵占78.46 km^{2}草地、43.99 km^{2}农田和22.61 km^{2}荒漠，及少量的森林和水体，其中草地被侵占的最多。

表5.6　2015—2020年通辽市生态系统面积变化

单位：km^2

	年份	农田	森林	草地	水体	聚落	荒漠
	2015	22 153.76	13 067.34	20 576.52	303.29	1 586.52	1 171.16
自然演化	2020	22 223.24	13 045.02	20 416.98	295.78	1 735.53	1 142.04
	面积对比	69.48	−22.32	−159.54	−7.51	149.01	−29.12
生态保护	2020	22 232.80	13 048.24	20 464.34	311.19	1 668.97	1 133.15
	面积对比	79.04	−19.10	−112.18	7.90	82.45	−38.01

在生态保护情景之下，2015—2020年通辽市农田、水体和聚落面积分别增加了

79.04 km^2、7.90 km^2 和 82.45 km^2，森林、草地和荒漠面积分别减少了 19.10 km^2、112.18 km^2 和 38.01 km^2。与自然演化情景相比，生态保护情景之下森林和草地减少幅度变小，其预测面积分别比自然演化情景下预测的面积增加了 3.22 km^2 和 47.26 km^2，农田与自然演化情景下的面积相比增加了 9.56 km^2，水体在自然演化情景下减少，而在生态保护情景之下增加了 15.41 km^2，聚落面积与自然演化情景相比减少了 66.56 km^2，荒漠减少幅度出现增加的趋势。

从空间分布上来看，与 2015 年相比，在自然演变情景之下，通辽市 8 个旗县聚落面积均表现出向外扩展趋势，其中开鲁县最为明显，占全市聚落增长面积的 21.58%，其主要来源为农田和草地。农田增加区域主要集中在通辽市东北部的科尔沁区、科尔沁左翼中旗和科尔沁左翼后旗，分别占农田增长面积的 38.99%、34.88%和 24.93%，其中科尔沁区和科尔沁左翼后旗农田增加主要由荒漠转化而来，而科尔沁左翼中旗农田增加主要来源为草地和少量的荒漠。通辽市北部 6 个旗县均有少量荒漠化现象其主要来源为零星草地和林地，其中科尔沁左翼中旗荒漠化最严重，占荒漠增长面积的 28.31%。水体变化区域主要集中在科尔沁左翼后旗。

在生态保护情景之下，与 2015 年现状相比，2020 年对整个通辽市而言，荒漠面积在减少，但空间差异比较大，霍林郭勒市、扎鲁特旗北部出现大片的荒漠，其中霍林郭勒市的荒漠主要来源为森林，扎鲁特旗的主要由农田转移而来，与此同时，科尔沁左翼中旗、开鲁县、科尔沁区、科尔沁左翼后旗有大量的荒漠转为草地，奈曼旗和库伦旗少量荒漠变成森林。农田增加区域与 2020 年的自然演化情景相似，但是面积相比自然演化情景增长了 47.21%。与自然演化情景相比，生态保护情景之下 8 个旗县聚落面积增加均有减缓趋势，其中开鲁县面积增长幅度减少最为明显。与自然演化情景相比，在生态保护情景之下，除了库伦旗其他旗县水体面积均有少量增加。

（六）鄂尔多斯市

由表 5.7 可知，自然演化情景下，2015—2020 年鄂尔多斯市的各生态系统类型按照以往的趋势发展，农田、水体和荒漠面积按照以往的趋势减少，森林、草地和聚落面积按照以往的趋势增加。其中农田、水体和荒漠面积分别减少了 51.74 km^2、20.15 km^2 和 860.84 km^2。森林、草地和聚落面积分别增加了 229.45 km^2、85.72 km^2 和 617.56 km^2。与 2015 年相比，鄂尔多斯市聚落面积增加的最多，增长率为 35.67%，从生态系统类型转移矩阵分析可知，分别有农田 48.82 km^2、森林 39.05 km^2、草地 439.06 km^2、水体 24.42 km^2 和荒漠 87.02 km^2 转为聚落，其中草地转移面积最大，其次是荒漠和农田。与此同时有少量的聚落转变成其他生态系统类型。

表 5.7 2015—2020 年鄂尔多斯市生态系统面积变化

单位：km^2

	年份	农田	森林	草地	水体	聚落	荒漠
	2015	4 587.27	31 251.54	36 989.78	572.85	2 129.47	11 344.18
自然演化	2020	4 535.53	31 480.99	37 075.50	552.70	2 747.03	10 483.34
	面积对比	−51.74	229.45	85.72	−20.15	617.56	−860.84
生态保护	2020	4 554.10	31 503.68	37 303.36	586.02	2 457.44	10 470.49
	面积对比	−33.17	252.14	313.58	13.17	327.97	−873.69

生态保护情景之下，2015—2020 年鄂尔多斯市农田、荒漠分别减少了 33.17 km^2、873.69 km^2，森林、草地、水体、聚落分别增加了 252.14 km^2、313.58 km^2、13.17 km^2、327.97 km^2。与自然演化情景相比，生态保护情景之下农田减少幅度变小，森林和草地面积增加更明显，水体得到有效的保护，从减少状态转为明显的增长趋势，聚落扩张速度减缓，其预测面积比自然演化情景预测结果减少了 289.59 km^2。

在空间分布上，与 2015 年相比，在自然演化情景之下，2020 年鄂尔多斯市东部聚落和森林增加比较明显，其西部则主要以草地和荒漠增加为主。其中，达拉特旗、准格尔旗聚落向北侧发展，康巴什新区、伊金霍洛旗聚落向四周发展，鄂托克旗、杭锦旗和乌审旗聚落向东侧发展，其主要来源为荒漠，少量来源于康巴什新区中部和达拉特旗北部的农田。达拉特旗西南部、东胜区西北部、康巴什区东南部和伊金霍洛旗东部出现了大片的森林，其主要来源为荒漠。杭锦旗北部有大片的聚落荒漠化，杭锦旗南部鄂托克旗北部，鄂托克前旗西部有连片的聚落转变为草地。农田和水体面积变化较小，在空间上没有体现出聚集现象。

在生态保护情景下，与 2015 年现状相比，2020 年鄂尔多斯市聚落主要增加在达拉特旗、准格尔旗北部，东胜区、乌审旗东南部及康巴什新区和伊金霍洛旗中部，其主要来源为荒漠，与自然演化情景下的聚落增加区域大致相同，主要区别在于增加面积明显减少。林地增加以自然演化情景面积增加区域为主向外延伸，有少量增加。杭锦旗有部分草地转为荒漠，但其转移面积在减少。鄂托克旗西部有一处荒漠在自然演化情景下会转为草地，但在生态保护情景下仍然是荒漠，这是由于此处是四合木、半日花等古老残遗濒临植物和荒漠生态系统的国家级自然保护区，在生态保护情景之下禁止此区域参与生态系统类型转移，所以保持了原有的荒漠用地类型。

（七）呼伦贝尔市

由表 5.8 可知，自然演化情景下，2015—2020 年呼伦贝尔市各生态系统类型按照以往的趋势发展，农田、聚落、荒漠面积按照以往的趋势在增加，森林、草地、水体面积按照以往的趋势减少。其中，农田、聚落、荒漠面积分别增加了 89.89 km^2、110.42 km^2、0.50 km^2，森林、草地、水体面积分别减少了 57.92 km^2、95.84 km^2、47.05 km^2。与 2015 年相比，呼伦贝尔市聚落面积增加的最多，增长率为 7%，聚落的增加主要是占用了森林、草地、水体等生态用地。从生态系统类型转移矩阵分析可知，农田、森林、草地、水体、荒漠分别为 38.48 km^2、2.68 km^2、58.94 km^2、10.09 km^2、1.49 km^2 转变为聚落。其中，草地的转移面积最大，其次是农田、水体、森林和荒漠。

表 5.8　2015—2020 年呼伦贝尔市生态系统面积变化

单位：km^2

	年份	农田	森林	草地	水体	聚落	荒漠
	2015	22 774.22	133 389.80	90 534.59	3 443.52	2 036.86	592.23
自然演化	2020	22 864.11	133 331.90	90 438.75	3 396.47	2 147.28	592.73
	面积对比	89.89	−57.92	−95.84	−47.05	110.42	0.50
生态保护	2020	22 831.18	133 333.80	90 470.13	3 458.61	2 087.33	590.19
	面积对比	56.96	−56.02	−64.46	15.09	50.47	−2.04

生态保护情景之下，2015—2020 年呼伦贝尔市农田、水体和聚落分别增加了 56.96 km^2、15.09 km^2 和 50.47 km^2。森林、草地、荒漠分别减少了 56.02 km^2、64.46 km^2 和 2.04 km^2。与自然演化情景相比，森林、草地面积减少较少，即减少速度放缓，其预测面积相比自然演化情景增加了 1.83 km^2、31.41 km^2。农田和聚落增长较少，即增长速度变慢，其预测面积比自然演化情景结果面积分别减少了 32.98 km^2 和 59.95 km^2，水体在自然演化情景下是减少的，在生态保护情景下增加了 62.14 km^2，荒漠在自然演化情景下是增加的，在生态保护情景下减少了 2.54 km^2。

在空间分布上，与 2015 年相比，在自然演化情景下，2020 年呼伦贝尔市各旗县的聚落面积均有不同程度的增加，主要是沿着原聚落的范围向周围扩展以及内部进行填充，其中海拉尔区聚落面积增加最多。6 种生态类型中，草地的变化最大，额尔古纳市、根河市西北部草地大量减少转化为林地，但在额尔古纳市西南部、陈巴尔虎旗东北部，新巴尔虎右旗中南部，大量的农田和森林转化为草地，整体而言，草地增长趋势明显。呼伦贝尔市东南部的莫力达瓦达斡尔自治旗、阿荣旗和扎兰屯市东部农田增加，其来源主要为森林。水体减少主要集中在新巴尔虎右旗。荒漠面积变化较少，在空间上没有表现出聚集现象。

与 2020 年自然演化情景相比，生态保护情景下，2020 年呼伦贝尔市的土地利用整体布局变化不大，但是生态用地得到了有效的保护。主要表现在新巴尔虎右旗西南部大片水体及各个旗县零星分布的水体减少得到有效的控制，同时新巴尔虎右旗东北部和鄂伦春自治旗有少量荒漠转为水体。聚落沿原有聚落范围向四周扩散的趋势减缓，减少了对生态用地的占用，提高了荒漠的利用率。

（八）巴彦淖尔市

由表 5.9 可知，自然演化情景下，2015—2020 年巴彦淖尔市的森林、草地、水体和聚落的面积有所增加，而农田和荒漠的面积在减少。其中，草地增加的面积最多，增加了 131.58 km^2，相比 2015 年增长了 0.44%；聚落的面积增加了 92.81 km^2，相比 2015 年增长了 8.90%；荒漠的面积减少了 217.09 km^2，相比 2015 年降低了 0.94%；农田面积减少了 52.80 km^2，相比 2015 年降低了 0.61%。草地面积的增加主要是由荒漠和水体转变而成。从生态系统类型转移矩阵分析可知，荒漠转变为草地的面积最多，为 155.56 km^2，所占转移草地面积的比例达 68.66%，其次是水体，转变为草地的面积为 51.03 km^2，所占转移农田面积的比例为 22.52%。由此可见在自然演化情景下，2015—2020 年赤峰市生态系统转移类型主要是由荒漠和水体转变为草地。

表 5.9　2015—2020 年巴彦淖尔市生态系统面积变化

单位：km^2

	年份	农田	森林	草地	水体	聚落	荒漠
自然演化	2015	9 623.28	19 779.68	30 344.47	449.78	1 462.24	3 485.76
	2020	9 570.48	19 817.50	30 476.05	457.46	1 555.05	3 268.67
	面积对比	−52.80	37.82	131.58	7.68	92.81	−217.09
生态保护	2020	9 584.29	19 817.84	30 499.99	472.72	1 516.10	3 254.27
	面积对比	−38.99	38.16	155.52	22.94	53.86	−231.49

生态保护情景下，2015—2020 年巴彦淖尔市森林、草地、水体和聚落的面积有所增加，而农田以及荒漠的面积有所减少。其中草地的面积增加最多，为 155.52 km^2，相比 2015 年草地面积增长了 0.52%；其次为聚落，增加的面积为 53.86 km^2，相比 2015

年聚落的面积增长了 5.16%；森林的面积增加了 38.16 km^2，相比 2015 年增长了 5.36%；农田的面积减少了 38.99 km^2，相比 2015 年降低了 0.45%；荒漠减少了 231.49 km^2，相比 2015 年降低了 1.00%。与自然演化情景相比，在生态保护情景下农田、森林、草地和水体面积有所增加，增加的面积分别为 13.81 km^2、0.34 km^2、23.94 km^2 和 15.26 km^2。聚落和荒漠的面积有所减少，减少的面积分别为 38.95 km^2 和 14.40 km^2。故与自然演化情景相比，在生态保护情景下巴彦淖尔市草地增加最多，占增加面积的 44.87%，聚落面积减少最多，降低了 73.01%。

从空间变化来看，自然演化情景下巴彦淖尔市 2020 年与 2015 年相比草地的面积增加最多，增加的草地主要分布在乌拉特前旗东部、乌拉特中旗东南部和北部以及乌拉特后旗南部，主要是荒漠和农田演化而成。聚落的面积也有所增加，在空间上主要集中在临河区南部、五原县西部和东部、杭锦后旗中部以及磴口县东南部，主要由农田和荒漠演化而成。在演化过程中，有部分草地演化为荒漠，主要分布在乌拉特后旗的北部和西部；有部分草地和荒漠演化成农田，主要分布在磴口县东部、临河区、乌拉特前旗西部以及乌拉特中旗东南部；有部分荒漠和农田演化为森林，主要分布在乌拉特前旗东部与乌拉特后旗东部。生态保护情景下巴彦淖尔市 2020 年与 2015 年相比草地的面积增加最多，增加的草地在空间位置上与自然演化情景下空间位置基本一致，且面积相比自然演化情景有所增多。聚落的空间分布与自然演化情景下空间分布基本一致，但在生态保护情景下聚落增加的面积有所减少，减少范围主要在临河区东北部以及五原县的西北部有较明显变化。

对比巴彦淖尔市生态保护与自然演化的空间分布可以发现草地在生态保护情景下有所增加，且增加的草地主要分布在磴口县与乌拉特后旗相邻的地方，主要是减少了自然演化中的荒漠，在生态保护情景下演化成草地。

（九）乌兰察布市

由表 5.10 可知，根据不同情境下乌兰察布市 2020 年生态系统类型需求结果发现，在自然演化的情景下，生态系统空间格局遵循以往的演变规律发展，农田、草地、荒漠面积表现出减少的趋势，森林、水体、聚落则按照以往的发展规律在增加。其中，农田、草地、荒漠面积分别减少了 335.81 km^2、61.13 km^2、75.67 km^2，森林、水体、聚落面积分别增加了 69.21 km^2、63.38 km^2、340.02 km^2。与 2015 年相比，乌兰察布市 6 类用地类型中聚落增加最为明显，增长率达到 17.21%。从转移矩阵来看，聚落的主要来源是农田和草地，少量来源于荒漠，分别有农田 419.15 km^2、草地 243.88 km^2、荒漠 14.95 km^2、森林 15.92 km^2 转变为聚落。

表 5.10 2015—2020 年乌兰察布市生态系统面积变化

单位：km^2

	年份	农田	森林	草地	水体	聚落	荒漠
	2015	9 184.03	7 068.22	35 987.40	190.26	1 422.11	603.91
自然演化	2020	8 848.22	7 137.43	35 926.27	253.64	1 762.13	528.24
	变化面积	−335.81	69.21	−61.13	63.38	340.02	−75.67
生态保护	2020	8 936.15	7 148.14	35 996.15	258.84	1 590.35	526.30
	变化面积	−247.88	79.92	8.75	68.58	168.24	−77.61

对生态保护情景下，2015—2020 年生态系统类型变化进行分析可知，农田和荒漠面积分别减少了 247.88 km^2 和 77.61 km^2，森林、草地、水体、聚落面积分别增加了 79.92 km^2、8.75 km^2、68.58 km^2、168.24 km^2。与自然演化情景相比，农田面积减少幅度变小，森林和水体面积增加更为明显，草地的变化面积由减少变为增加，聚落的扩张速度明显放缓。

从空间变化来看，在自然演化情景下，2020 年预测模拟结果与 2015 年相比，四子王旗与察哈尔右翼中旗的交界处，大量农田转变为聚落，同样的现象也出现在四子王旗西北部、察哈尔右翼后旗北部和商都县北部。四子王旗西北部有两片农田共约 100 km^2 转变为草地。在察哈尔右翼中旗和卓资县交界处、凉城县西北部有大量农田变为森林。卓资县中部聚落扩张明显，主要来源为生态用地中的草地。凉城县中部有部分荒漠变为水体。察哈尔右翼中旗和察哈尔右翼后旗中南部、集宁区、察哈尔右翼前旗聚落面积增长迅速，占用了大量荒漠，但是在集宁区南部聚落以占用森林的方式扩张。与 2015 年相比，商都县东南部水体增加较为明显，主要来源于农田和荒漠，同样在这片区域有 5.50 km^2 的农田转为聚落。兴和县中部交替零星出现由草地、荒漠变为聚落，草地转变为农田。丰镇市西南部大量草地转为农田、荒漠变为聚落，东南部有 7.00 km^2 的农田在 2020 年演变为森林，其余地区零星分布着草地变为聚落现象。化德县 2020 年的分布情况与 2015 年变化不大，只有少量草地转变为农田和聚落。

在生态保护情景下，与 2015 年相比，四子王旗西北部依然有两片农田转变为草地，但面积相比于自然演化情景增加了约 5.75 km^2。四子王旗与察哈尔右翼中旗、察哈尔右翼后旗的交界处，商都县北部，均有大量农田转变为聚落，但面积相比于自然演化情景减少了近 76%。同样的在集宁区森林变为聚落的面积相比于上一个情景有了些许减少。丰镇市西南部农田、聚落增加的面积较自然情景有所减少，相应地该地区 2015

年草地转出面积相对变小，减少约 50%。其余地区变化基本遵循了自然演化情景结果。综上所述，由于进行了生态保护设定，聚落增长幅度明显减小，空间上表现在乌兰察布市全域，特别表现在已有的聚落聚集区周围或附近；草地转出面积变少，转入面积增多使得草地的面积从自然演化情景下的减少趋势改变为增加。

（十）兴安盟

由表 5.11 可知，在自然演化情景下，2015—2020 年兴安盟的各生态系统类型按照以往的趋势发展，农田、森林、聚落、荒漠面积按照以往的趋势在增加，草地、水体面积按照以往的趋势减少。其中，农田、森林、聚落、荒漠面积分别增加了 14.27 km^2、4.52 km^2、107.51 km^2、2.22 km^2，草地、水体面积分别减少了 104.25 km^2、24.27 km^2。与 2015 年相比兴安盟聚落面积增加的最多，增长率接近 12.52%，其增加的主要来源是荒漠，其次是生态用地中的草地。从生态系统类型转移矩阵分析可知，分别有草地 66.28 km^2、农田 3.97 km^2、荒漠 375.50 km^2、水体 4.76 km^2 转变为聚落。其中，荒漠的转移面积最大，其次是草地，较少农田和水体转成聚落。

表 5.11　2015—2020 年兴安盟生态系统面积变化

单位：km^2

	年份	农田	森林	草地	水体	聚落	荒漠
	2015	15 335.37	16 872.13	21 368.91	436.76	911.14	207.85
自然演化	2020	15 349.64	16 876.65	21 264.66	412.49	1 018.65	210.07
	变化面积	14.27	4.52	−104.25	−24.27	107.51	2.22
生态保护	2020	15 360.79	16 877.72	21 290.32	434.09	962.08	207.16
	变化面积	25.42	5.59	−78.59	−2.67	50.94	−0.69

在生态保护情景下，2015—2020 年生态系统面积变化如下：农田、森林、聚落面积分别增加了 25.42 km^2、5.59 km^2、50.94 km^2，草地、水体、荒漠面积分别减少了 78.59 km^2、2.67 km^2、0.69 km^2。与自然演化情景相比，草地、水体面积减少幅度变小，聚落的扩张速度减少一半，荒漠的利用度提高，农田增加更多，森林变化不明显。

从空间分布来看，在自然演化情景下，2020 年与 2015 年相比兴安盟的空间格局发生了一些变化。在扎莱特旗东北部，面积约为 40 km^2 的草地、森林、水体相间的区域在 2020 年转变成农田。2020 年乌兰浩特市西北部、乌兰浩特市与科尔沁右翼前旗交界处新增了大面积聚落，尤其在乌兰浩特市地区最为明显，这些聚落由草地、森林、农田和水体转化而来，类似的情况在突泉县全域也有零星分布。2020 年，科尔沁右翼前旗西北部集中分布两处森林，是由草地与农田交转化而来。阿尔山市有约 2.5 km^2 的荒漠在 2020 年变成了森林。

在生态保护情景下，兴安盟 2020 年的空间格局与 2015 年相比变化主要发生在扎莱特旗、乌兰浩特、科尔沁右翼前旗、突泉县，变化总体趋势与自然演变情景下相差不大。与自然演变情景相比，阿尔山市荒漠变为森林的面积增加了近 1.5 倍。乌兰浩特西北部聚落增加，但增加面积有所减少，乌兰浩特与科尔沁右翼前旗交界处、突泉县的聚落扩张情况在生态保护情景下消失。扎莱特旗东北部新增的农田面积少量增加。

（十一）锡林郭勒盟

由表 5.12 可知，自然演化情景下，2015—2020 年锡林郭勒盟的森林、草地和聚落的面积有所增加，而农田、水体以及荒漠的面积有所减少。其中，聚落面积增加最多，面积为 489.84 km^2，相比 2015 年增长了 38.69%；农田面积减少了 247.71 km^2，相比 2015 年降低了 4.14%；荒漠面积减少了 276.35 km^2，相比 2015 年降低了 1.36%。聚落面积的增加主要是由草地和水体的面积转变而成。从生态系统类型转移矩阵分析可知，草地转变为聚落的面积最多为 430.46 km^2，所占转移聚落的比例高达 87.06%，其次是水体，转变为聚落的面积为 21.19 km^2，所占转移聚落的比例为 4.29%。由此可见在自然演化情景下，2015—2020 年锡林郭勒盟生态利用转移类型主要是由草地和水体转变为聚落。

表 5.12　2015—2020 年锡林郭勒盟生态系统面积变化

单位：km^2

	年份	农田	森林	草地	水体	聚落	荒漠
	2015	3 511.42	28 718.37	162 905.30	720.35	1 854.67	2 173.49
自然演化	2020	3 263.71	28 733.24	162 953.40	691.65	2 344.51	1 897.14
	面积对比	−247.71	14.87	48.05	−28.70	489.84	−276.35
生态保护	2020	3 245.74	28 735.22	163 193.80	728.30	2 098.33	1 882.27
	面积对比	−265.68	16.85	288.44	7.95	243.66	−291.22

生态保护情景下，2015—2020 年锡林郭勒盟森林、草地、水体、聚落面积有所增加，而农田、荒漠面积有所减少。其中草地面积增加最多，增加了 288.44 km^2，相比 2015 年草地增长了 0.17%；其次为聚落，增加面积为 243.66 km^2，相比 2015 年聚落增长了 19.25%；农田面积减少了 265.68 km^2，相比 2015 年降低了 4.44%；荒漠面积减少

了 291.22 km^2，相比 2015 年降低了 1.44%。与自然演化情景相比，在生态保护情景下森林、草地和水体面积有所增加，增加的面积分别为 1.98 km^2、240.39 km^2、36.65 km^2。农田、聚落和荒漠的面积有所减少，减少的面积分别为 17.97 km^2、246.18 km^2 和 14.87 km^2。故与自然演化情景相比，在生态保护情景下锡林郭勒盟草地增加最多，占增加面积的 86.09%，聚落面积减少最多，降低了 88.22%。

从空间变化来看，在自然演化情景下，2020 年锡林郭勒盟聚落大面积增加，增加的聚落主要集中在锡林浩特市中部、东乌珠穆沁旗南部、阿巴嘎旗南部、正蓝旗南部、多伦县东北部、太仆寺旗西部、正镶白旗南部和苏尼特右旗西部，主要是由草地演化而成。草地也有较大面积的增加，主要集中在苏尼特左旗、苏尼特右旗和二连浩特市。在生态保护情景下，与 2015 年相比锡林郭勒盟草地大面积增加，增加的草地主要集中在东乌珠穆沁旗的东部和北部、锡林浩特市东部、苏尼特左旗北部、二连浩特市南部和苏尼特右旗中部，其主要是由农田和荒漠演化而成，相比自然演化也有部分聚落转变为草地。聚落面积也有较大的增加且空间分布与自然演化空间分布基本一致，但在生态保护情景下聚落增加的面积有所减少，且大部分是由草地演化而成。

对比锡林郭勒盟生态保护与自然演化情景下的空间分布可以发现，部分草地的增加是由农田、聚落转变而成，主要分布在东乌珠穆沁旗东部、西乌珠穆沁旗北部、锡林浩特市东部、阿巴嘎旗南部、苏尼特右旗西部、正镶白旗南部、正蓝旗南部、多伦县北部、太仆寺旗南部。

（十二）阿拉善盟

由表 5.13 可知，在自然演化情景下，2015—2020 年阿拉善盟的各生态系统类型按照以往的趋势发展，农田、草地、聚落按照以往的趋势在增加，森林、水体、荒漠按照以往的趋势减少。其中，农田、草地、聚落面积分别增加了 101.28 km^2、216.39 km^2、227.29 km^2，森林、水体、荒漠面积分别减少了 34.12 km^2、106.28 km^2、404.56 km^2。与 2015 年相比阿拉善盟聚落面积增加的最多，增长率接近 41.85%，其增加的主要来源是荒漠，其次是生态用地中的草地。从生态系统类型转移矩阵分析可知，分别有草地 66.28 km^2、农田 3.97 km^2、荒漠 375.50 km^2、水体 4.76 km^2 转变为聚落。其中，荒漠的转移面积最大，其次是草地，较少农田和水体转成聚落。

在生态保护情景下，2015—2020 土地利用需求面积变化如下：农田、草地、水体、聚落面积分别增加了 74.17 km^2、234.00 km^2、53.96 km^2、206.33 km^2，森林、荒漠面积分别减少了 32.89 km^2、535.57 km^2。与自然演化情景相比，森林面积减少幅度变小，农田增加和聚落的扩张速度明显放缓，草地面积增加更加明显，荒漠的利用度提高，水体由原来的锐减趋势转变为增加趋势。

表 5.13　2015—2025 年阿拉善盟生态系统面积变化

单位：km^2

	年份	农田	森林	草地	水体	聚落	荒漠
	2015	806.98	58 400.16	58 801.14	300.86	918.41	128 973.60
自然演化	2025	908.26	58 366.04	59 017.53	194.58	1 145.70	128 569.10
	变化面积	101.28	−34.12	216.39	−106.28	227.29	−404.56
生态保护	2025	881.15	58 367.27	59 035.14	354.82	1 124.74	128 438.00
	变化面积	74.17	−32.89	234.00	53.96	206.33	−535.57

从空间上来看，在自然演化情景下，阿拉善左旗东南部有一大片荒漠转变为草地，其中夹杂有少量森林、聚落和水体；阿拉善右旗零星出现荒漠变草地的情况。在生态保护情景下，阿拉善左旗东南部的荒漠变为草地的现象依旧明显，由于在此情景下设置了生态保护区范围，规定范围内生态系统类型不发生变化，导致在结果中出现了比自然情景下面积小的假象。总体来说，阿拉善荒漠分布广，变化相比于其他盟市较微弱。

第六章

内蒙古生态系统植被动态特征分析

第一节　生态系统植被动态特征分析

一、2015 年内蒙古植被总体特征

内蒙古地域广阔，南北跨 16 个纬度，温度带跨中温带和寒温带，东西跨干旱区、半干旱区、半湿润区，植被类型丰富，植被覆盖以草地为主。2015 年，内蒙古 NDVI 统计平均值为 0.44，植被覆盖状况良好，在空间分布上呈现从西南向东部逐渐增加的趋势。按照植被覆盖度将内蒙古植被覆盖划分为高覆盖区域（NDVI≥0.6）、中覆盖区（0.3≤NDVI＜0.6）、低覆盖区（NDVI＜0.3），并对其进行统计分析。2015 年，内蒙古低覆盖区域占内蒙古的面积最多，为 42.40%，主要分布在内蒙古西部的阿拉善盟，位于内蒙古中北部的巴彦淖尔市、鄂尔多斯市大部、包头市北部、乌兰察布市北部、锡林郭勒盟西北部区域；中覆盖区域占内蒙古的面积最少，为 25.48%，主要分布在呼伦贝尔市西南部、锡林郭勒盟中部和东部、乌兰察布市南部、通辽市和赤峰市大部分区域；高覆盖植被区域占内蒙古面积的 32.12%，主要分布在呼伦贝尔市大部分区域和兴安盟，见图 6.1。

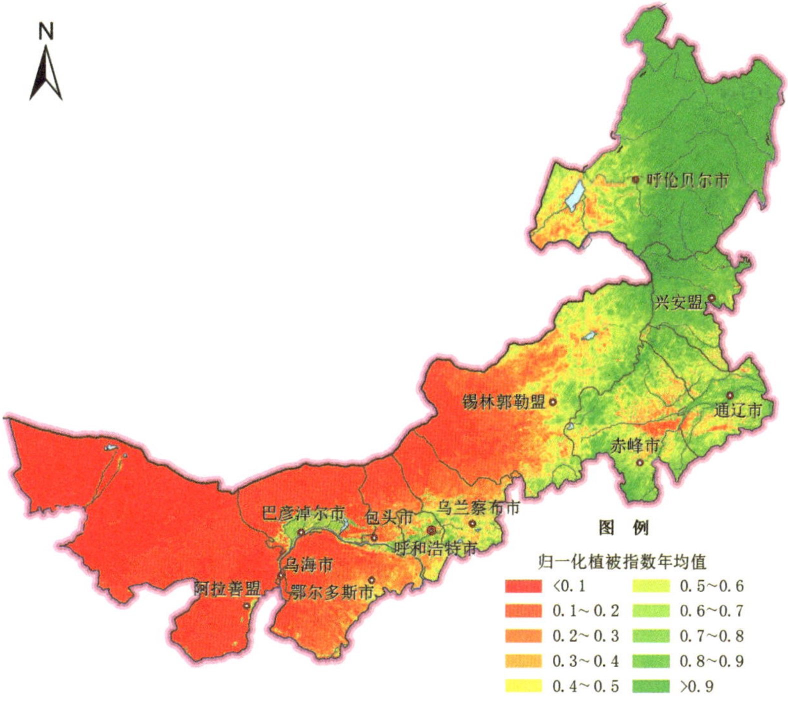

图 6.1　2015 年内蒙古植被归一化

借助植被覆盖度距平法，即当年植被覆盖状况与多年植被覆盖度平均值的差值，分析 2015 年植被覆盖现状的空间分布特征。由此可以看出，2015 年内蒙古植被覆盖度总体上呈现东北部地区上升相对明显，西部没有明显变化，中部明显下降的基本格局。明显上升区主要分布在呼伦贝尔市中东部、兴安盟以及巴彦淖尔市的河套平原农业区；明显下降区则呈斑块状镶嵌在内蒙古东部，在包头市、乌兰察布市北部和巴彦淖尔市东部呈明显下降趋势，而阿拉善盟、巴彦淖尔市北部植被覆盖状况较多年平均值无明显差异，这主要与其自身地理条件有密切关系。

二、2000—2015 年内蒙古植被动态特征

2000—2015 年，15 年来内蒙古植被覆盖变化幅度在-0.06～0.06 之间，总体呈现上升趋势，其中上升区面积占内蒙古国土面积的 81.73%，在空间上主要分布在呼伦贝尔市西部、兴安盟东北部、鄂尔多斯市东部、巴彦淖尔市河套地区。此外，阿拉善盟大部分地区，呼伦贝尔市北部等区域也处于缓慢上升状态；下降区则主要分布在锡林郭勒盟西部，乌兰察布市大部分地区，包头市、巴彦淖尔市北部以及赤峰市的大部分地区，见图 6.2。

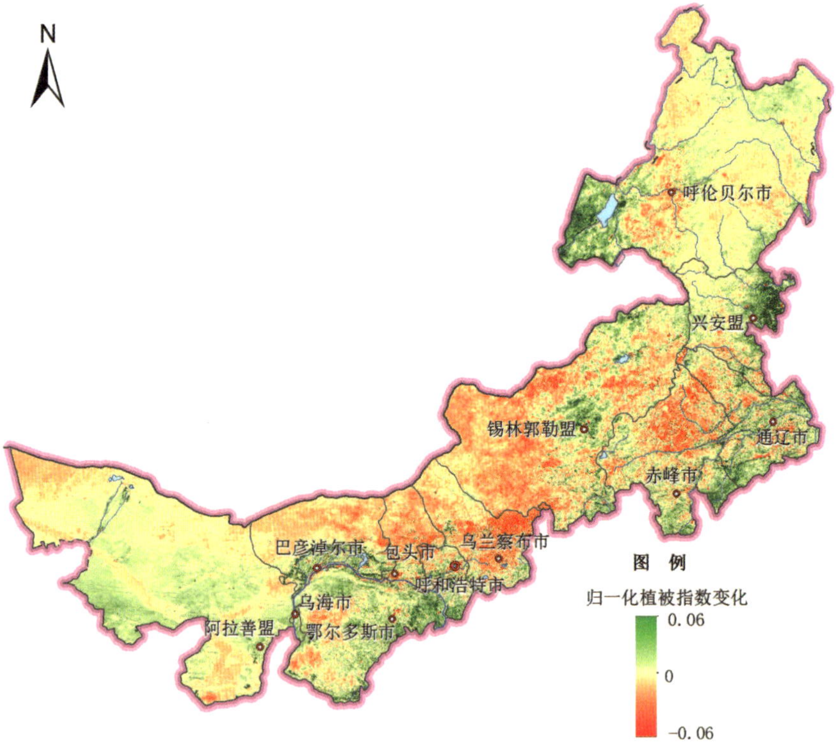

图 6.2 2000—2015 年内蒙古植被归一化

三、2000—2010 年内蒙古植被动态特征

2000—2010 年，内蒙古土地利用/覆盖变化剧烈，气温及降水发生明显变化，外加人为活动的影响对区域植被状况的变化产生一定的影响。这 10 年间，内蒙古的植被覆盖变化幅度分布在-0.06～0.06 范围之间，变化总体趋势以上升为主，植被覆盖上升区域占内蒙古面积的 74.75%，在空间上主要分布在呼伦贝尔市、鄂尔多斯市、巴彦淖尔市河套平原地区，其中上升幅度在 0～0.01 之间的区域，占内蒙古面积的 65.62%，主要分布在呼伦贝尔市西南部、兴安盟东部。与此同时，植被覆盖下降幅度在-0.01～0 之间的区域占内蒙古面积的 22.26%，主要分布在乌兰察布市南部、赤峰市和锡林郭勒盟交界区域，下降幅度在-0.01 以下的区域仅占内蒙古面积的 2%左右，上升幅度在 0.01 以上的区域占内蒙古面积的 9%左右，见图 6.3。

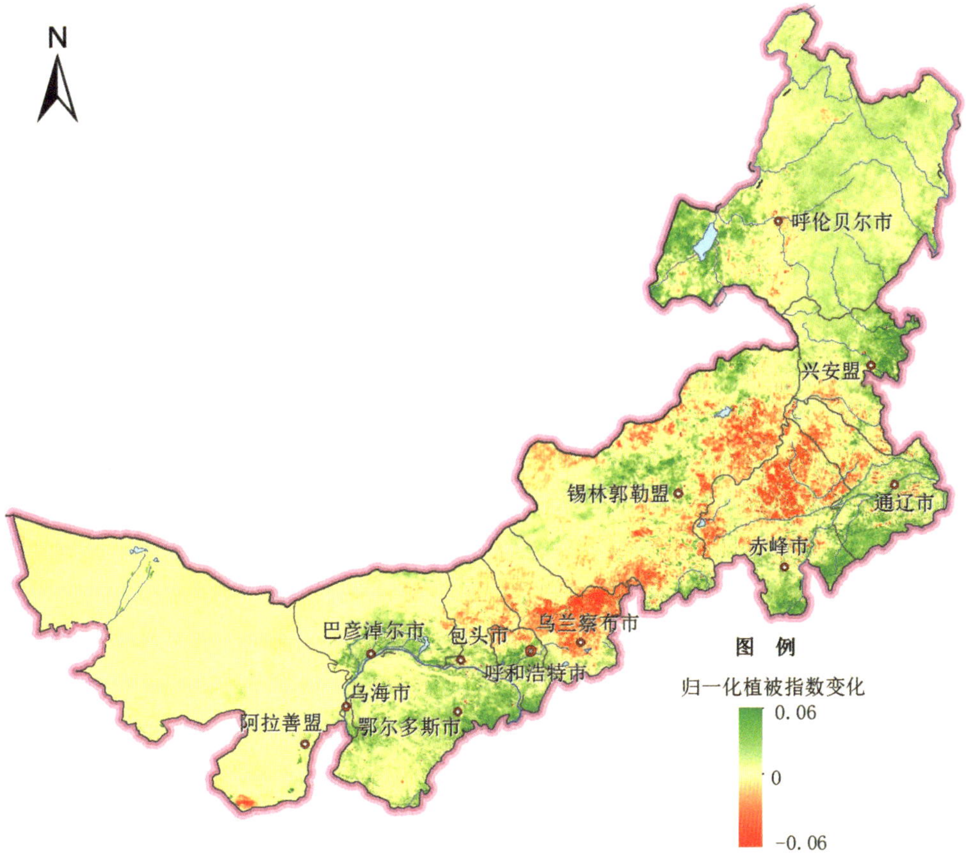

图 6.3　2000—2010 年内蒙古植被归一化

四、2010—2015 年内蒙古植被动态特征

近 5 年间，内蒙古的植被覆盖变化幅度分布在−0.06～0.06 之间，变化总体趋势以下降为主，植被覆盖下降区域占内蒙古面积的 75.04%，在空间上主要分布在阿拉善盟、乌海市、鄂尔多斯市西部、包头市北部，其中下降幅度在−0.03～0 之间的区域，占内蒙古面积的 53.61%，主要分布在阿拉善盟西北部、巴彦淖尔市北部、锡林郭勒盟西部，植被覆盖下降幅度在−0.05～−0.03 之间的区域占内蒙古面积的 20.42%，主要分布在阿拉善盟大部分区域、乌兰察布市北部、包头市北部，锡林郭勒盟东北部；植被覆盖上升区域占内蒙古面积的 24.96%，其中上升幅度在 0～0.03 范围内的，在空间上主要分布在鄂尔多斯市东部、呼和浩特市、乌兰察布市西南部、呼伦贝尔市和兴安盟地区，见图 6.4。

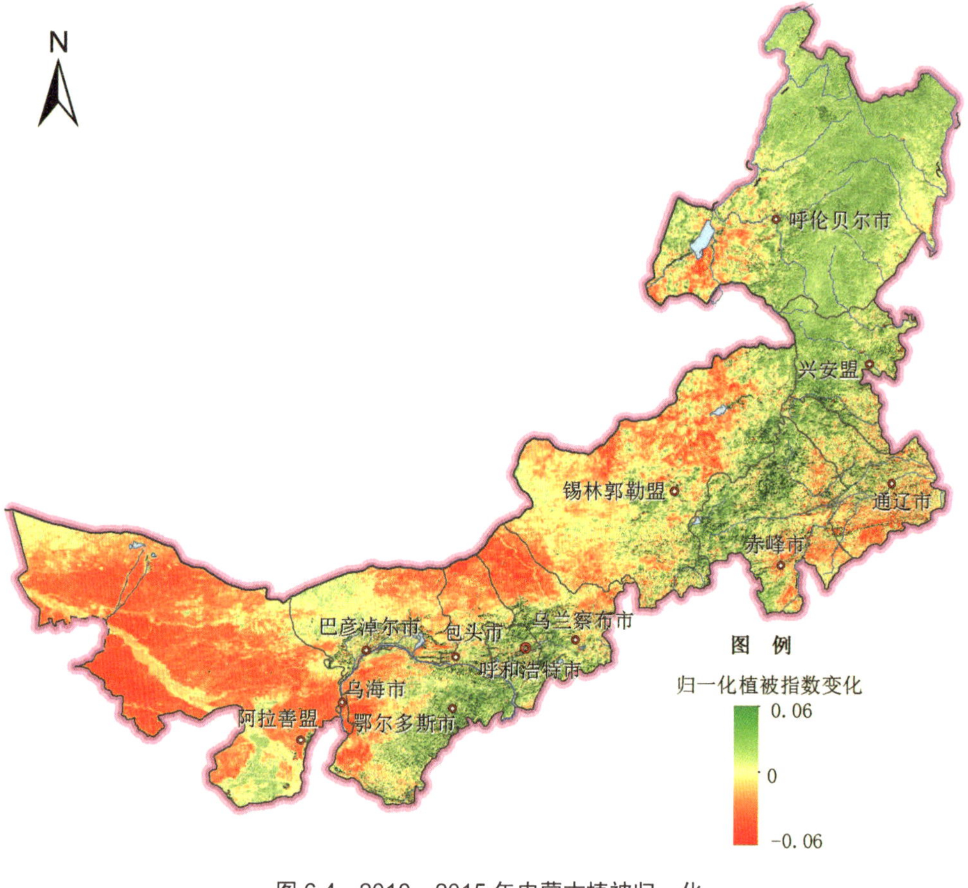

图 6.4　2010—2015 年内蒙古植被归一化

五、各盟市植被动态特征对比分析

2000—2010 年，有 11 个盟市植被覆盖上升区域占其区域面积的 50%以上，其中鄂尔多斯市、呼伦贝尔市、乌海市占比达到 90%以上，分别占 95.27%、94.03%、97.11%，乌兰察布市植被覆盖上升区域占比最低，仅为其面积的 36.12%，其中呼伦贝尔市、乌海市、鄂尔多斯市、阿拉善盟、巴彦淖尔市的植被覆盖上升幅度主要分布在 0～0.1 范围内，占其盟市面积的比例分别为 85.42%、89.54%、75.36%、77.32%、75.00%。在植被覆盖下降的区域中，以乌兰察布市、鄂尔多斯市和锡林郭勒盟较为明显，下降区域均占其面积的 40%以上。

与前 10 年比较，2010—2015 年间有 11 个盟市植被覆盖下降区域占其区域面积的 50%以上，其中阿拉善盟、巴彦淖尔市占比达到 90%以上，分别占 98.24%、90.24%，呼和浩特市植被覆盖下降区域占比最低，约占面积的 48.67%，其中巴彦淖尔市、锡林郭勒盟、包头市、通辽市、鄂尔多斯市的植被覆盖下降幅度主要分布在−0.03～0 范围内，其占盟市面积的比例分别为 76.58%、71.99%、61.65%、54.65%、51.76%。在植被覆盖上升的区域中，以呼和浩特市、呼伦贝尔市和兴安盟较为明显，上升区域均占其面积的一半左右。

由以上可以看出，2015 年内蒙古植被覆盖状况良好，中、高植被覆盖区域占内蒙古面积一半以上，总体趋势呈现良好势头。从各个盟市来看，高植被覆盖区多分布在内蒙古东北部地区，西部植被覆盖度仍然较低。从分阶段趋势变化来看，2000—2015 年，内蒙古植被覆盖状况总体呈现先上升后下降的趋势，其中 2000—2010 年，内蒙古植被覆盖上升区面积占内蒙古面积的 70%以上，在空间上，主要分布在呼伦贝尔市、兴安盟、通辽市、赤峰市东南部和鄂尔多斯市；而在 2010—2015 年，内蒙古植被覆盖上升区域占内蒙古面积的 24.96%，主要分布在呼伦贝尔市、兴安盟、锡林郭勒盟、赤峰市与通辽市交界区以及鄂尔多斯市东部。

第二节　主要生态系统类型植被动态特征

一、农田生态系统植被状况时空变化

（一）2015 年农田生态系统植被状况

农田生态系统的植被覆盖状况能够反映农业作物的长势状况，一定程度上可以反

映该年的粮食产出情况。内蒙古农田生态系统面积与森林和草原生态系统相比，占内蒙古面积较小，而且在空间上分布较为分散。2015 年农田生态系统的平均植被覆盖度为 0.70，总体状况较好，在空间上呈现出东高西低的格局，这主要与其降水和气温的分布有关。农田生态系统中高、中、低的植被覆盖状况分别占整个生态系统面积的 80.59%、18.07%和 1.34%，其中高覆盖度区域主要分布在内蒙古东部及东北部，主要是呼伦贝尔市东部、兴安盟东部、通辽市中部以及巴彦淖尔市的河套地区，中覆盖度区域则主要分布在赤峰市、乌兰察布市，低覆盖度植被区域则主要分布在包头市中部，见图 6.5。

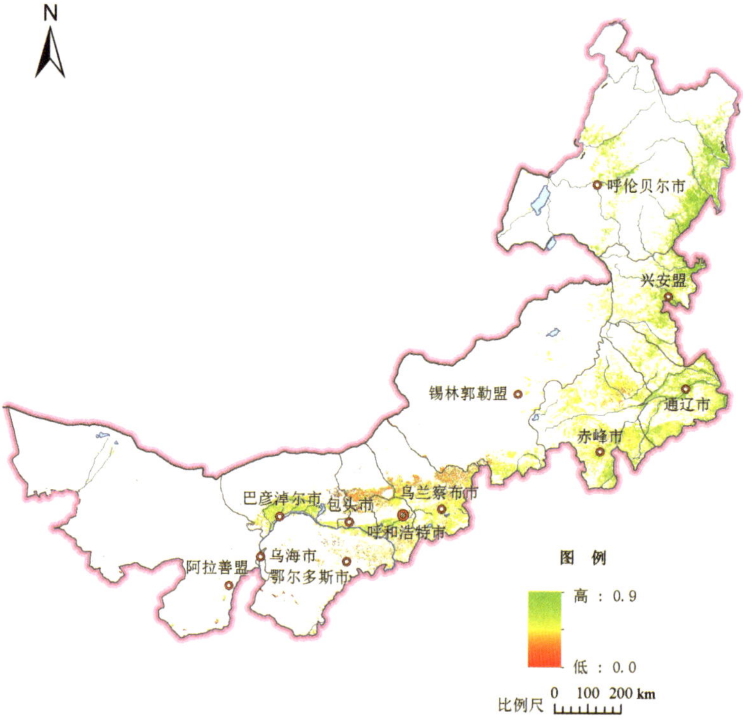

图 6.5 2015 年内蒙古农田生态系统植被覆盖

（二）2000—2015 年农田生态系统植被动态特征

2000—2015 年，近 15 年以来，内蒙古农田生态系统植被覆盖状况呈现上升趋势，变化趋势范围为-0.05～0.05，其中上升区面积占内蒙古面积的 82.86%，在空间上主要分布在兴安盟东北部和巴彦淖尔市河套地区。此外，呼伦贝尔市东部，赤峰市、通辽市东部和南部也属于缓慢上升区；下降区变化幅度并不明显，在空间上主要分布在包头市、乌兰察布市南部以及赤峰市的北部，但下降趋势较为缓慢，见图 6.6。

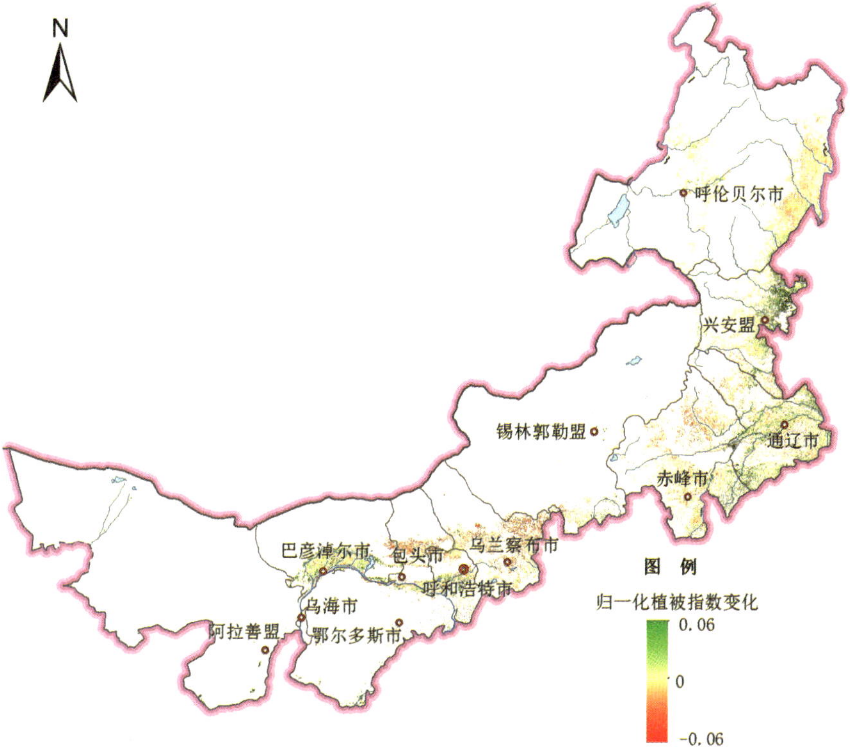

图 6.6　2000—2015 年内蒙古农田生态系统植被动态特征

（三）2000　2010 年农田生态系统植被动态特征

2000—2010 年，农田生态系统植被动态变化趋势可以较好的反映农田植被的动态变化趋势。10 年间，内蒙古农田生态系统植被变化范围在−0.04～0.04 之间，农田植被覆盖变化不大，其中植被覆盖上升区占农田生态系统面积的 78.36%，这表明植被总体呈现向好趋势，在空间上主要分布在兴安盟东部、通辽市东部和南部及巴彦淖尔市的河套地区。植被覆盖下降的区域主要分布在包头市中南部，呼和浩特市北部和乌兰察布市的中部区域，以及赤峰市的大部分地区，见图 6.7。

从 2000—2010 年农田生态系统高、中、低植被占生态系统面积比例来看，仍然以高覆盖植被为主，其 10 年平均值占农田生态系统面积的 62.61%，除 2000 年外，高覆盖度农田植被均占到内蒙古农田生态系统面积的 50%以上，以 2003 年为最高，占农田生态系统面积的 75.54%，其次是 2004 年，为 71.64%，2000 年的最低，仅占到农田生态系统面积的 44.17%。中覆盖度的农田植被面积明显下降，从 2000 年的 52.60%减少到 2010

年的 29.97%，尤其是在 2000—2004 年间，大面积中覆盖度农田转化成高覆盖度农田。低覆盖度农田植被占比最小，10 年平均值仅占农田生态系统面积的 2.61%，见图 6.8。

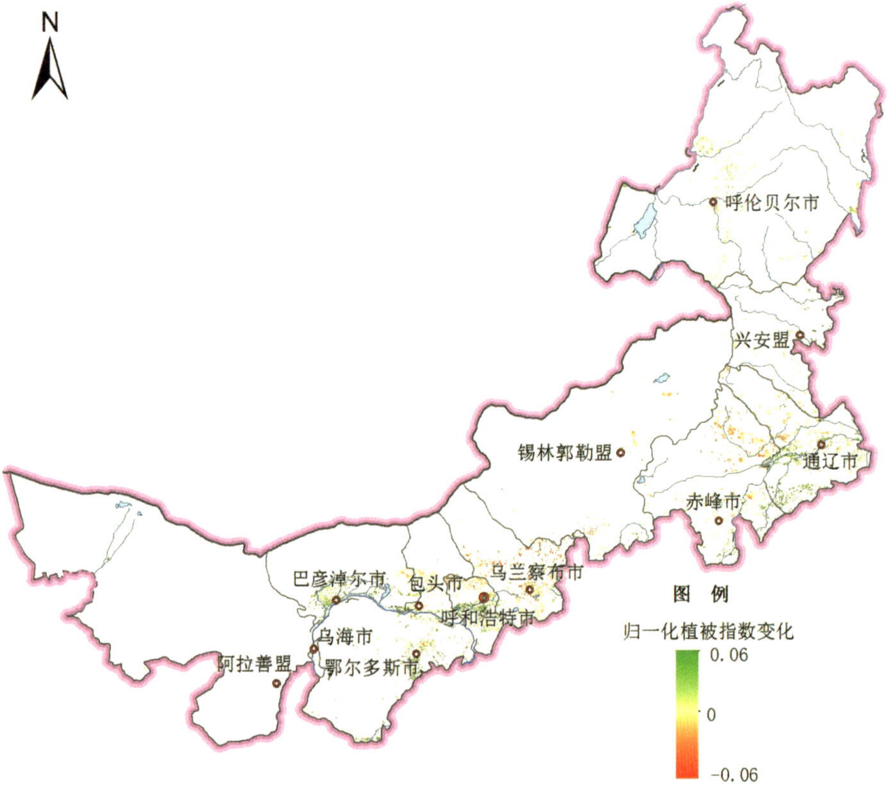

图 6.7 2000—2010 年农田生态系统植被动态特征

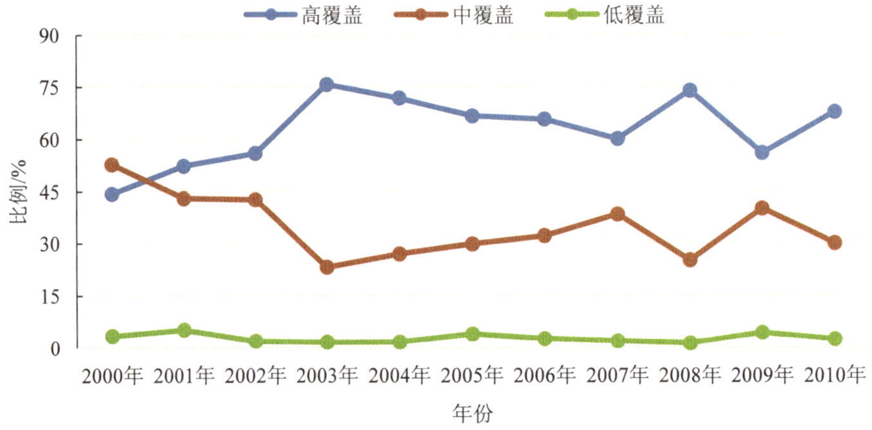

图 6.8 2000—2010 年农田生态系统高、中、低覆盖度植被比例变化

（四）2010—2015 年农田生态系统动态特征

2010—2015 年，内蒙古农田生态系统植被变化范围在-0.06～0.05 之间，农田植被覆盖变化不大，其中植被增加的区域占农田生态系统面积的 51.75%，这表明植被总体呈现一定程度的改善趋势，在空间上主要分布在呼伦贝尔市东部，赤峰市和通辽市南部。植被状况下降的区域则占农田生态系统面积的 48.25%，主要分布在呼和浩特市和乌兰察布市的南部区域以及赤峰市的北部区域，总体来看呈现东部小幅上升，西部轻微下降的格局，见图 6.9。

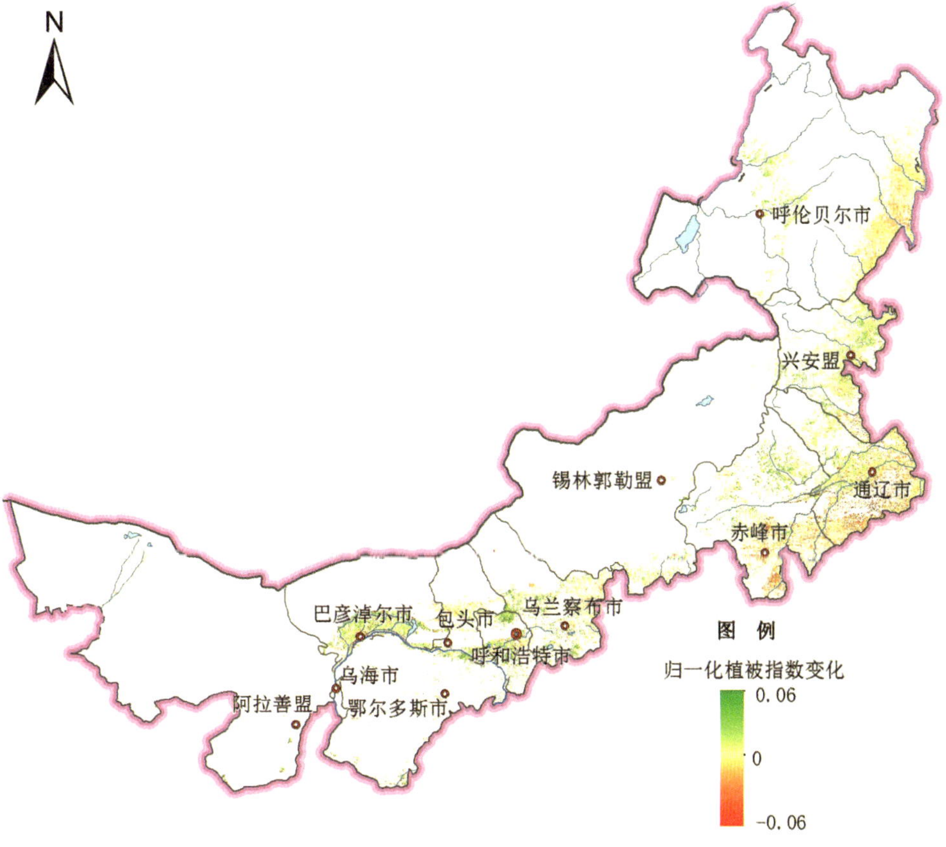

图 6.9　2010—2015 年内蒙古农田生态系统植被动态特征

从 2010—2015 年农田生态系统高、中、低覆盖度植被占生态系统面积比例来看，农田生态系统主要以高覆盖植被为主，近 5 年平均占农田生态系统面积的 69.97%，较前 10 年上升了 7%左右，除 2014 年之外，高覆盖度的农田植被均占到内蒙古农田生态系统面积的 60%以上，以 2012 年最高，占农田生态系统面积的 82.11%，其次是 2015

年，为 80.50%，2014 年最低，仅占农田生态系统面积的 57.74%；中覆盖度的农田植被面积比例呈现先减少后增加的变化趋势，在 2010—2012 年间减少了 12%，到 2014 年又增加到 38%，增长了一倍，主要表现为与高覆盖区域的相互转化；低覆盖度农田植被区域 5 年平均占农田生态系统面积的 2.51%，2012 年仅占农田生态系统面积的 0.52%，见图 6.10。

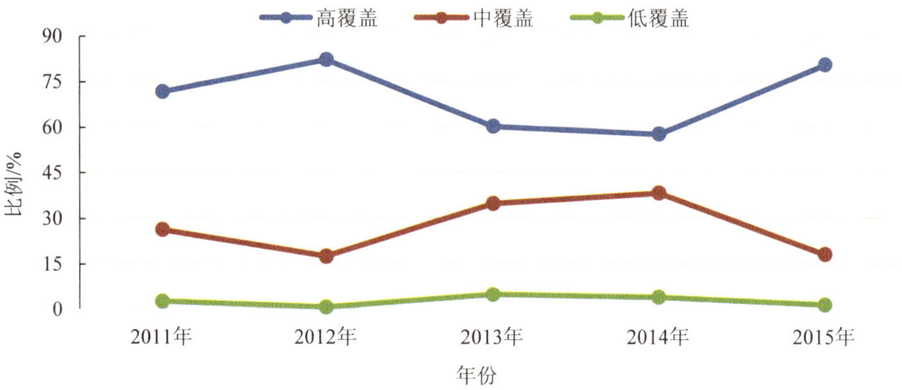

图 6.10　2010—2015 年内蒙古农田生态系统高、中、低植被覆盖比例变化

二、森林生态系统植被状况时空变化

（一）2015 年森林生态系统植被状况

2015 年森林生态系统的平均植被覆盖度为 0.51，总体状况较好，在空间上呈现出东高西低的格局。森林生态系统中高、中、低的植被覆盖状况分别占整个生态系统面积的 48.05%、14.59%、37.36%，其中高覆盖度区域主要分布在内蒙古东部及东北部，主要是呼伦贝尔市的大兴安岭林区、兴安盟中部、通辽市北部以及赤峰市的北部和西部，中覆盖度区域则主要分布在内蒙古中部的锡林郭勒盟西南部、乌兰察布市南部和鄂尔多斯市，低覆盖度植被区域则主要分布在阿拉善盟。

（二）2000—2015 年森林生态系统植被动态特征

森林生态系统植被覆盖动态变化趋势可在一定程度上反映内蒙古在近 15 年生态恢复与治理的总体成效，同时反映 2000—2015 年“三北”防护林、京津风沙源治理工程等大型生态工程的生态效益。近 15 年来，内蒙古森林生态系统植被覆盖状况总体呈现上升趋势，变化幅度为−0.03～0.04，其中上升区面积占内蒙古面积的 84.31%，主要分布在呼伦贝尔市北部、赤峰市南部、鄂尔多斯市东部等地区。此外，呼伦贝尔市与兴安盟交界区域，包头市南部等区域也处于缓慢上升趋势；下降区变化幅度并不明显，在空间上主要分布在阿拉善盟、巴彦淖尔市西北部、锡林郭勒盟西南部和赤峰市的东北部等区域，见图 6.11。

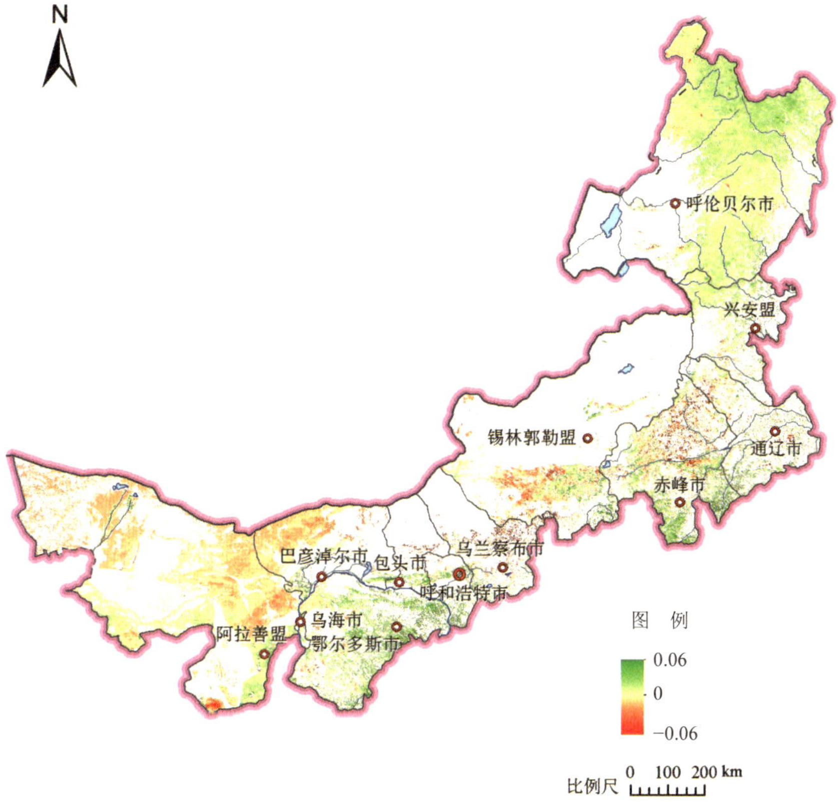

图 6.11 2000—2015 年内蒙古森林生态系统植被覆盖动态特征

（三）2000—2010 年森林生态系统动态特征

2000—2010 年 10 年间，内蒙古森林生态系统植被变化幅度在−0.04～0.04 之间，其中植被覆盖上升的区域占森林生态系统面积的 83.13%，这表明植被覆盖状况总体呈现改善趋势，在空间上主要分布在呼伦贝尔市、兴安盟北部、赤峰市南部、鄂尔多斯市、呼和浩特市和阿拉善盟西北部等区域，但上升幅度并不明显；植被覆盖度下降的区域则分布在内蒙古中部和东部区，以赤峰市和锡林郭勒盟地区植被退化最为严重，阿拉善盟、巴彦淖尔市西北部也表现出一定程度的退化，见图 6.12。

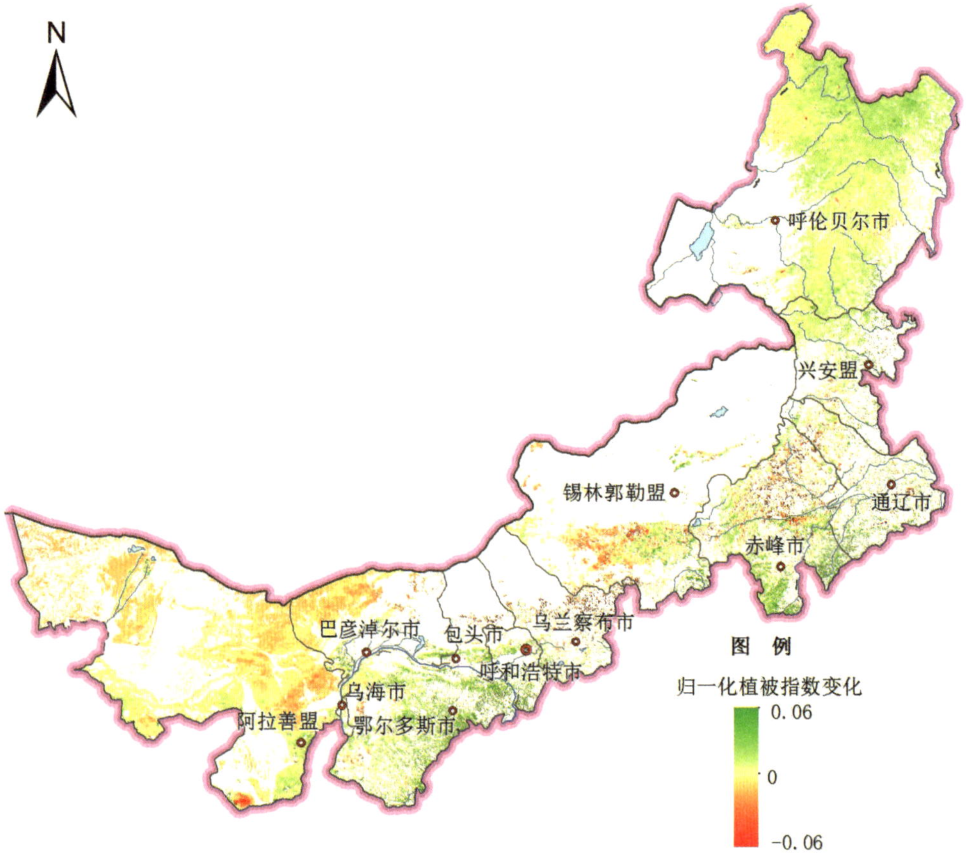

图 6.12 2000—2010 年内蒙古森林生态系统植被动态特征

从 2000—2010 年森林生态系统高、中、低植被占生态系统面积的比例来看，以高、低覆盖植被为主，而且 10 年间不同覆盖等级的植被面积占比变化不明显。其中，高覆盖度的森林植被在 10 年间面积平均占到森林生态系统面积的 44.01%，除 2000 年外，高覆盖度的森林植被占到内蒙古森林生态系统面积的 40%以上，以 2003 年最高，占森林生态系统面积的 46.30%，其次是 2004 年，为 45.78%，2000 年的最低，仅占到森林生态系统面积的 39.86%。低植被覆盖度的森林植被 10 年间的面积平均占到森林生态系统面积的 41.42%，以 2001 年最高，为 44.80%，最低为 2008 年，为 39.65%。中覆盖度的森林植被 10 年间的面积平均占到森林生态系统面积的 15.10%，最高为 2007 年，占生态系统面积的 17.57%，最低为 2005 年，为 12.03%，见图 6.13。

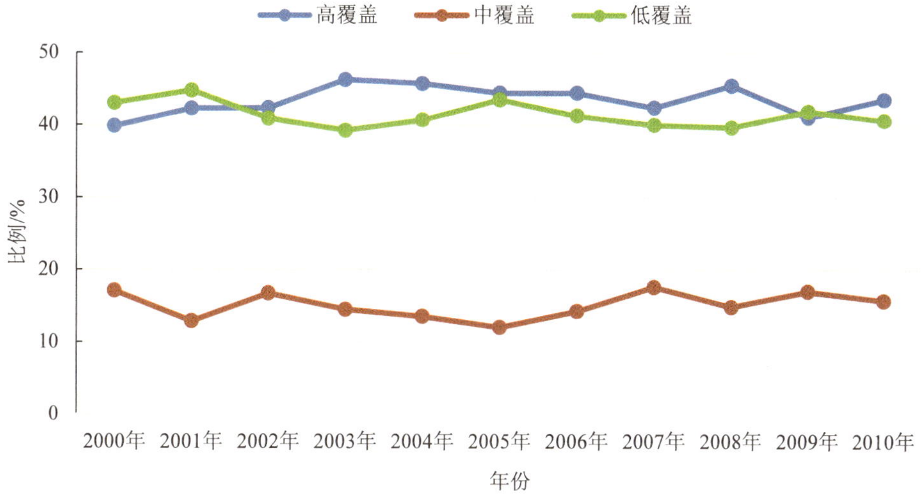

图 6.13 2000—2010 年内蒙古森林生态系统高、中、低植被覆盖比例变化

（四）2010—2015 年森林生态系统动态特征

2010—2015 年间，内蒙古森林生态系统植被覆盖变化范围在−0.04～0.04 之间，森林植被覆盖状况变化不明显，其中植被覆盖增加的区域占森林生态系统面积的 55.94%，表明植被覆盖状况总体呈现一定程度改善与恢复的趋势。在空间上，呼伦贝尔市植被覆盖状况改善最为明显，其他的区域如兴安盟、赤峰市、通辽市的北部、鄂尔多斯市、兴安盟的东南部和南部植被覆盖状况改善也较为明显；而植被覆盖下降的区域则占森林生态系统面积的 44.06%，主要分布在巴彦淖尔市的西北部和阿拉善盟的东部和西北部区域，见图 6.14。

从 2010—2015 年森林生态系统高、中、低覆盖度植被占生态系统面积的比例来看，仍以高、低覆盖植被为主，而且 5 年间不同覆盖等级的植被面积占比没有显著变化。其中，高覆盖度的森林植被在近 5 年间平均占到森林生态系统面积的 44.91%，以 2015 年最高，占森林生态系统面积的 48.05%，其次是 2012 年，为 47.51%；2013 年最低，仅占到生态系统面积的 41.10%。低植被覆盖度的森林植被 5 年间的面积平均占到森林生态系统面积的 40.31%，其中只有 2012 年和 2015 年面积未超过 40%，分别为 34.34% 和 37.36%；其中 2013 年和 2014 年占比稍微高于高覆盖度植被近 5 年平均值占森林生态系统面积的比重；中覆盖度的森林植被 5 年间的面积平均占到森林生态系统面积的 14.94%，最高为 2012 年，占森林生态系统面积的 18.13%，最低为 2013 年，为 13.10%，见图 6.15。

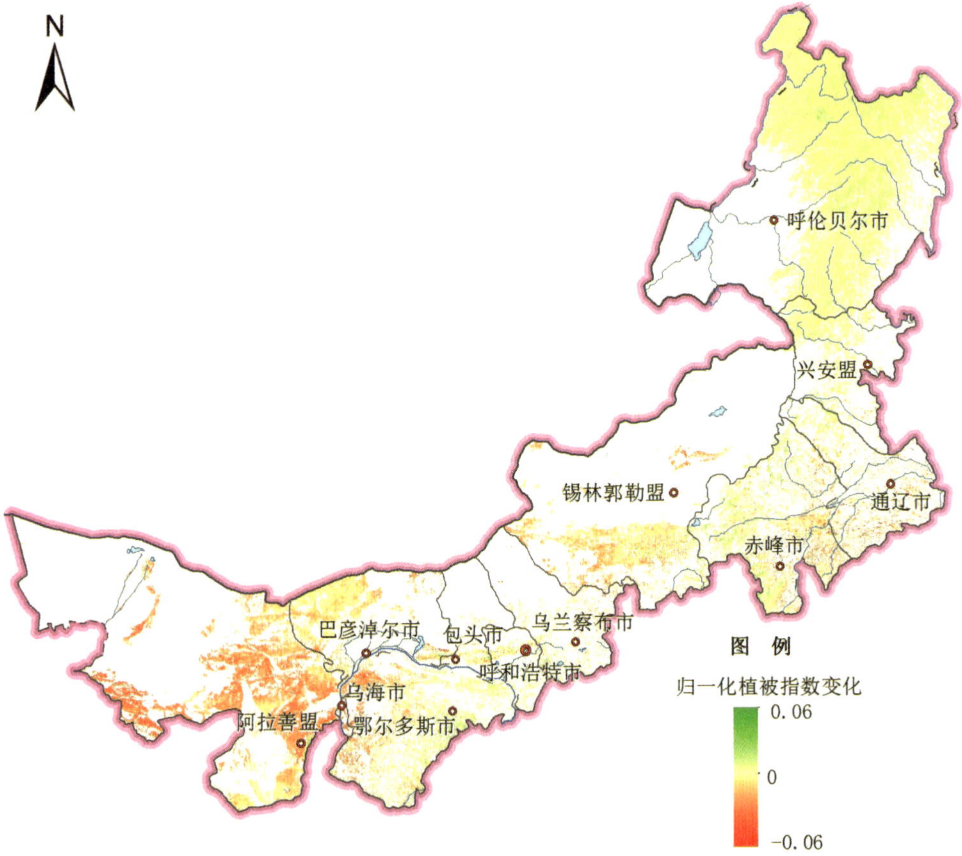

图 6.14　2010—2015 年内蒙古森林生态系统植被动态特征

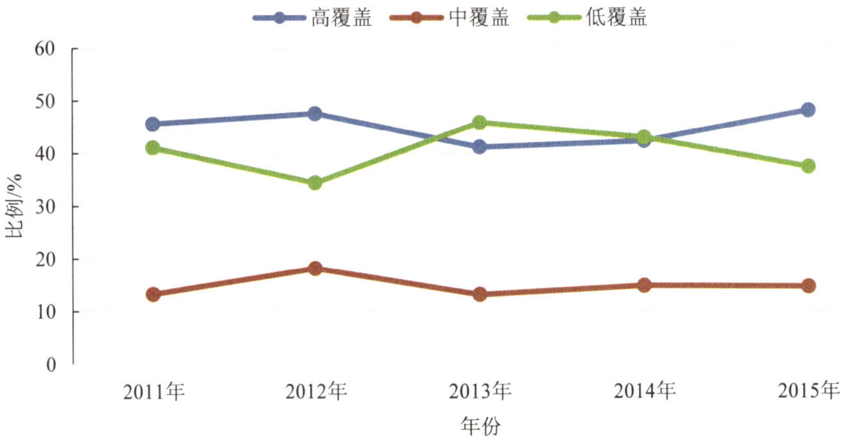

图 6.15　2010—2015 年内蒙古森林生态系统高、中、低植被覆盖比例变化

三、草地生态系统植被状况时空变化

（一）2015 年草地生态系统植被状况

内蒙古的草地资源是内蒙古经济和畜牧业发展的优势，其草原生态系统的稳定对于我国北方生态安全具有重要意义，通过监测草原生态系统的植被覆盖现状可以在一定程度上反映内蒙古草原生态系统的生态状况。内蒙古草地生态系统分布较广，在空间上集中分布在呼伦贝尔市的西部、锡林郭勒盟、乌兰察布市、包头市和巴彦淖尔市。2015 年草地生态系统的平均植被覆盖度为 0.54，草地植被覆盖状况良好，在空间上呈现出东高西低的格局。草地生态系统中高、中、低的植被覆盖状况分别占整个生态系统面积的 46.09%、35.23%、18.48%，其中高覆盖度草地主要分布在内蒙古东部及东北部，主要是呼伦贝尔市西部和锡林郭勒盟的东部，中覆盖度草地则主要分布在锡林郭勒盟的西部和乌兰察布市的北部，在鄂尔多斯市的分布较为破碎，而低覆盖度草地则主要分布在锡林郭勒盟的西北部、乌兰察布市、包头市的北部和巴彦淖尔市的东北部。

（二）2000—2015 年草地生态系统植被动态特征

2000—2015 年 15 年以来，内蒙古草地生态系统植被覆盖变化幅度在−0.03～0.04 之间，总体呈现上升趋势，表明内蒙古实施的一系列重大生态工程取得了明显的生态成效。其中上升区面积占生态系统面积的 72.87%，在空间上主要分布在呼伦贝尔市西部、锡林郭勒盟、鄂尔多斯市等地区，此外，呼伦贝尔市东部、兴安盟、巴彦淖尔中部等地区也表现一定程度的上升趋势，而下降区变化幅度并不明显，主要分布在锡林郭勒盟西北部、包头市、巴彦淖尔市东北部等区域，见图 6.16。

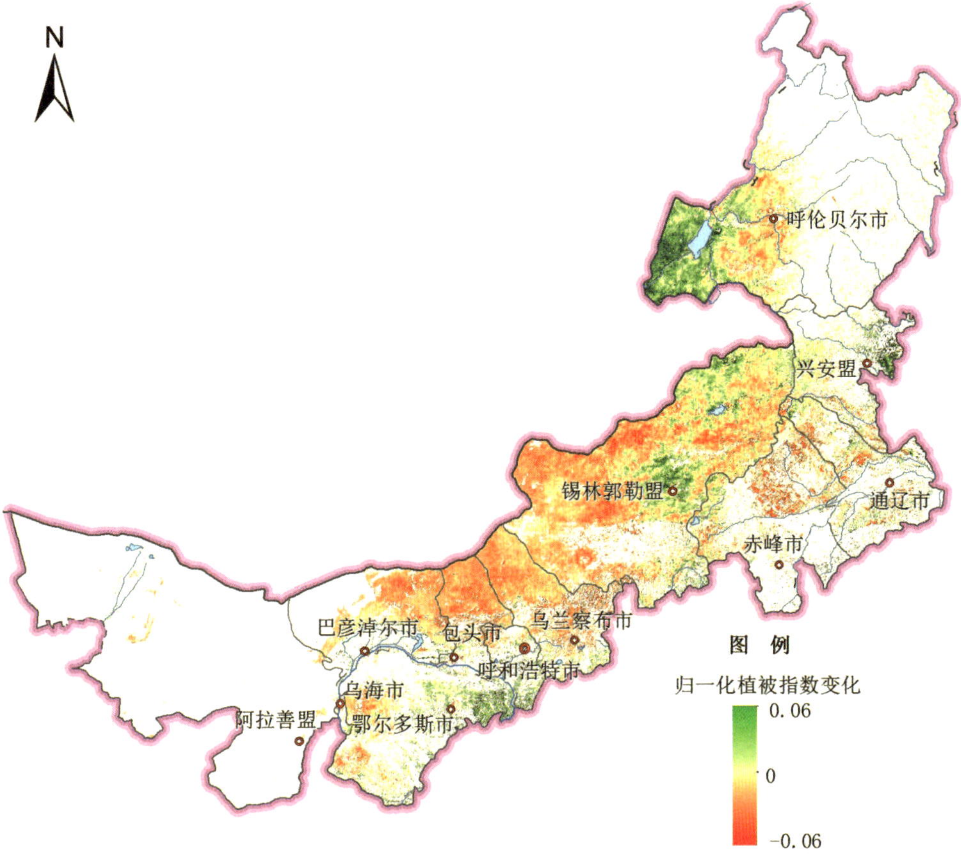

图 6.16 2000—2015 年内蒙古草地生态系统植被覆盖动态特征

（三）2000—2010 年草地生态系统动态特征

2000—2010 年，内蒙古草地生态系统植被变化范围在-0.04～0.06 之间，植被覆盖变化差异较为明显。其中植被增加的区域占草地生态系统面积的 66.01%，这表明内蒙古草地生态系统总体呈现明显改善趋势，在空间上主要分布在呼伦贝尔市、锡林郭勒盟东北部和鄂尔多斯市；而植被呈减少趋势的区域占草地生态系统面积的 33.99%，在空间上则主要分布在锡林郭勒盟的南部和赤峰市的北部以及乌兰察布市，见图 6.17。

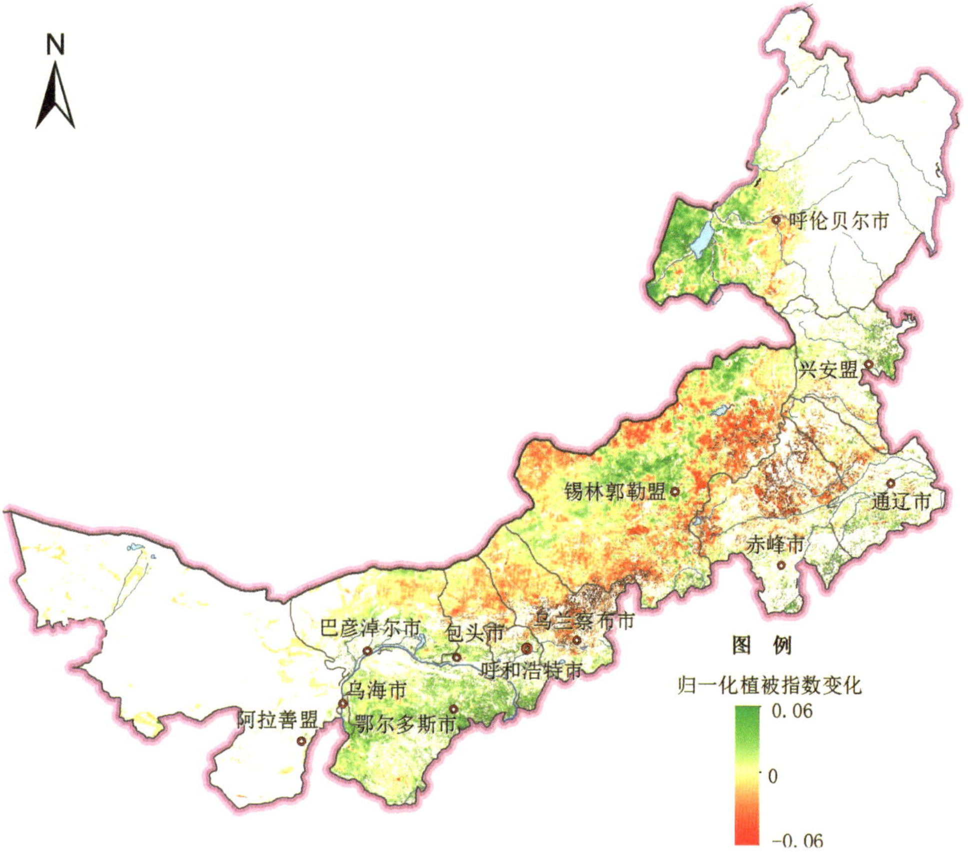

图 6.17　2000—2010 年内蒙古草地生态系统植被覆盖动态特征

从 2000—2010 年草地生态系统不同覆盖度占比来看，以中覆盖度草地为主，其中，中覆盖度的草地面积在 10 年间平均占草地生态系统面积的 42.97%，除 2000 年之外，中覆盖度的草地植被占到内蒙古草地生态系统面积的 40%以上，以 2007 年最高，占草地生态系统面积的 56.27%，其次是 2000 年，为 49.97%；2005 年的中覆盖度最低，仅占到草地生态系统面积的 32.09%；高覆盖度草地 10 年间的面积平均占到草地生态系统面积的 31.03%，波动较为明显，以 2008 年最高，为 42.58%，最低为 2000 年，为 22.16%；低覆盖度草地 10 年间的面积平均占到草地生态系统面积的 25.46%，面积占比最多的年份为 2001 年，占草地生态系统面积的 34.58%，最低为 2003 年，仅占草地生态系统的 17.45%，见图 6.18。

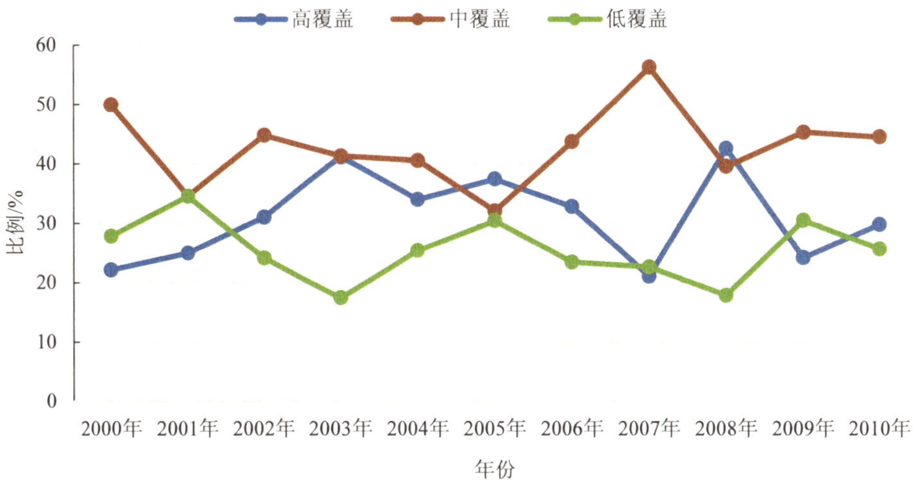

图 6.18 2000—2010 年内蒙古在草地生态系统植被覆盖比例变化

（四）2010—2015 年草地生态系统动态特征

2010—2015 年，内蒙古草地生态系统植被变化范围在−0.05～0.06 之间，植被覆盖状况变化较为明显。其中植被增加的区域占草地生态系统面积的 50.43%，这表明近 5 年内蒙古草地生态系统状况呈现向好趋势，植被覆盖增加的区域主要分布在锡林郭勒盟的南部、赤峰市的北部、乌兰察布市南部、鄂尔多斯市东部等区域；而植被呈减少趋势的区域占草地生态系统面积的 49.57%，主要分布在呼伦贝尔市西南部、锡林郭勒盟北部等区域，见图 6.19。

从 2010—2015 年草地生态系统不同覆盖度草地面积占比来看，主要以高、中覆盖为主，而且不同覆盖度的草地相互转化非常明显，尤其是低覆盖度草地的减少更为显著。5 年间，不同覆盖度的草地面积平均占比最高的是中覆盖度草地，占草地生态系统面积的 38.38%，较前 10 年有所下降，近 5 年中以 2012 年比例最高，占草地生态系统面积的 42.62%，其次是 2013 年，为 40.76%，2011 年最低，仅占到草地生态系统面积的 32.63%；高覆盖度草地 5 年间的面积平均占到草地生态系统面积的 37.96%，波动较为明显，以 2012 年最高，为 49.21%，最低为 2013 年，为 25.65%；低覆盖度草地 5 年间的面积平均占到草地生态系统面积的 23.93%，面积比例波动也较大，其中面积占比最大的年份为 2014 年，占草地生态系统面积的 33.02%，最低为 2012 年，仅占草地生态系统的 8.17%，见图 6.20。

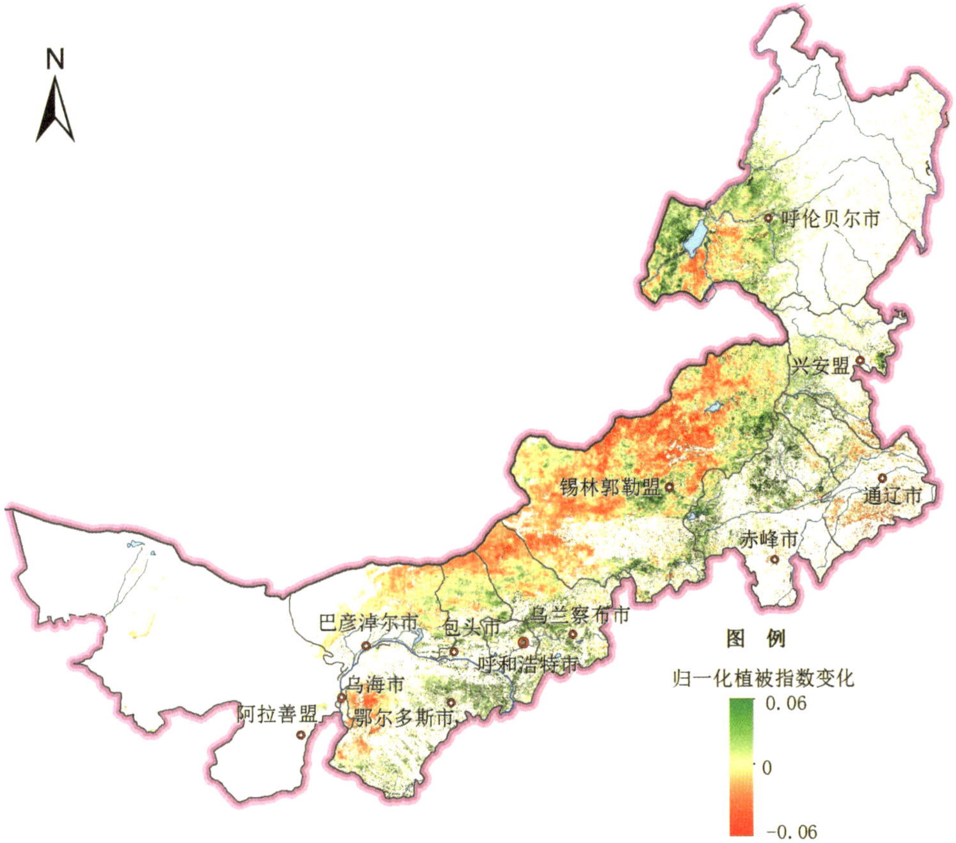

图 6.19 2010—2015 年内蒙古草地生态系统植被覆盖动态特征

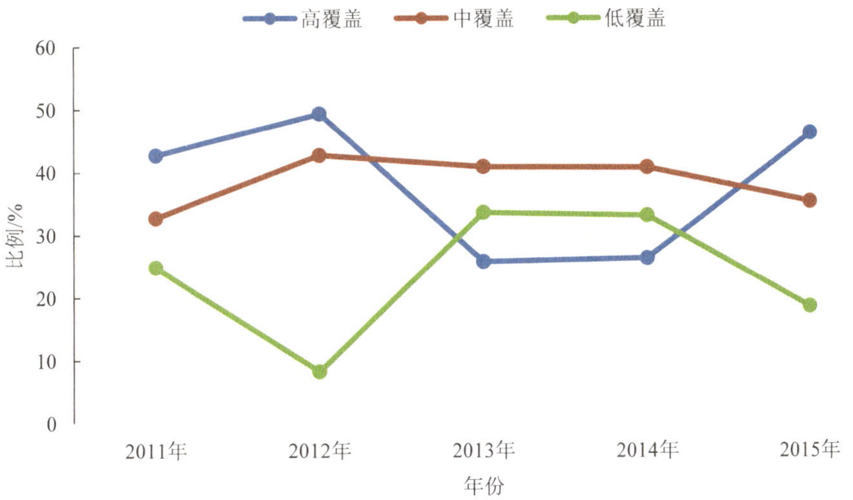

图 6.20 2010—2015 年内蒙古草地生态系统高、中、低覆盖比例变化

四、荒漠生态系统植被状况时空变化

（一）2015 年荒漠生态系统植被状况

沙漠化已成为内蒙古一个重大的环境和社会经济问题。土地利用的方式和程度是沙漠化发展或逆转的主导因素。人类经济活动强度的增加和范围的扩大，造成内蒙古地区农牧交错带的逐渐北移，大面积土地利用方式的改变和地表植被覆盖的减少，使以风沙活动为主的沙漠化过程得以发展，借助植被覆盖数据对内蒙古荒漠生态系统的植被覆盖状况进行动态监测，有利于了解和把握近年来内蒙古荒漠化的蔓延态势和治理成效。内蒙古荒漠生态系统分布较为集中，主要分布在阿拉善盟的荒漠地区、鄂尔多斯市的北部沙漠和巴彦淖尔市的西部沙地区域。2015 年荒漠生态系统的平均植被覆盖度为 0.13，属低植被覆盖度，这表明 2015 年内蒙古荒漠生态系统的植被覆盖状况仍然不容乐观。荒漠生态系统中高、中、低的植被覆盖状况分别占整个荒漠生态系统的面积 1.34%、4.61%、94.05%，在鄂尔多斯市的东南部和北部，相对于阿拉善盟植被覆盖状况较好，属中、高覆盖度的植被，在阿拉善盟是以低覆盖度的植被为主。

（二）2000—2015 年荒漠生态系统植被状况

2000—2015 年的 15 年以来，内蒙古荒漠生态系统植被覆盖变化范围在−0.02～0.03 之间，总体呈现上升趋势，表明内蒙古实施的一系列重大生态工程取得了明显的生态成效。其中上升区面积占生态系统面积的 72.74%，在空间上主要分布在阿拉善盟的中部、南部。鄂尔多斯市的北部地区，而下降区则主要分布在阿拉善盟的西北部地区，见图 6.21。

（三）2000—2010 年荒漠生态系统动态特征

荒漠生态系统植被覆盖动态变化趋势可以反映内蒙古在荒漠化治理和生态恢复等工作的成效，在一定程度上反映 2000—2010 年荒漠化治理等生态工程的生态效益。10 年间，内蒙古荒漠生态系统植被变化范围在−0.03～0.04 之间，植被覆盖变化不明显。其中植被增加的区域占荒漠生态系统面积的 75.85%，这表明内蒙古荒漠生态系统总体呈现明显改善趋势，在空间上主要分布在阿拉善盟地区，而植被呈减少趋势的区域占荒漠生态系统面积的 24.15%，在空间上则主要分布在阿拉善盟的西北部、北部和东南部，其他区域植被覆盖变化不大，见图 6.22。

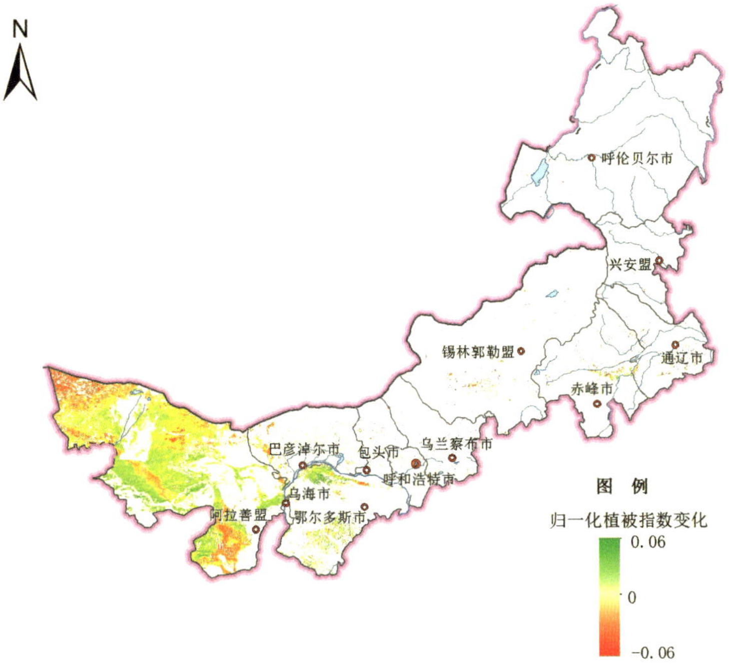

图 6.21　2000—2015 年内蒙古荒漠生态系统植被覆盖动态特征

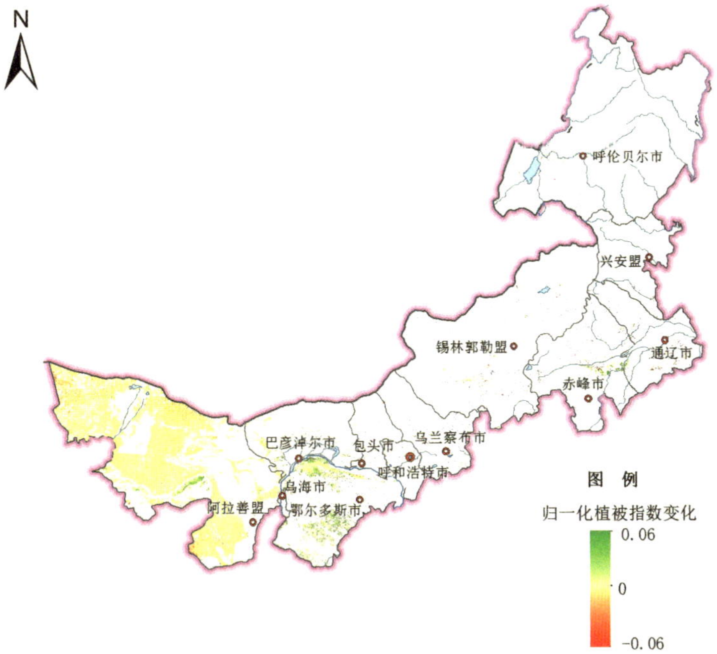

图 6.22　2000—2010 年内蒙古荒漠生态系统植被覆盖动态特征

从2000—2010年荒漠生态系统高、中、低植被占生态系统面积的比例来看，仍以低覆盖度植被为主，10年间，不同覆盖度的植被没有发生明显的相互转化，这主要与其自身的环境和气候条件相关。其中，低覆盖度的植被在10年的平均面积占荒漠生态系统面积的96.25%，且各年份低覆盖度植被均占到内蒙古荒漠生态系统面积的95%以上，以2001年最高，占荒漠生态系统面积的96.83%，2003年的低覆盖度最低，占到荒漠生态系统面积的95.75%；荒漠生态系统中、高覆盖度的植被10年间分别占荒漠生态系统面积的3.02%和0.73%，中覆盖度植被比例在2007年最高，达到3.44%，高覆盖度植被在2003年最高，为1.14%，见图6.23。

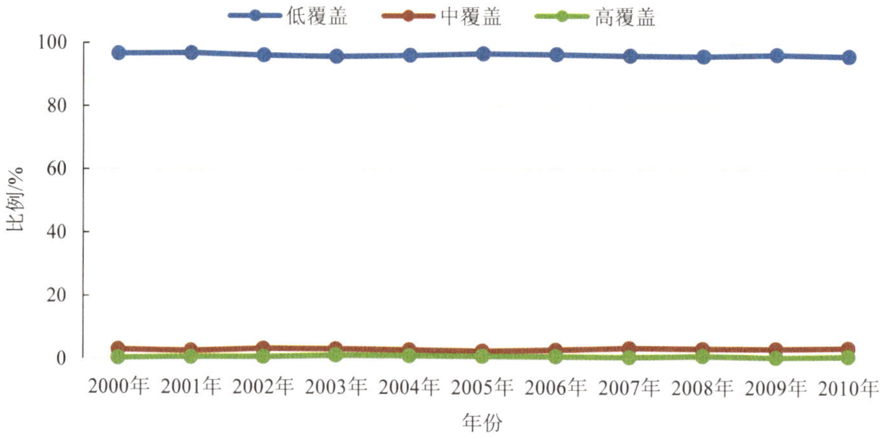

图6.23 2000—2010年内蒙古荒漠生态系统高、中、低植被覆盖比例

（四）2010—2015年荒漠生态系统动态特征

5年间，内蒙古荒漠生态系统植被变化范围在−0.02～0.03之间，总体上看植被覆盖变化并不明显。其中植被增加的区域占荒漠生态系统面积的53.10%，这表明近5年内蒙古荒漠生态系统状况总体仍呈现明显向好趋势，植被覆盖增加较为明显的区域集中在阿拉善盟的东部、鄂尔多斯市的北部以及零散分布在其他区域，而植被呈减少趋势的区域占草地生态系统面积的46.90%，主要分布在阿拉善盟的西部，其他区域变化不明显，见图6.24。

从2010—2015年荒漠生态系统高、中、低覆盖植被占生态系统面积的比例来看，仍以低覆盖度植被为主，5年间不同覆盖度的植被相互转化非常有限。近5年以来，低覆盖度的植被占荒漠生态系统面积的95.23%，较前10年的平均值有所下降，表明植被覆盖状况有一定的恢复，沙漠化状况有所好转，2013年面积占比最高，占整个生态系统面积的 96.32%，其次是 2011 年，为 96.22%，最低为 2012 年，为 93.45%；中、高覆盖度的植被在 5 年间的平均面积比例分别为 3.77%和 0.90%，较前 10 年都有一定程度的上升，其中中覆盖度植被在 2015 年占比最高，达到 4.61%，高覆盖植被也在 2015 年占比最高，为 1.34%，见图 6.25。

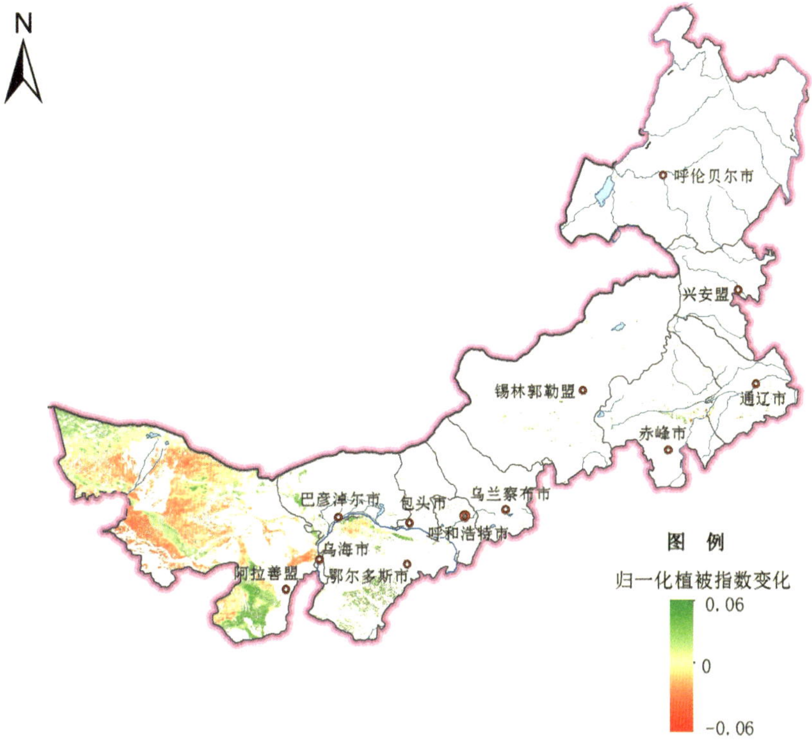

图 6.24 2010—2015 年内蒙古荒漠生态系统植被覆盖动态特征

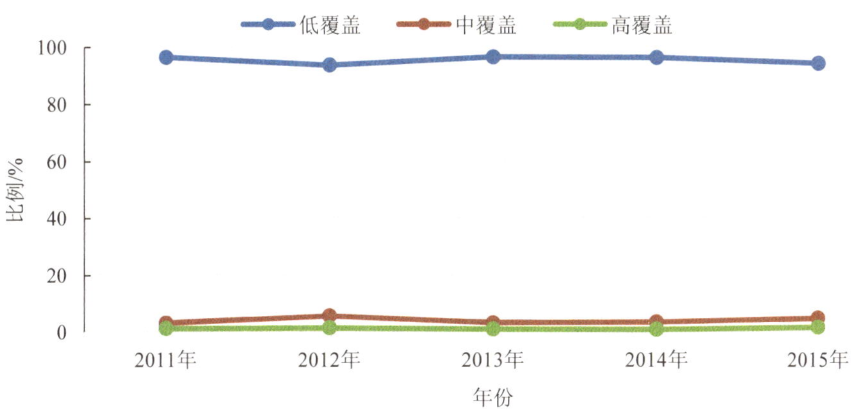

图 6.25 2010—2015 年内蒙古荒漠生态系统高、中、低植被覆盖比例

第七章

内蒙古生态系统生产力特征

第一节 生态系统净初级生产力动态特征

一、2015 年内蒙古 NPP 分布特征

内蒙古地域范围内，存在特有的山地—绿洲—荒漠生态系统。由于内蒙古降水稀少而蒸发强烈，水分与能量收支不平衡造成水分亏缺，尽管内蒙古过去 15 年降水量有增加的趋势，但是局部地区在经济和人口快速发展的压力下沙漠化依然严重，处于退化演替中的荒漠生态系统，随着植被覆盖度的降低，群落冠层的光合生产力会随之减少。植被净初级生产力（NPP）能够反映陆地生态系统物质与能量循环过程。

2015 年内蒙古生态系统 NPP 呈现明显空间分异，见图 7.1。其中，农田生态系统平均 NPP 最高，为 465.18 gC/m^2/a，鄂尔多斯市平均值最低，为 186.75 gC/m^2/a，呼伦贝尔市平均值最高，为 585.58 gC/m^2/a。其次为森林生态系统，平均 NPP 为 211.10 gC/m^2/a，

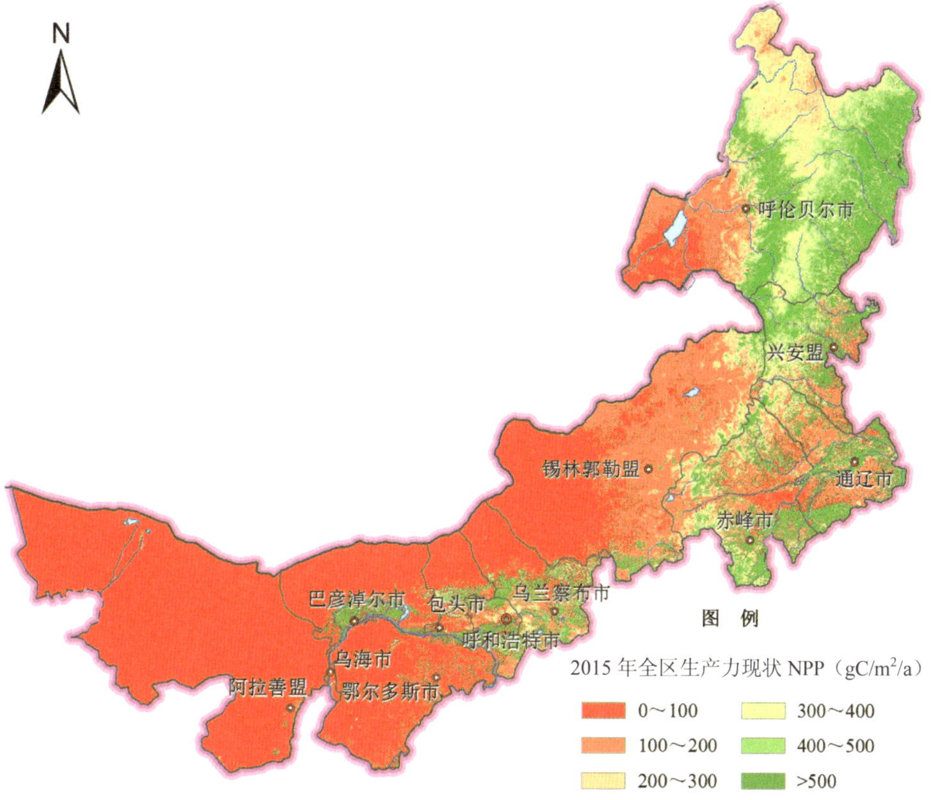

图 7.1 内蒙古 2015 年 NPP 时空分布

巴彦淖尔市平均值最低，为 53.56 gC/m^2/a，兴安盟平均值最高，为 436.30 gC/m^2/a。草地生态系统的平均 NPP 为 164.06 gC/m^2/a，从乌海市的 41.19 gC/m^2/a 到呼和浩特市的 277.90 gC/m^2/a 逐渐变化。荒漠生态系统平均 NPP 最低，仅为 14.41 gC/m^2/a。

二、2000—2015 年生态系统 NPP 时空特征

2000—2015 年，内蒙古生态系统生产力多年平均 NPP 为 181.05 gC/m^2/a。研究区逐年 NPP 在 2000—2015 年内，呈现上升趋势。为提升重点区域绿化的质量和效益，各盟市积极调整林种、树种结构，纷纷加大对重点区域绿化投入力度。其中，兴安盟年均 NPP 在 308.53～423.22 gC/m^2/a 间波动，整体呈现上升趋势。呼伦贝尔市草原覆盖面积广，年均 NPP 整体变化比较稳定，多年平均 NPP 为 322.96 gC/m^2/a，波动范围为−34.43～62.21 gC/m^2/a。阿拉善盟是典型的大陆性气候，干旱少雨，风大沙多，巴丹吉林等沙漠面积占全盟面积的 29%，使阿拉善盟多年年均 NPP 仅为 18.31 gC/m^2/a，波动较平稳。鄂尔多斯市城市和工业用地扩张严重，植被损失较大，市内整体年均 NPP 较低，仅为 65.75 gC/m^2/a。乌海市作为内蒙古西部的新兴工业城市，与阿拉善盟和鄂尔多斯市相接，煤炭资源丰富，植被整体较少，年均 NPP 整体呈现轻微下降趋势，多年年均 NPP 为 56.92 gC/m^2/a。通辽市地处森林和草原的过渡地带，以草原植被为主，植被类型主要由干旱草原类型及旱生草本植物构成，而赤峰市地处大兴安岭南段，属中温带半干旱大陆性季风气候区，以森林为主要植被，在此二市内，平均 NPP 在 260.00 gC/m^2/a 以上，波动较小。呼和浩特市和乌兰察布市受气候变化影响较大，年均 NPP 波动性较大，其中，呼和浩特市经济发展较快，城区绿化较好，年均 NPP 呈现上升趋势，而乌兰察布市上升趋势则不显著。包头市、巴彦淖尔市以及锡林郭勒盟年均 NPP 处在 110.00 gC/m^2/a 左右，变化幅度不大，见图 7.2。

为进一步研究每隔 5 年的生态系统生产力的动态变化特征，选取 2000 年、2005 年、2010 年以及 2015 年四期 NPP 数据进行统计分析，从整体来看，2000 年内蒙古平均 NPP 为 175.75 gC/m^2/a，2005 年同比 2000 年增加 0.17%，2010 年同比 2000 年增加 2.15%，2015 年同比 2000 年增加 11.43%。表明在 4 个时间段内 NPP 整体呈现增长趋势，在 2010 年前后变化较大。

从各盟市来看，鄂尔多斯市同比 2000 年 NPP 变化最大，2005 年同比 2000 年增加 28.95%，2010 年同比 2000 年增加 45.59%，2015 年同比 2000 年增加 25.89%。赤峰市、通辽市、兴安盟变化趋势与鄂尔多斯市相同，同比增加值在 2010 年以前低于鄂尔多斯市，在 2010 年以后与鄂尔多斯市相近。乌兰察布市、锡林郭勒盟、包头市、乌海市以及阿拉善盟同比 2000 年出现减少，其中乌海市在 2015 年同比 2000 年减少 23.28%。

呼伦贝尔市、巴彦淖尔市以及呼和浩特市同比变化相对较小，且处于波动中，见图 7.3。

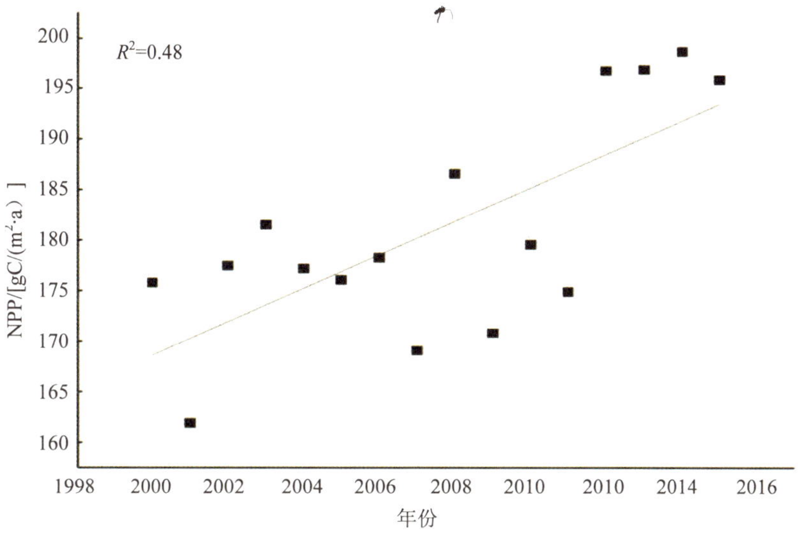

图 7.2　2000—2015 年 NPP 变化

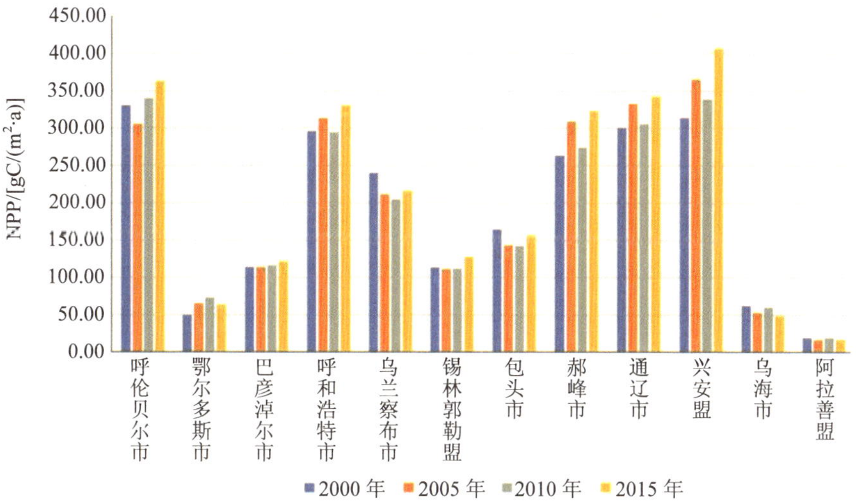

图 7.3　各盟市平均 NPP

三、2000—2015 年生态系统 NPP 动态特征

2000—2015 年，内蒙古土地利用/覆盖变化剧烈，气温及降水发生明显变化，其中气温变化仍以上升趋势为主，降水也存在不同程度的增加趋势，外加人为活动的影响

对区域的植被状况的变化产生一定的影响。近 15 年间，内蒙古生态系统 NPP 呈现上升趋势，上升量为 4.5 $tC/m^2/a$，变化幅度在−76.82～49.12 $gC/m^2/a$ 之间，集中分布在−10～10 $gC/m^2/a$之间，其中上升趋势在 0～10 $gC/m^2/a$ 的面积占内蒙古面积的 49.36%，主要分布在内蒙古东北部地区。变化幅度大于 10 $gC/m^2/a$ 的面积比例仅为 4.17%，分布在呼伦贝尔大草原和兴安盟森林等植被丰富地带。而变化幅度在−10～0 $gC/m^2/a$ 之间的区域面积占内蒙古面积的 45.69%，主要分布在内蒙古西部干旱半干旱地区，受气候变化影响较大。变化幅度低于−10 $gC/m^2/a$ 的分布稀疏，多分布在乌兰察布市和包头市，占内蒙古面积比例为 0.7%。

从各盟市来看，除乌海市、巴彦淖尔市、包头市以及乌兰察布市生态系统 NPP 在近 15 年间呈现减小趋势外，其余 8 个盟市都呈现上升趋势，以呼伦贝尔市上升最快，其次为兴安盟和锡林郭勒盟。兴安盟上升区域面积最多，占 79.82%，其次分别为呼伦贝尔市和呼和浩特市，比例分别为 70.65%和 62.62%。除阿拉善盟、鄂尔多斯市、乌兰察布市、包头市以及乌海市比例低于 50%，其余 7 个盟市 NPP 上升面积占盟市面积的比例都超过 50%。乌海市 NPP 上升面积最少，仅占乌海市面积的 24%，见图 7.4。

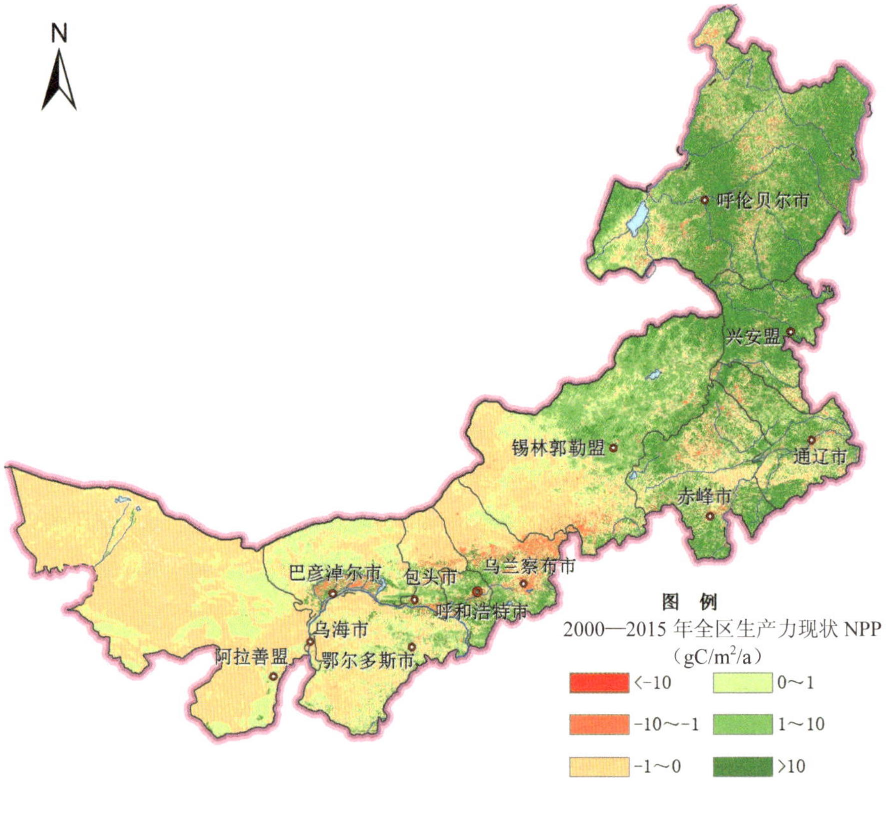

图 7.4　2000—2015 年内蒙古 NPP 动态空间分布

这 10 年间，内蒙古的 NPP 变化幅度分布在−100.52～72.98 gC/m²/a 范围之间，变化总体趋势以上升为主，NPP 上升区域占内蒙古面积的 55.84%，主要分布在呼伦贝尔市、锡林郭勒盟等；且上升幅度在 0～10 gC/m²/a 之间，占内蒙古面积的 52.58%，变化幅度较小，主要分布在锡林郭勒盟北部以及巴彦淖尔市。与此同时，NPP 下降幅度在−100.52～0 gC/m²/a 之间的区域占内蒙古面积的 44%，主要分布在乌兰察布市南部、赤峰市和锡林郭勒盟交界区域还有阿拉善盟的沙漠周边区域。

从内蒙古 12 个盟市来看，有 9 个城市 NPP 上升区域占其区域面积的 50%以上，其中巴彦淖尔市、乌海市、鄂尔多斯市、兴安盟占比达到 60%以上，分别占 72.16%、68.95%、68.76%、63.83%，乌兰察布市 NPP 上升区域占比最低，仅为其面积的 37.56%，其中呼伦贝尔市、乌海市、鄂尔多斯市、阿拉善盟、巴彦淖尔市的 NPP 上升幅度主要分布在 0～10%范围内，占其各盟市面积比例分别为 50.74%、67.45%、67.24%、53.86%、70.27%。在 NPP 下降的区域中，以乌兰察布市、赤峰市和包头市较为明显，下降区域均占其面积的 50%以上，见图 7.5。

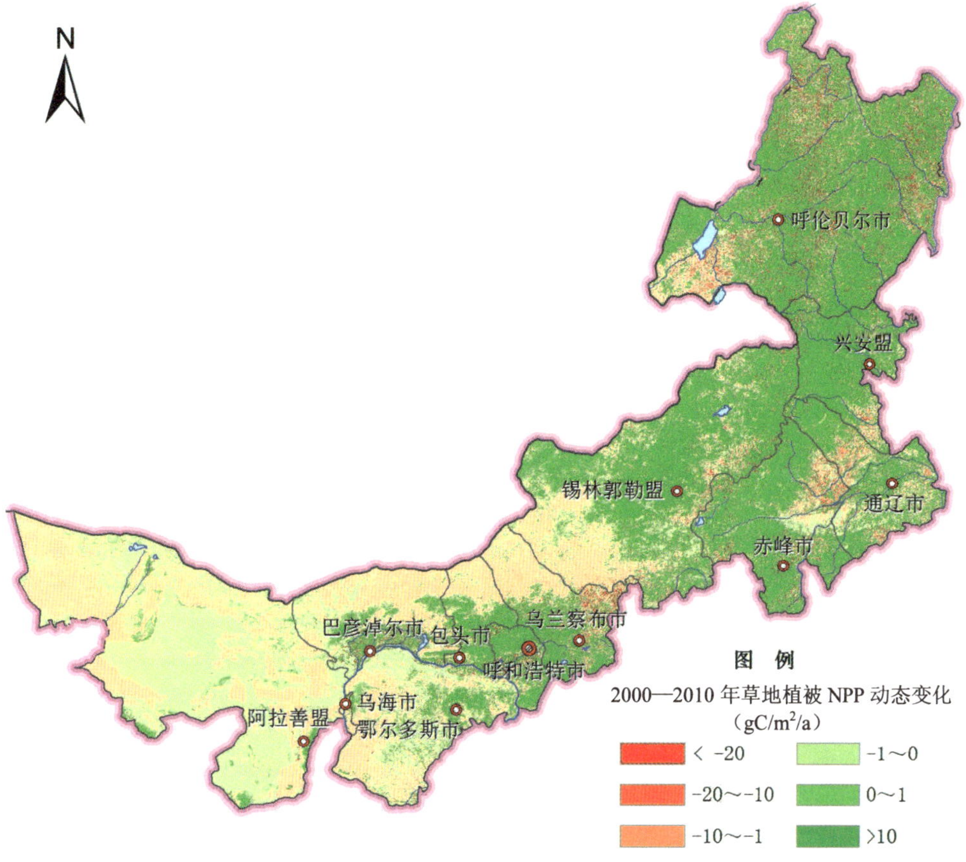

图 7.5　2000—2010 年内蒙古 NPP 动态空间分布

近 5 年间，内蒙古的 NPP 变化幅度分布在−273.89～60.11 gC/m²/a 之间，变化总体趋势以下降为主，NPP 下降区域占内蒙古面积的 85.13%，在全区范围内均呈现下降趋势，且下降面积占区域面积的比例都超过 50%。下降幅度分布在−15～0 gC/m²/a 之间，占内蒙古面积的 70%以上，主要分布在乌海市、阿拉善盟西北部、包头市、巴彦淖尔市北部。NPP 下降幅度小于−15 gC/m²/a 的区域占内蒙古面积的 46.72%，主要分布在呼伦贝尔市、兴安盟、通辽市以及赤峰市大部分区域；NPP 上升区域占内蒙古面积的 14.87%，其中上升幅度主要分布在 0～60.11 gC/m²/a 范围内，在空间上主要分布在鄂尔多斯市和巴彦淖尔市中部。

从内蒙古 12 个盟市来看，各盟市 NPP 下降区域占其区域面积的 50%以上，其中鄂尔多斯市和阿拉善盟占比小于 80%，其余各盟市占比均超过 80%。兴安盟 NPP 下降区域占比最高，约为 98.44%，阿拉善盟 NPP 下降比例最低，为 60%。其中巴彦淖尔市、包头市、乌海市下降幅度主要分布在−15～0 gC/m²/a 范围内，其占盟市面积比例分别为 70.38%、70.77%、72.11%。在 NPP 上升的区域中，鄂尔多斯市、乌海市以及巴彦淖尔市有一定的上升趋势，上升区域占其面积的 10%左右，见图 7.6。

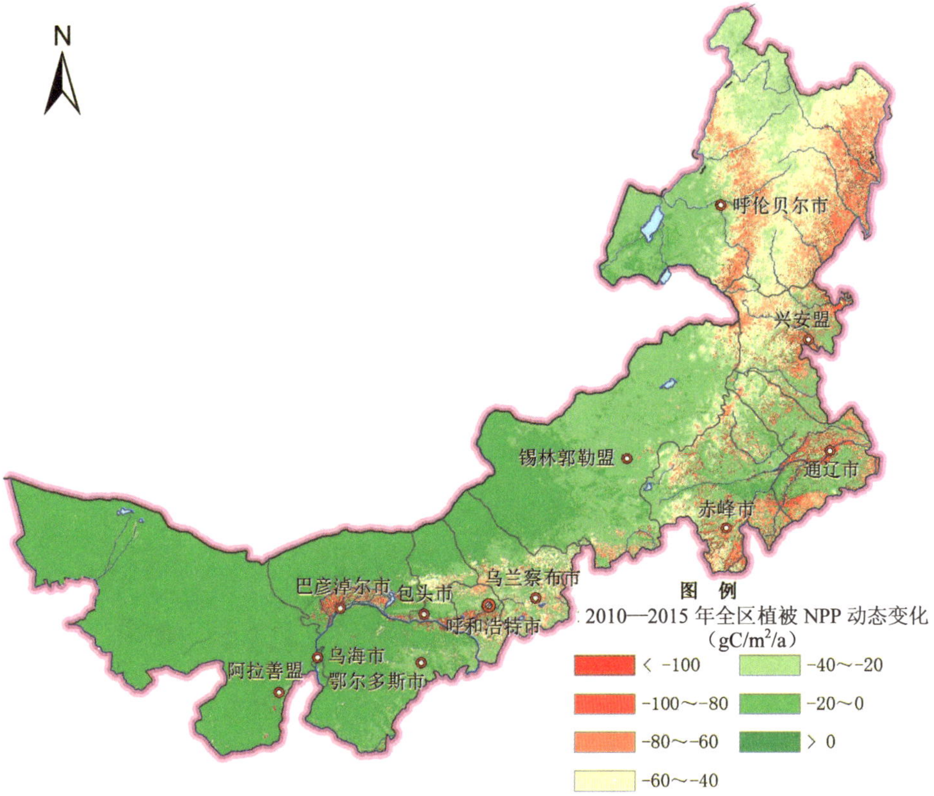

图 7.6　2010—2015 年内蒙古 NPP 动态空间分布

第二节　农田生态系统净初级生产力状况变化

一、2015 年农田生态系统净初级生产力时空特征

内蒙古的农田生态系统生产力呈西北低、东南高的趋势，内蒙古平均 NPP 为 467.18 gC/m²/a。从各盟市的统计结果来看，农田生态系统 NPP 最高的是呼伦贝尔市，为 585.59 gC/m²/a，其次为巴彦淖尔市和通辽市，平均 NPP 分别为 473.38 gC/m²/a 和 470.73 gC/m²/a。阿拉善盟、乌海市以及鄂尔多斯市农田生产力较低，见图 7.7。其余盟市的平均 NPP 在 409.27～470 gC/m²/a 之间。

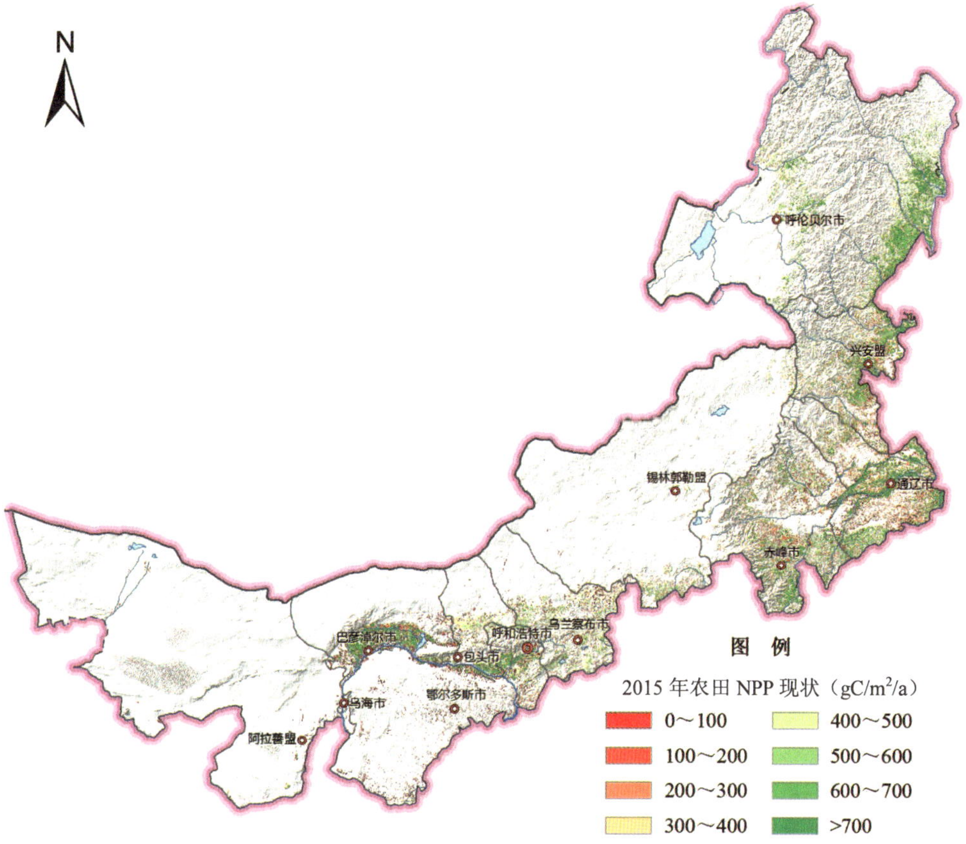

图 7.7　2015 年内蒙古农田生态系统 NPP 空间分布

二、2000—2015 年农田生态系统净初级生产力动态变化

2000—2015 年，农田生态系统 NPP 以上升为主，净增加量为 0.87×10^6 gC/m^2/a，变化幅度在−71.86～46.89 gC/m^2/a 之间，上升区域大多分布在呼伦贝尔市和兴安盟，以呼伦贝尔市 NPP 上升速度最快，兴安盟和通辽市次之，包头市、巴彦淖尔市以及乌兰察布市农田 NPP 在近 15 年有所降低，乌兰察布市降低最多。变化幅度大于零的盟市中，兴安盟内上升区域面积占全盟面积的比例最高，为 83.68%，其次为呼伦贝尔市。上升面积比例超过 50%的盟市为 7 个。包头市上升面积比例最低，仅为 26.08%，见图 7.8。

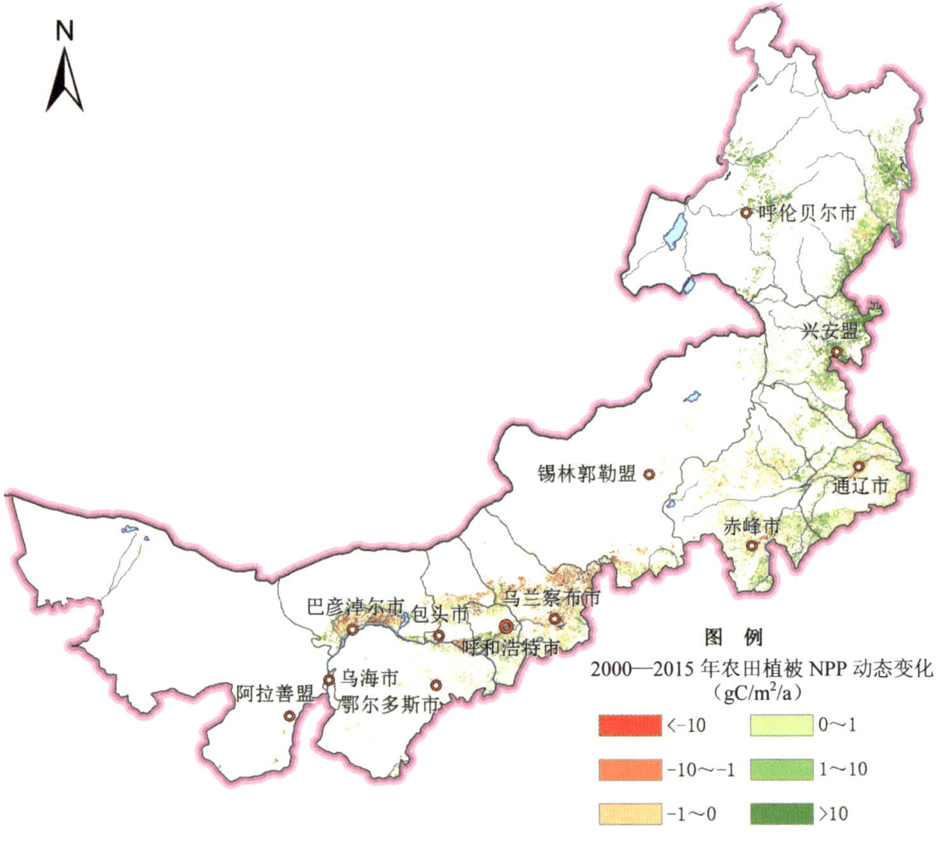

图 7.8 2000—2015 年内蒙古农田生态系统 NPP 动态空间分布

三、2000—2010 年农田生态系统净初级生产力时空变化特征

2000—2010 年农田生态系统平均 NPP 波动性较大，波动范围为 386.72～

447 gC/m^2/a，从 2000 年的 401.31 gC/m^2/a 到 2010 年的 416.68 gC/m^2/a，呈现增加趋势，变化范围在 97.17～66.17 gC/m^2/a 之间，大部分地区农田生态系统的净初级生产力提高，占总面积的 55.12%。通辽市农田 NPP 增加面积最大，其次分别为呼伦贝尔市和兴安盟，增加面积最小的盟市是乌海市。农田 NPP 增加区域面积占盟市面积的比例在内蒙古东北部较高，主要集中在兴安盟、鄂尔多斯市以及通辽市，其占比分别为 75.78%、64.99%、64.64%。增加幅度主要集中在 0～10 gC/m^2/a 之间，占内蒙古总面积的比例为 42.61%，主要分布在通辽市和鄂尔多斯市，其 NPP 增加区域占盟市面积的比例分别为 53.56%和 56.96%。农田 NPP 增加幅度超过 10 的区域面积较低，主要分布在兴安盟、通辽市南部和呼伦贝尔市南部。农田 NPP 下降区域占内蒙古面积比为 44.89%，其中赤峰市农田 NPP 下降面积最多，占总面积的比例为 75.4%。乌海市下降面积最小，NPP 下降幅度也较低，仅为 16.4%，见图 7.9。

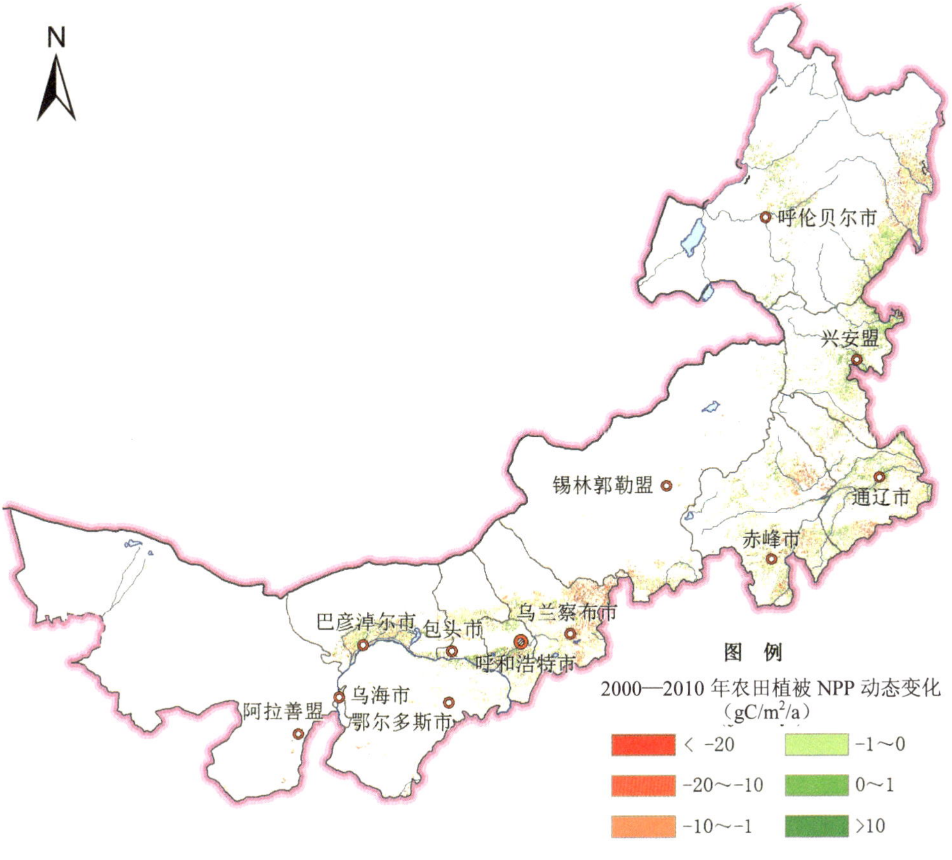

图 7.9　2000—2010 年内蒙古农田生态系统 NPP 动态空间分布

四、2010—2015年农田生态系统净初级生产力时空变化特征

2010—2015 年农田生态系统平均净初级生产力呈现增加趋势，从 2010 年的 416.68 gC/m²/a 到 2015 年的 467.18 gC/m²/a，以每年 8.42 gC/m²/a 的速度在上升。2010—2015 年农田生态系统 NPP 变化幅度在−251.87～46.55 gC/m²/a 之间，处于−50～0 gC/m²/a 的面积占农田生态系统总面积的比例为 35.50%，主要分布在通辽市、赤峰市以及兴安盟，下降比例较高的盟市主要有鄂尔多斯市和乌海市，比例超过 50%。有 50.30%的农田生态系统 NPP 下降幅度在−100～−50 gC/m²/a 之间，主要分布在呼伦贝尔市、通辽市以及赤峰市，包头市、乌兰察布市以及呼伦贝尔市有超过 60%的农田生态系统 NPP 下降幅度在−100～−50 gC/m²/a 之间。下降幅度小于−100 gC/m²/a 的农田生态系统仅为 10%。2010—2015 年农田生态系统仅有 0.10%呈现上升趋势。可以看出，2010—2015 年农田生态系统 NPP 下降是造成内蒙古 NPP 总量下降的主要原因，见图 7.10。

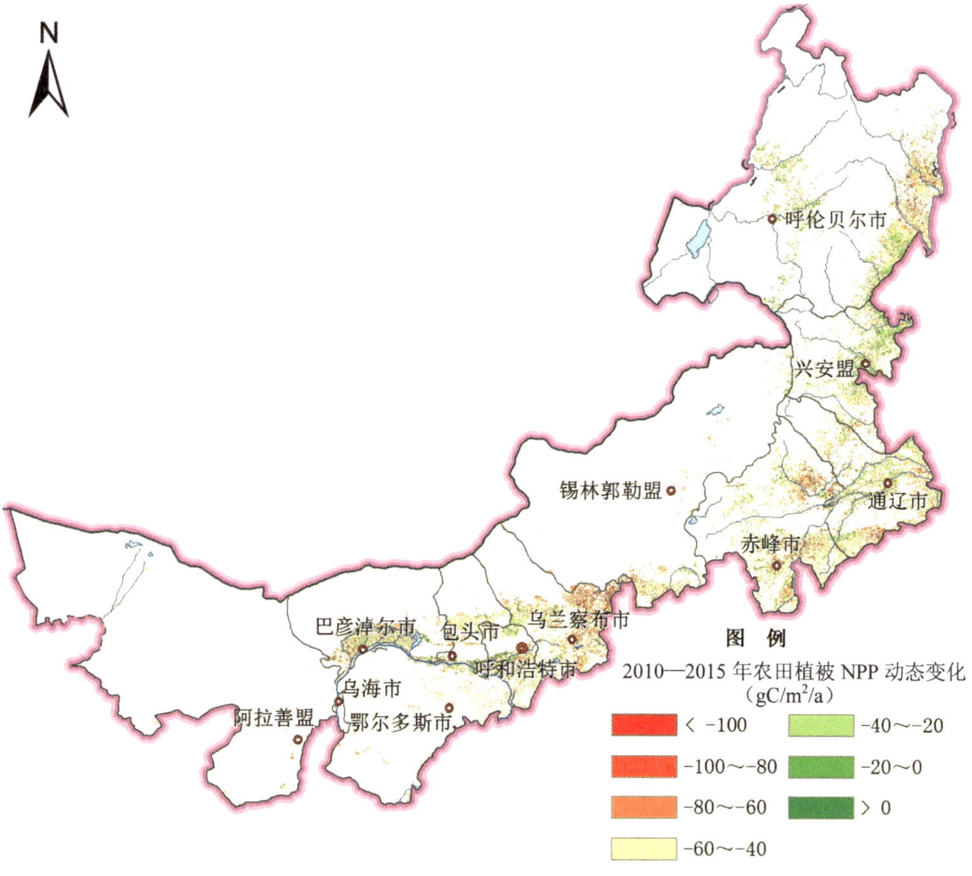

图 7.10　2010—2015 年内蒙古农田生态系统 NPP 动态空间分布

第三节　森林生态系统净初级生产力状况变化

一、2015 年森林生态系统净初级生产力特征

内蒙古林地面积 4 398.89 万 hm^2，其中森林面积 2 487.90 万 hm^2，均居全国第一位。近年来，内蒙古森林面积、蓄积持续双增长，天然林资源得到有效恢复，人工林资源不断增加，森林质量进一步提高，森林生态服务功能进一步增强。从 2015 年森林生态系统净初级生产力来看，平均值为 211.10 gC/m^2/a。从空间上看呈现西南低东北高的趋势，其中，兴安盟的森林 NPP 平均值最高，为 436.30 gC/m^2/a，呼伦贝尔市次之，而阿拉善盟森林极少，NPP 平均值最低。巴彦淖尔市以草地为主，森林也较少，NPP 的平均值为 39.37 gC/m^2/a，见图 7.11。

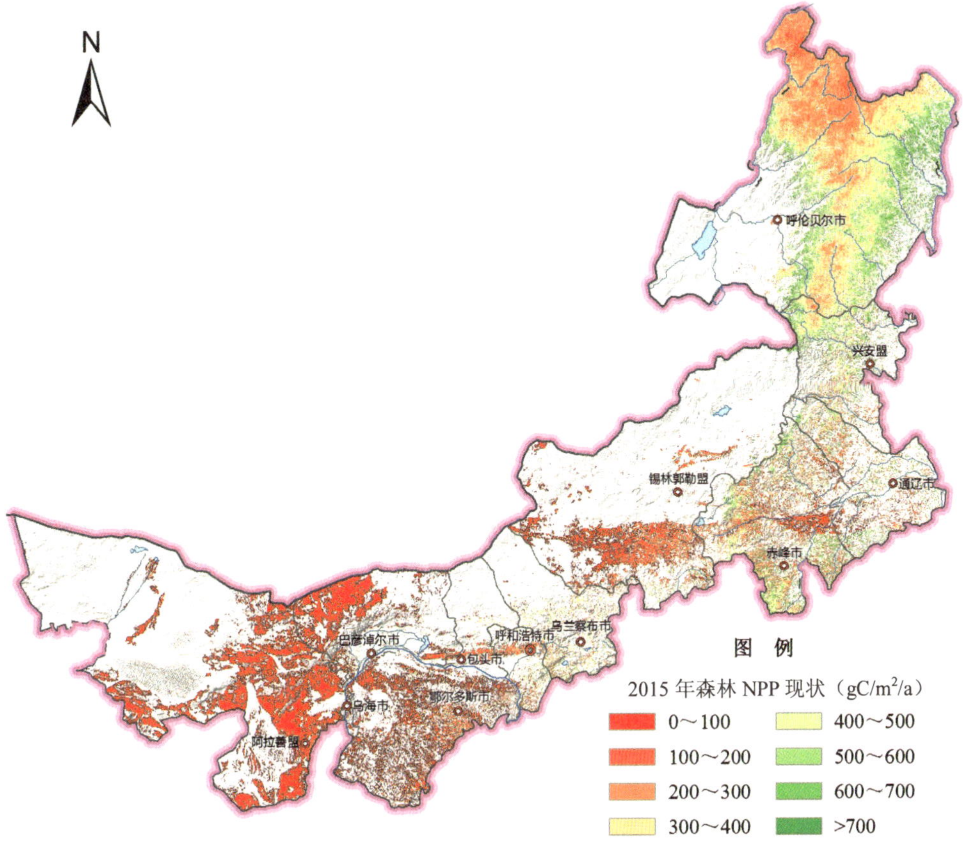

图 7.11　2015 年内蒙古森林生态系统 NPP 空间分布

二、2000—2015 年森林生态系统净初级生产力时空特征

2000—2015 年间森林生态系统 NPP 以上升为主，净增加量为 1.68×10^6 gC/m^2/a，变化幅度在−66.29～44.97 gC/m^2/a 之间，上升区域大多分布在内蒙古东北地区，以呼伦贝尔市 NPP 上升速度最快，兴安盟和赤峰市次之，乌海市、锡林郭勒盟以及乌兰察布市森林 NPP 在近 15 年有所降低，乌兰察布市降低最多。从各盟市变化幅度来看，兴安盟内上升区域面积占全盟面积的比例最高，为 81.46%，其次为呼和浩特市，巴彦淖尔市森林 NPP 上升面积比例为 71.00%。上升面积比例超过 50%的盟市有 8 个。阿拉善盟、乌海市、乌兰察布市以及锡林郭勒盟森林 NPP 大部分呈现下降趋势，其中锡林郭勒盟森林较少，森林 NPP 下降较多，见图 7.12。

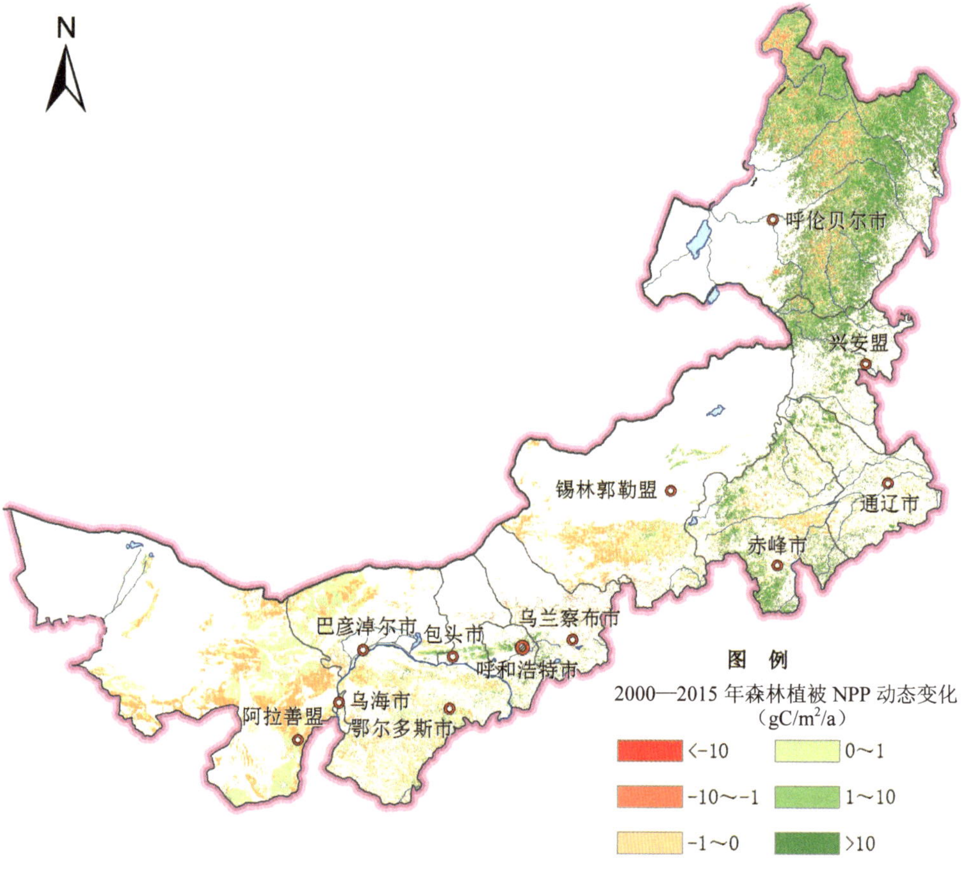

图 7.12 2000—2015 年内蒙古森林生态系统 NPP 动态空间分布

三、2000—2010 年森林生态系统净初级生产力时空特征

在 2000—2010 年内蒙古森林净初级生产力平均值波动性较大，在 178.43～196 $gC/m^2/a$ 之间波动，从森林 NPP 累计变化来看，呈现上升趋势，变化幅度在−89.89～67.44 $gC/m^2/a$ 之间，主要集中在−10～10 $gC/m^2/a$ 之间，占森林生态系统的 95.45%。其中，下降幅度在−10～0 $gC/m^2/a$ 之间的森林 NPP 占森林生态系统的 24.43%，主要分布在呼伦贝尔市和赤峰市，但是乌兰察布市森林 NPP 下降比例最高，为 53.92%，其余各盟市下降比例低于 50%，其中鄂尔多斯市和巴彦淖尔市森林 NPP 下降比例低于 5%。上升幅度在 0～10 $gC/m^2/a$ 之间的比例为 57.45%，主要分布在呼伦贝尔市和阿拉善盟。其中，就呼伦贝尔市而言森林 NPP 上升比例为 54.81%，比其下降比例高。从上升比例来看，巴彦淖尔市森林 NPP 上升比例最高，为 78.16%，远高于其下降比例。乌海市和鄂尔多斯市森林 NPP 上升比例也在 70%以上。兴安盟和通辽市森林 NPP 变化比例在 50%左右，见图 7.13。

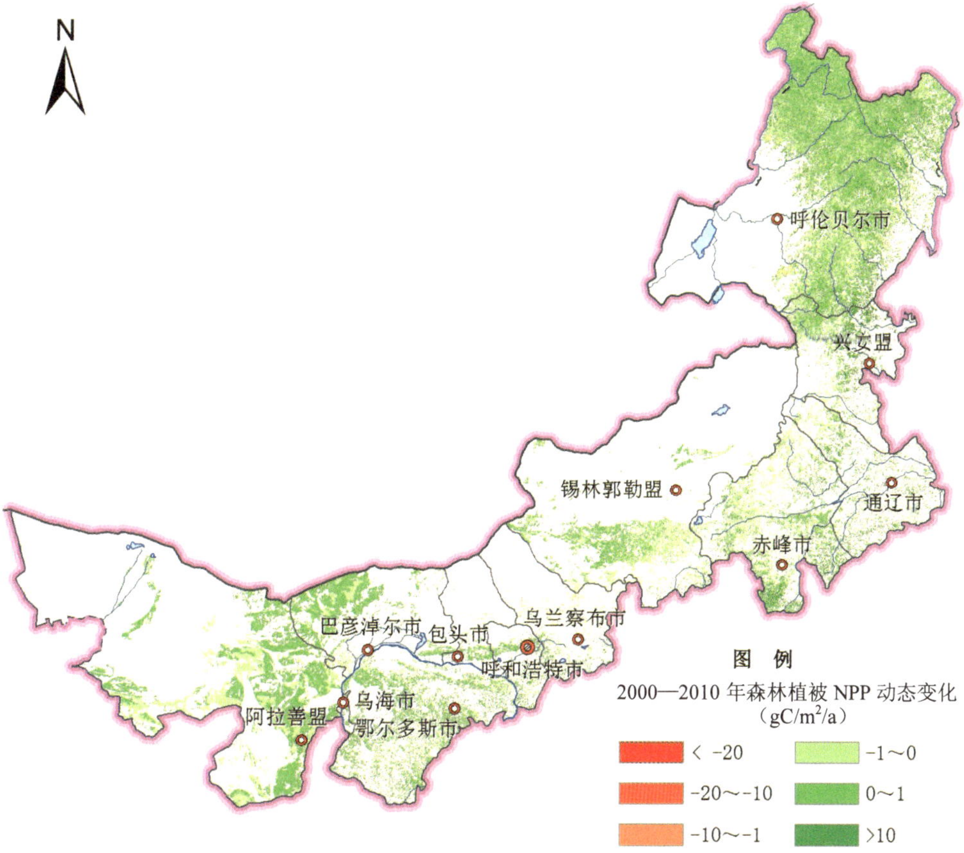

图 7.13 2000—2010 年内蒙古森林生态系统 NPP 动态空间分布

四、2010—2015 年森林生态系统净初级生产力时空特征

2010—2015 年森林 NPP 呈现下降趋势，且变化幅度在−262.17～41.02 gC/m^2/a 之间。从森林 NPP 的平均值来看，变化无显著规律，波动范围在 141.52～181.83 gC/m^2/a 之间，在 2012 年达到最高值，2011 年为最低值，这与气候变化密切相关。2010—2015 年森林 NPP 累计变化幅度主要集中在−100～0 gC/m^2/a，占森林 NPP 的比例为 84.18%，主要分布在呼伦贝尔市和阿拉善盟，其中呼伦贝尔市森林 NPP 下降比例为 95.62%，而阿拉善盟森林 NPP 下降比例为 69.07%，是森林 NPP 下降最少的盟市。包头市森林 NPP 下降比例最高，为 97.94%。总体来看，在 2010—2015 年各盟市森林 NPP 下降比例较高，都在 60%以上。其中下降幅度在−10～0 gC/m^2/a 之间的森林 NPP 占−100～0 gC/m^2/a 的 37%。其中 60%主要集中在阿拉善盟，与此同时巴彦淖尔市森林 NPP 下降幅度在−10～0 gC/m^2/a 的占比为 76%。这充分说明，呼伦贝尔市森林 NPP 大幅度的下降是导致 2010—2015 年森林 NPP 下降的主要原因，见图 7.14。

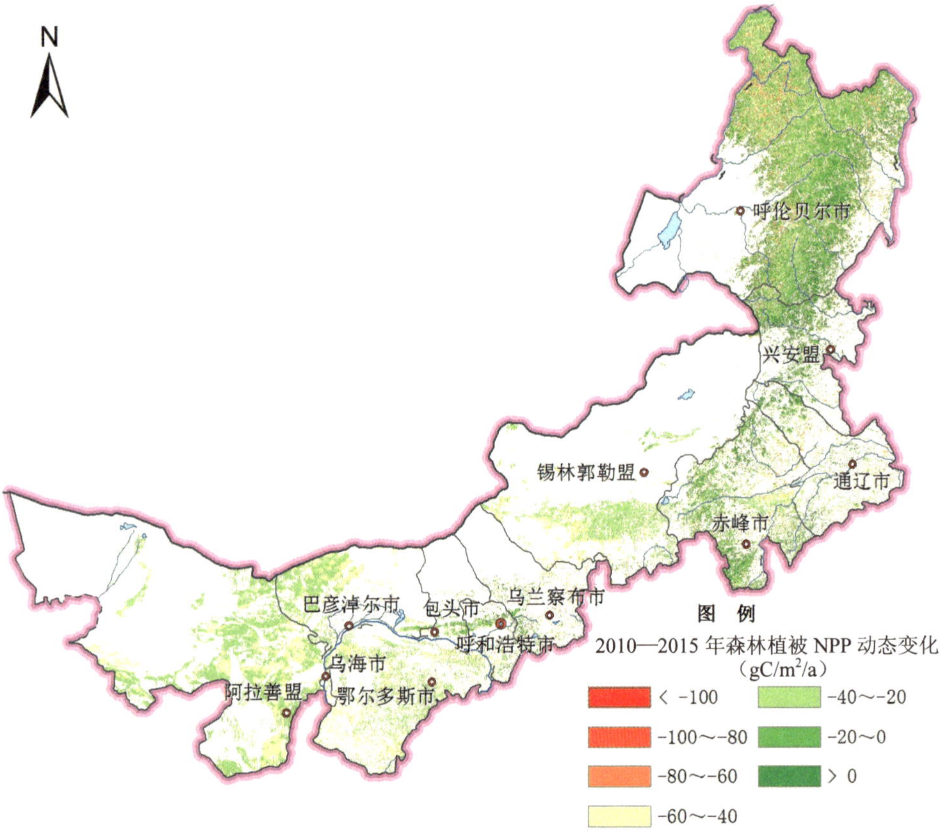

图 7.14　2010—2015 年内蒙古森林生态系统 NPP 动态空间分布

第四节 草地生态系统净初级生产力状况变化

一、2015 年草地生态系统净初级生产力时空特征

内蒙古草地丰富，主要分布在锡林郭勒盟、呼伦贝尔市北部以及乌兰察布市、包头市和巴彦淖尔市的北部地区。2015 年内蒙古草地生态系统净初级生产力的平均值为 164.06 gC/m^2/a，主要集中在 0～180 gC/m^2/a 之间，且存在空间异质性，总体上呈东高西低的变化，从经向变化规律可以看出，内蒙古草地 NPP 有明显的经度地带性，由西向东 NPP 呈“台阶式”上升。从各盟市来看，兴安盟草地 NPP 的平均值最高，为 341.75 gC/m^2/a，其次分别为呼和浩特市和呼伦贝尔市，乌海市草地 NPP 的平均值最低，仅为 41.19 gC/m^2/a。包头市、鄂尔多斯市、巴彦淖尔市、阿拉善盟以及乌海市草地 NPP 在 40～100 gC/m^2/a 之间变化，其余各盟市则在 100～300 gC/m^2/a 之间变化，兴安盟的草地 NPP 在 2015 年较高。

二、2000—2015 年草地生态系统净初级生产力动态变化

2000—2015 年，草地生态系统净初级生产力呈现上升趋势，净增加量为 2.02×10^6 gC/m^2/a，相比森林生态系统和农田生态系统，净增加量最高。呼伦贝尔市净增加量最高，其次为锡林郭勒盟和兴安盟，乌海市、包头市以及乌兰察布市草地 NPP 依然呈现下降趋势，以乌兰察布市草地 NPP 下降最多，总体来看，内蒙古上升比例为 60.66%。从各盟市草地 NPP 变化幅度特征来看，兴安盟草地 NPP 上升面积最多，占全盟面积的 77.31%，呼伦贝尔市上升比例为 74.31%，呼和浩特市草地 NPP 上升比例为 68.29%。乌兰察布市、乌海市以及包头市草地 NPP 上升面积比例不足 30%，其中包头市草地 NPP 上升面积比例仅为 21%，多呈现下降趋势，受城市和工矿用地扩张影响较多，见图 7.15 和图 7.16。

三、2000—2010 年草地生态系统净初级生产力特征

2000—2010 年草地 NPP 平均值处于平稳波动中，范围在 126.71～165.67 gC/m^2/a。从草地 NPP 的累计量来看，2000—2010 年，草地 NPP 呈现下降趋势，变化幅度在 −89.27～72.98 gC/m^2/a 之间。其中，有 38.44%的草地 NPP 呈现下降趋势，下降范围主要集中在−10～0 gC/m^2/a 之间，占下降的草地 NPP 的 95.60%。从空间上看，下降幅度在−10～0 gC/m^2/a 的草地 NPP 主要分布在呼伦贝尔市、鄂尔多斯市。乌海市草

地 NPP 变化中有 82.93%呈现下降趋势，其次是呼伦贝尔市，比例为 64.97%。锡林郭勒盟草地的 NPP 下降比例较低，仅为 5%。而 2000—2010 年草地 NPP 有 57.79%呈现上升趋势，但是上升幅度较低，主要集中在 0～10 gC/m^2/a 之间，占上升的草地 NPP 的 96.78%，主要分布在锡林郭勒盟、呼伦贝尔市以及鄂尔多斯市。锡林郭勒盟、巴彦淖尔市的草地 NPP 以上升为主，草地 NPP 上升面积占草地生态系统总面积的比例超过 60%。由于区内草地 NPP 下降幅度相对大、导致下降总量大于增长总量，致使内蒙古草地 NPP 在 2000—2010 年呈现下降趋势。

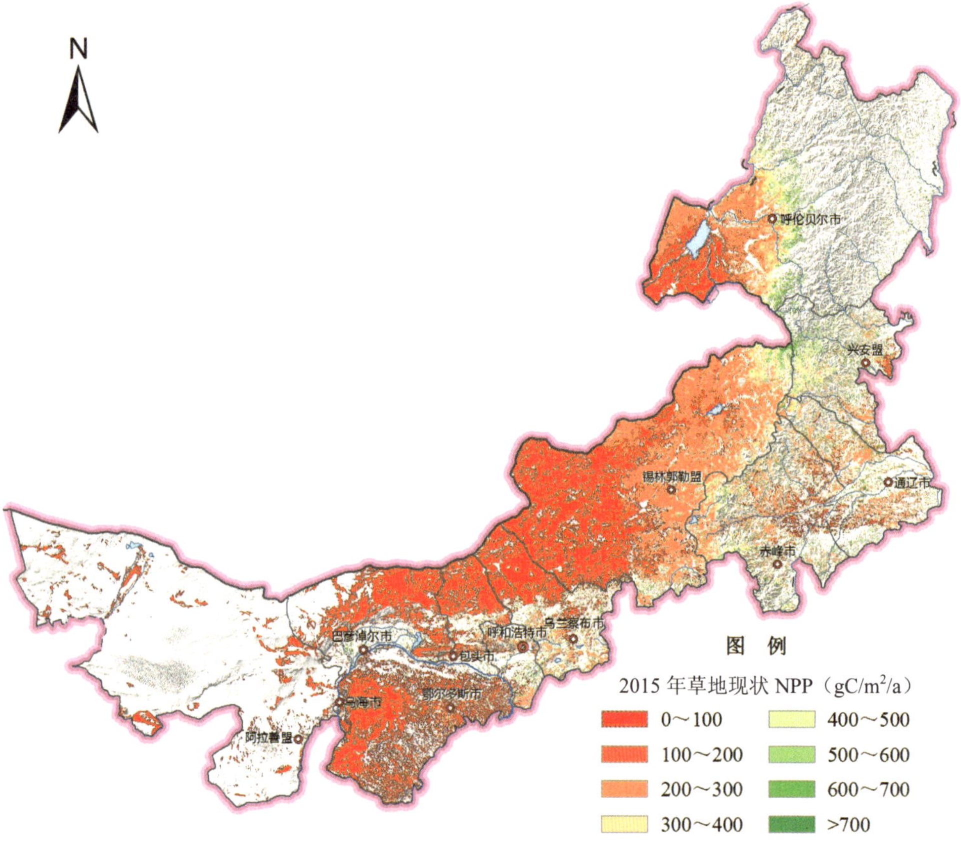

图 7.15　2015 年内蒙古草地生态系统 NPP 空间分布

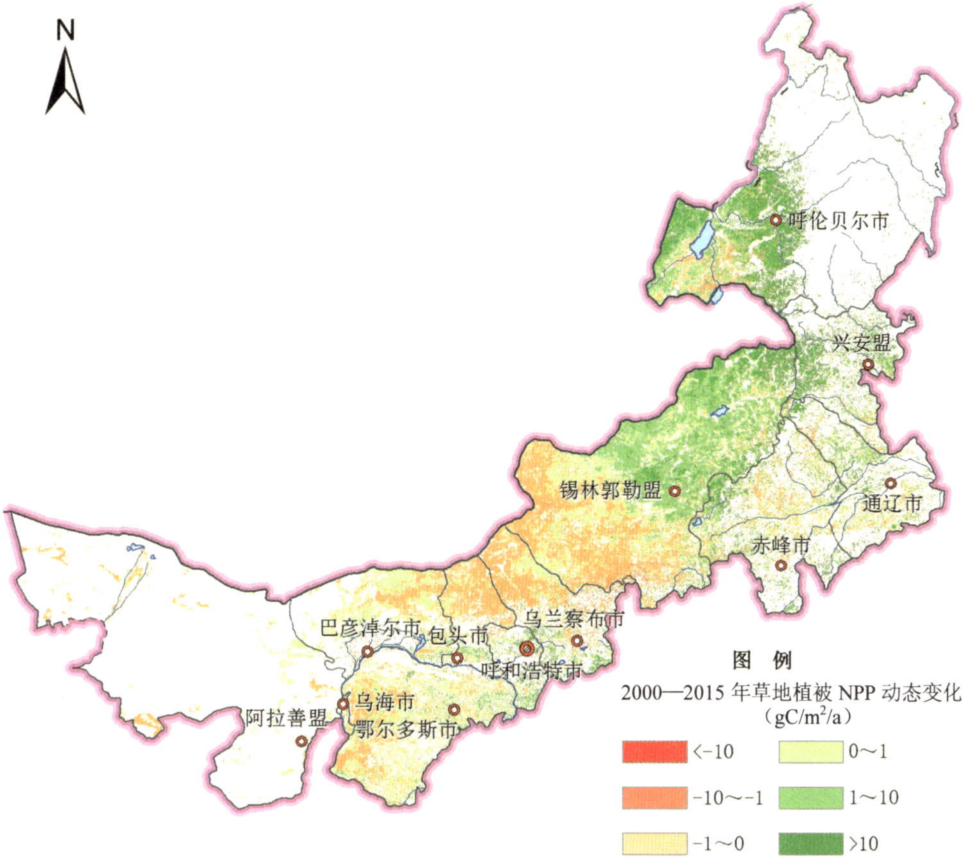

图 7.16　2000—2015 年内蒙古草地生态系统 NPP 动态空间分布

不同草地类型的 NPP 有较大差异，草甸草原 10 年平均 NPP 为 431.8 $gC/m^2/a$，典型草原为 288.7 $gC/m^2/a$，荒漠草原为 123.5 $gC/m^2/a$。草甸草原 NPP 多分布在 450～550 $gC/m^2/a$ 之间，典型草原面积最广，分布范围在 200～350 $gC/m^2/a$ 之间，荒漠草原则比较集中，大部分在 100～150 $gC/m^2/a$ 之间。在 2000—2010 年间，草甸草原 NPP 略上升，典型草原 NPP 有所下降，从空间分布来看，NPP 上升趋势最明显的草地主要分布在毛乌素沙地、浑善达克沙地、科尔沁沙地、呼伦贝尔市以及大兴安岭南麓地区，NPP 下降趋势最明显的草地主要分布在阴山山脉和锡林郭勒盟中部的典型草原区，见图 7.17。

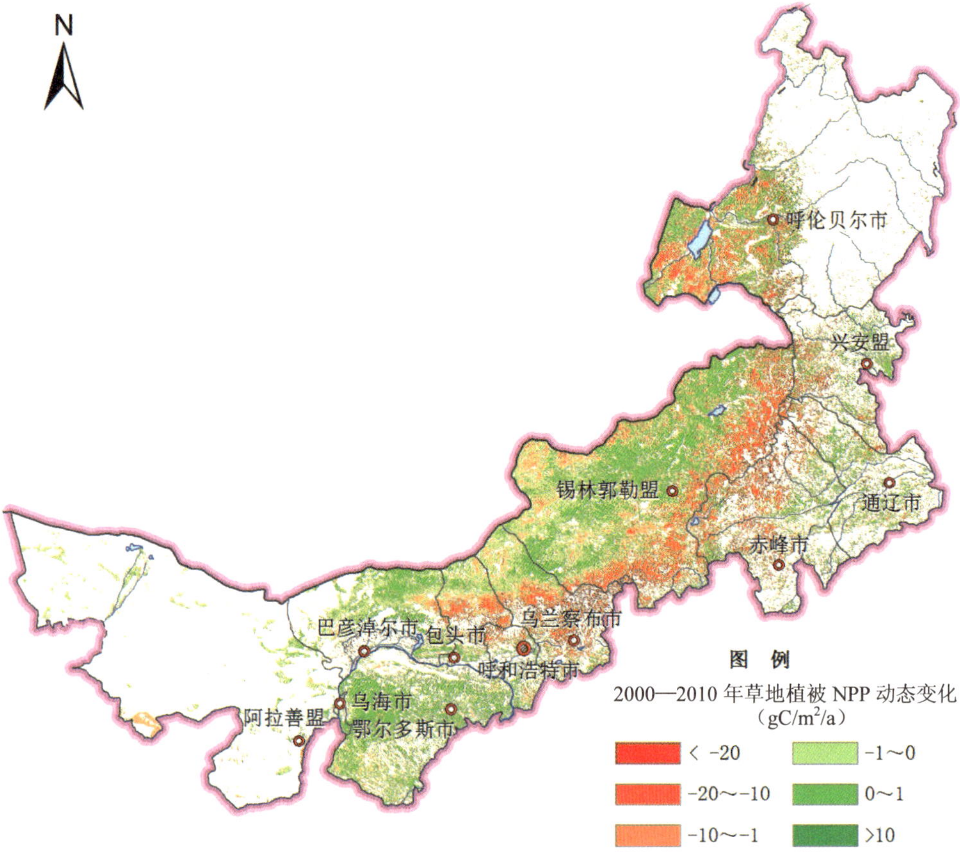

图 7.17　2000—2010 年内蒙古草地生态系统 NPP 动态空间分布

四、2010—2015 年草地生态系统净初级生产力特征

2010—2015 年，草地 NPP 波动性较前 10 年更大，其平均 NPP 值在 141.52～181.83 gC/m^2/a 之间。从草地 NPP 的累积变化来看，依然呈现下降趋势，且下降幅度要高于前 10 年。总体变化幅度在−273.89～60.11 gC/m^2/a 之间，其中 0～60 gC/m^2/a 的比例为 0.36%，变化幅度在−100～0 gC/m^2/a 的比例为 94.76%。主要的下降区域分布在锡林郭勒盟、呼伦贝尔市、乌兰察布市，而且草地 NPP 下降比例超过 90%。包头市草地 NPP 下降比例最高，为 98.64%，阿拉善盟草地 NPP 下将比例最低，为 85.07%，说明内蒙古 12 个盟市草地 NPP 都呈现下降趋势，且比 2000—2010 年要严重，这与快速的城市化和工业化相关，见图 7.18。

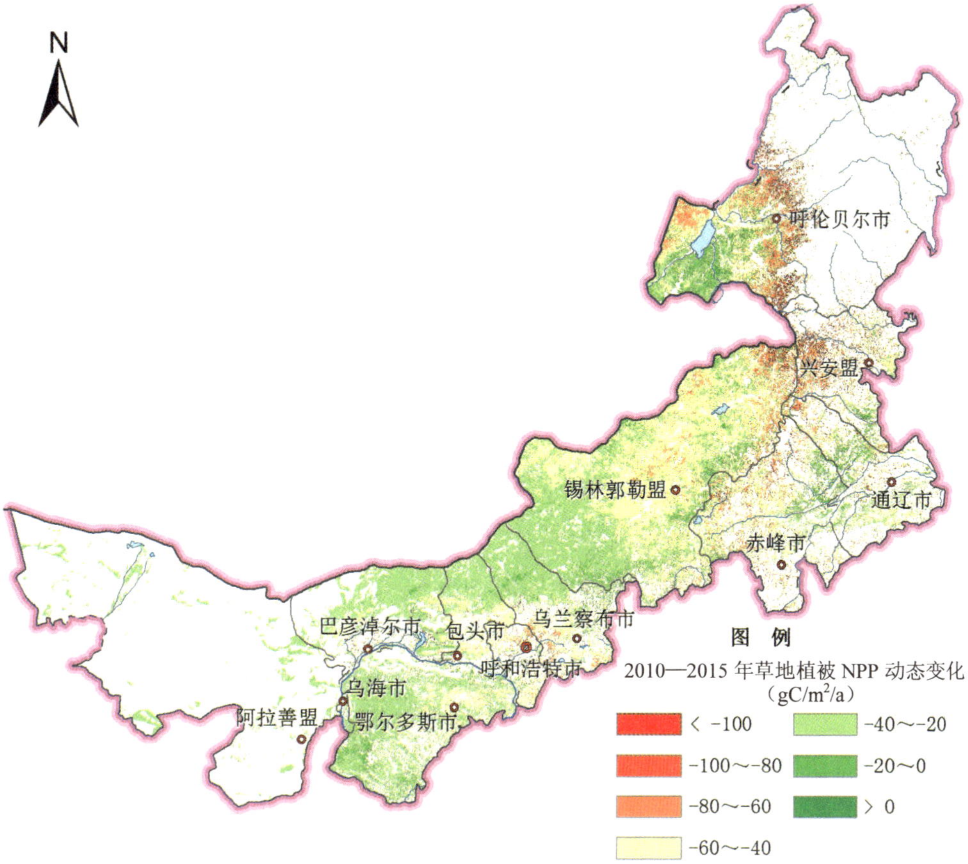

图 7.18　2010—2015 年内蒙古草地生态系统 NPP 动态空间分布

第八章

内蒙古生态系统结构变化驱动力

第一节　气候降水等因素分析

一、降水时空特征分析

（一）2015 年内蒙古降水总体时空特征分析

内蒙古地域广阔，地跨中国干旱区（年降水量＜200 mm）、半干旱区（年降水量 200～400 mm）、半湿润区（年降水量 400～800 mm）。2015 年，内蒙古的降水变化范围为 40～600 mm，自西向东降水具有逐渐减少的趋势，全年降水量基本集中在 200～400 mm 之间，面积占 54.82%，其中降水量为 200～300 mm、300～400 mm 的分别占 22.11%、32.71%，主要分布在中南部的鄂尔多斯市、呼和浩特市、乌兰察布市，以及内蒙古中东部、东北部。年降水量小于 200 mm 的地区占总面积的 27.58%，体现出集中分布趋势，主要分布在西部的阿拉善盟、巴彦淖尔市，以及中北部的锡林郭勒盟东部。年降水量大于 400 mm 的区域，分布相对零散，主要出现在兴安盟与呼伦贝尔市交界地带、通辽市南部、赤峰市南部、鄂尔多斯市西南部等地区，见图 8.1。

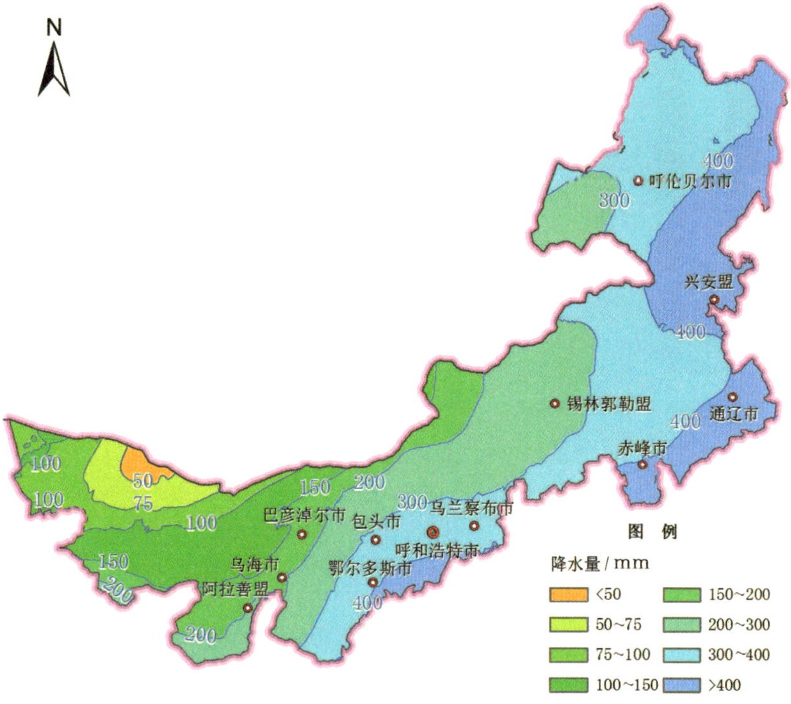

图 8.1　2015 年内蒙古降水空间分布

（二）2015 年各盟市降水时空特征分析

2015 年各盟市降水的变化呈现明显的差异性，大体可以划分为三类：降水偏低的区域（年降水量<200 mm）、降水适中的区域（年降水量 200～400 mm）、降水适宜的区域（年降水量 300～600 mm）。降水偏低的区域主要包括阿拉善盟、巴彦淖尔市、乌海市。在阿拉善盟，降水量<200 mm 的区域占 91.64%，在巴彦淖尔市，降水量<200 mm 的区域占 76.28%，降水量介于 200～300 mm 之间的占比为 22.61%，在乌海市，二者的比例为 70.35%、29.65%，这源于 3 个城市地处中国干旱区，年均降水量偏少。降水量适中的盟市包括呼伦贝尔市、包头市、乌兰察布市、鄂尔多斯市、锡林郭勒盟。降水量介于 200～400 mm 的区域占每个盟市管辖面积的比例为 67.10%、89.87%、92.45%、82.68%、85.65%，且降水量在 200～300 mm 和 300～400 mm 的比例接近，这 5 个盟市中包头市、乌兰察布市、鄂尔多斯市位于半干旱区，而锡林郭勒盟位于半湿润区，这是由于锡林郭勒盟面积较大，其西北部降水偏低所致。降水适宜的盟市包括呼和浩特市、赤峰市、通辽市、兴安盟。在这些盟市，年降水量基本都在 300 mm 以上，通辽市年降水量在 400～600 mm 的占比高达 60.54%，源于这些盟市基本处于半湿润区，降水相对丰富，见图 8.2。

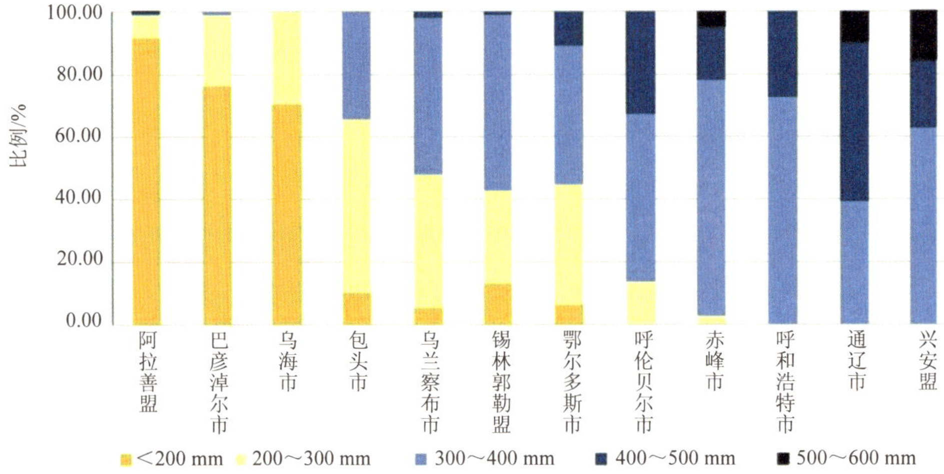

图 8.2　2015 年内蒙古各盟市降水比例

（三）1990—2000 年内蒙古及各盟市降水时空特征分析

1990—2000 年降水量变化范围介于−22～20 mm，降水总体呈现减少趋势。降水减少的区域占 84.04%，其中，减少量为−22～−10 mm、−10～−0.01 mm 的分别占 26.05%、57.99%，降水减少的区间大部分位于−10～−0.01 mm 之间，主要分布在内蒙古东北部的呼伦贝尔市、中部的锡林郭勒盟与赤峰市交界处，和西部的巴彦淖尔市、鄂尔多斯市、包头市、呼和浩特市。降水减少-22～-10 mm 的区域主要集中在内蒙古东南部的兴安盟、通辽市、赤峰市。降水增加的区域占 15.90%，其中增量 0.01～10 mm、10～20 mm 的分别占 15.85%、0.05%，降水增量几乎全部位于 0.01～10 mm 之间，主要分布在阿拉善盟、巴彦淖尔市西部、乌兰察布市北部以及呼伦贝尔市西北部。而降水量不变区域仅占 0.06%。

（四）2000—2010 年内蒙古及各盟市降水时空特征分析

2000—2010 年内蒙古降水的变化范围介于-10～10 mm，呈现出以增加为主的趋势，增量占内蒙古的 69.35%，其中，0.01～10 mm、10～21 mm 的分别占 64.74%、4.61%，降水的增加量以 0.01～10 mm 为主，分布在呼伦贝尔市中部、锡林郭勒盟西部、阿拉善盟、巴彦淖尔市和鄂尔多斯市。降水增量介于 10～21 mm 的区域主要分布在呼伦贝尔市东部、兴安盟东北部、通辽市南部。而降水减少的区域占 30.54%，其中，-10～-5 mm、-5～-0.01 mm 分别占 0.60%、29.94%，减少的降水量以-5～-0.01 mm 为主，分布在阿拉善盟西南部和包头市、呼和浩特市、乌兰察布市交界处以及锡林郭勒盟、赤峰市、通辽市交界处。降水减少-10～-5 mm 的区域则主要分布在锡林郭勒盟北部、呼伦贝尔市北部。降水不变的区域占 0.11%。

（五）2010—2015 年内蒙古及各盟市降水时空特征分析

2010—2015 年内蒙古降水变化范围-20～25 mm，以增加为主，增量占内蒙古的 76.40%，其中，0.01～10 mm、10～25 mm 分别占 50.72%、25.68%，二者均占有较大面积，在空间上呈现出集中分布的趋势，0.01～10 mm 分布在内蒙古的西部区域，10～25 mm 分布在锡林郭勒盟以及兴安盟、通辽市、赤峰市的交界地带。降水减少的区域占 23.54%，-10～-0.01 mm、-25～-10 mm 分别占 18.71%、4.83%，减少幅度中以-10～-0.01 mm 为主，分布在阿拉善盟北部、锡林郭勒盟南部，降水明显减少（-25～-10 mm）的区域主要分布在呼伦贝尔市东北部、通辽市南部、赤峰市南部。降水不变的区域仅占内蒙古面积的 0.06%。

内蒙古降水分布呈现由西部向东部逐渐增加的趋势，历经干旱区、半干旱区、半湿润区 3 个降水分布带，降水空间差异分布明显。1990—2000 年，降水以减少为主，占 84.04%，2000—2010 年、2010—2015 年降水以增加为主，占全域总面积的 69.35%、76.40%。这说明 1990—2015 年以来，内蒙古的降水变化经历了先变干、后变湿的过程，这种变化给植物提供更多的水分，促进其生长，为内蒙古生态系统植被恢复提供降水基础。从空间格局来看，降水增量的区域呈现集中分布与零星分布共存的特征，增量主要集中于东部地区，特别是呼伦贝尔市。

二、气温时空特征分析

（一）2015年内蒙古气温总体特征分析

内蒙古地域广阔，在空间上东西跨中国干旱区、半干旱区、半湿润区，南北跨16个纬度，气温空间差异明显。在2015年，内蒙古的年均气温变化范围为−5～10℃，自西南向东北气温呈现逐渐下降趋势，内蒙古年均气温基本在零度以上，占内蒙古面积的85.83%，其中0～4℃、4～8℃、大于8℃的区域分别占内蒙古面积的26.61%、37.22%和21.99%，其中0～4℃的区域主要分布在锡林郭勒盟东南部和呼伦贝尔市东南部，4～8℃的区域主要分布在锡林郭勒盟西部、乌兰察布市、巴彦淖尔市、包头市及通辽市和赤峰市的中南部，大于8℃的区域分布在阿拉善盟和鄂尔多斯市，年均气温在零摄氏度以下的地区占内蒙古总面积的14.17%，主要分布在呼伦贝尔市的中部及北部，见图8.3。

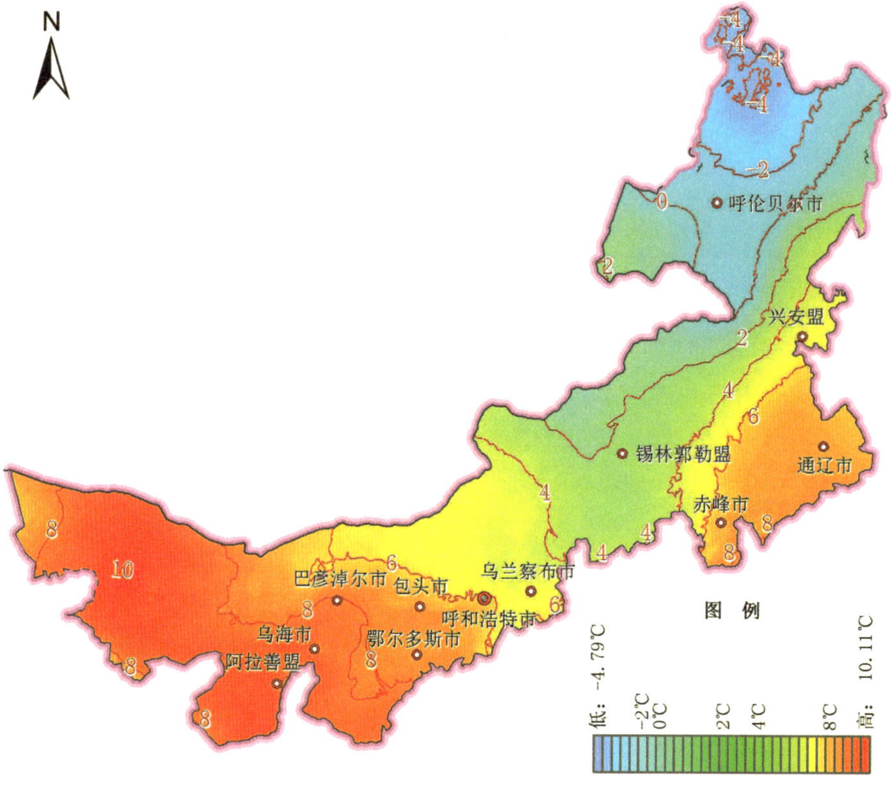

图8.3 2015年内蒙古气温空间分布

（二）2015 年各盟市气温特征分析

2015 年内蒙古各盟市气温呈现明显差异性，大体可以划分为三类：气温较低的城市（年均气温＜4℃）、气温适中的城市（年均气温 4～8℃）、气温较暖的城市（年均气温＞8℃）。气温较低的城市主要包括呼伦贝尔市、锡林郭勒盟和兴安盟，在呼伦贝尔市，其年均气温为−0.74℃，年均气温在零下的区域占到全市面积一半以上，为 62.92%；在锡林郭勒盟，年均气温为 2.74℃，年均气温在零下的区域仅有 0.01%，0～4℃的区域占到全盟面积的 85.43%；在兴安盟，年均气温为 3.74℃，年均气温在零下的区域占到全盟面积的 8.72%，0～4℃、4～8℃范围内区域的面积分别占 38.08%和 53.20%，虽然 4～8℃面积较大，但是其年均气温大部分介于 4～5℃之间。气温适中的区域主要包括乌兰察布市、赤峰市、包头市、呼和浩特市、巴彦淖尔市、通辽市、鄂尔多斯市，年均气温分别为 5.0℃、5.67℃、5.89℃、6.16℃、6.58℃、6.77℃、7.98℃，气温介于 4～8℃范围内的区域在各盟市所占面积比例分别为 94.76%、80.75%、100%、100%、95.25%、95.62%、52.48%，在乌兰察布市、赤峰市和通辽市中，年均气温 0～4℃范围内的区域面积仍占到 5.24%、18.39%和 4.38%，而这些气温较低的区域也主要分布其北部地区，受纬度影响较大。气温较暖的城市包括阿拉善盟和乌海市，其年均气温分别为 8.79℃和 8.61℃，其中年均温大于 8℃的区域面积分别占到盟市面积的 82.62%和 96.89%，见图 8.4。

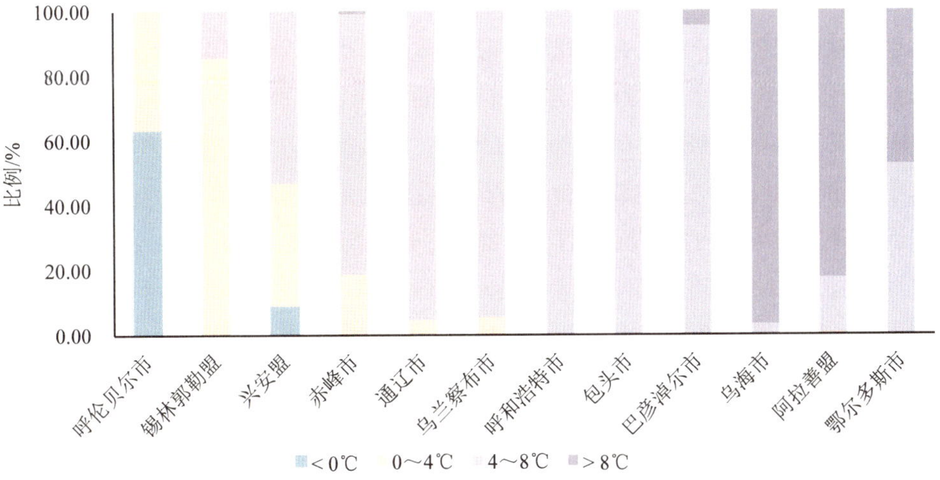

图 8.4　2015 年内蒙古各盟市气温分布比例

（三）1990—2000年内蒙古及各盟市气温动态变化特征

在1990—2000年间，内蒙古年均气温变化范围介于−0.12～0.18℃，气温总体呈现上升趋势。气温上升的区域占内蒙古面积的78.40%，其中，气温上升幅度在0～0.05℃、0.05～0.1℃和高于0.1℃范围的区域分别占内蒙古面积的13.55%、39.24%、25.60%，其中气温上升区域上升幅度主要位于0.05～0.1℃范围内，在空间上主要分布在赤峰市、乌兰察布市、锡林郭勒盟和阿拉善盟，气温上升幅度在0.1℃以上范围内的区域在空间上主要分布在呼和浩特市、鄂尔多斯市、巴彦淖尔市南部和阿拉善盟西南部。年均气温下降的区域占内蒙古面积的21.59%，其中气温降低幅度范围在−0.05℃以下及0～−0.05℃的区域面积分别占内蒙古面积的12.25%和9.34%，其中气温降低范围在−0.05℃以下区域主要分布在呼伦贝尔市，占到其面积的53.53%，气温降低范围在−0.05～0℃的区域主要分布在呼伦贝尔市和兴安盟，通辽市、阿拉善盟也有少许分布。

（四）2000—2010年内蒙古及各盟市气温动态变化特征

在2000—2010年间，内蒙古年均气温变化范围介于−0.05～0.28℃，气温总体呈现上升趋势。气温上升的区域占内蒙古面积的68.88%，其中，气温上升幅度在0～0.05℃、0.05～0.1℃和高于0.1℃范围的区域分别占内蒙古面积的62.15%、5.08%和1.65%，其中气温上升区域上升幅度主要位于0～0.05℃范围内，气温上升幅度为0～0.05℃范围内的区域，主要分布在乌兰察布市、呼和浩特市、包头市，在阿拉善盟和呼伦贝尔市中北部也存在较广的分布，在呼和浩特市、乌兰察布市、乌海市、包头市、锡林郭勒盟、巴彦淖尔市、阿拉善盟、呼伦贝尔市占盟市面积比例分别为99.17%、100%、99.58%、89.54%、73.22%、71.08%、69.00%、53.86%；而气温上升幅度在0.05℃以上的区域仅占内蒙古面积的6.73%，主要分布在阿拉善盟西北角和锡林郭勒盟西北和东北角。年均气温下降的区域占内蒙古面积的31.12%，并且年均气温下降幅度主要分布在−0.05～0℃范围内，主要分布在鄂尔多斯市、赤峰市西南部、呼伦贝尔市东南和西南部、阿拉善盟中部地区，其中在鄂尔多斯市、赤峰市、呼伦贝尔市、阿拉善盟的分布分别占其面积的84.51%、58.19%、45.28%、16.65%。

（五）2010—2015年内蒙古及各盟市气温动态变化特征

在2010—2015年间，内蒙古年均气温变化范围介于−0.09～0.30℃，气温总体呈现上升趋势。气温上升的区域占内蒙古面积的92.98%，其中，气温上升幅度在0～0.05℃、0.05～0.1℃和高于0.1℃范围的区域分别占内蒙古面积的23.13%、19.37%、50.49%。

气温上升幅度为0.1℃以上范围内的区域，主要分布在呼伦贝尔市、通辽市、锡林郭勒盟中东部及南部、赤峰市南部、乌兰察布市中部；而气温上升幅度在0～0.05℃的区域，在呼和浩特市、阿拉善盟、鄂尔多斯市最为明显，分别占其面积的68.40%、65.09%、68.06%；气温上升幅度在0.01～0.05℃范围的区域主要分布在锡林郭勒盟西部、赤峰市北部、中部地区。年均气温下降的区域占内蒙古面积的7.01%，并且年均气温下降幅度主要分布在-0.05～0℃的范围内，仅在鄂尔多斯市、阿拉善盟、呼和浩特市和包头市存在年均气温下降区域，分别占其面积的14.08%、25.20%、25.02%和4.32%，从空间上看，主要分布在阿拉善盟西北角、南部以及呼包鄂三市交界处。

由此可以看出，内蒙古及各盟市2015年气温空间分布呈现由西南向东北逐渐下降的趋势，历经干旱区、半干旱区、半湿润区和中温带到寒温带，年均气温空间差异分布明显。1990—2000年、2000—2010年、2010—2015年3个时段年均气温总体趋势以上升为主，上升区域面积占内蒙古总面积的78.40%、68.88%、92.98%。这说明1990—2015年以来，内蒙古的年均气温变化经历了逐渐上升的过程，而且上升幅度逐渐增强，而且气温上升区域空间分布呈现非常明显的空间重心转移，由中西部转到中东部，尤其是东北部的呼伦贝尔市和锡林郭勒盟地区，这也进一步印证内蒙古地区中东部暖化呈现加重趋势的现象。

第二节　社会经济因素分析

一、2015年内蒙古及各盟市社会经济因素分析

2015年内蒙古国民生产总值为19 682.30亿元，第一产业1 667.72亿元，占GDP总量的8.47%，第二产业9 693.11亿元，占49.25%，第二产业中工业与建筑业分占GDP总量的44.48%、6.84%，第三产业78 321.49亿元，占42.28%。在2015年的国民生产总值中第一产业、第二产业、第三产业的比例约为1∶5∶4，说明内蒙古农业占比薄弱，工业和建筑业在经济中占有主导特征，工业产值占比则更为明显。以交通运输业和仓储业为主的第三产业占比介于第一产业与第二产业之间，说明该区域第三产业的发展具有一定优势。另外，2015年总人口为2 504.80万人，其中，城市人口1 490.60万人，乡村人口1 014.20万人，在总人口中的占比分别为59.51%、40.49%，说明该区域人口城市化进程为60%。

2015年内蒙古各个盟市的国民生产总值变化范围为312.63亿～4 055.49亿元，其中，国民生产总值超过1 000亿元的盟市包括5个，分别为鄂尔多斯市4 055.49亿元、

包头市 3 601.23 亿元、呼和浩特市 2 809.10 亿元、通辽市 1 809.39 亿元、赤峰市 1 777.37 亿元，其中，鄂尔多斯市、包头市与呼和浩特市分布在内蒙古西部，通辽市、赤峰市分布在东部，说明内蒙古的经济发展空间上总体呈现相对均衡的特征。国民生产总值介于 500 亿～1 000 亿元的盟市包含 4 个，分别为锡林郭勒盟 940.58 亿元、巴彦淖尔市 838.56 亿元、乌兰察布市 837.37 亿元、乌海市 601.02 亿元。国民生产总值低于 500 亿元的盟市包括两个，兴安盟 460.51 亿元、阿拉善盟 312.63 亿元。从每个盟市国民生产总值的第一产业、第二产业、第三产业构成来看，各个盟市的第一产业均占比较低，介于 2.79%～26.59%。各个盟市中第二产业为主导的盟市包括 10 个，第二产业在国民生产总值的占比介于 38.63%～68.94%，以第三产业为主导的城市仅有呼和浩特市，第三产业占比 66.36%。2015 年各盟市国民生产总值呈现出以第二产业为主导的现状特征，见图 8.5 和图 8.6。

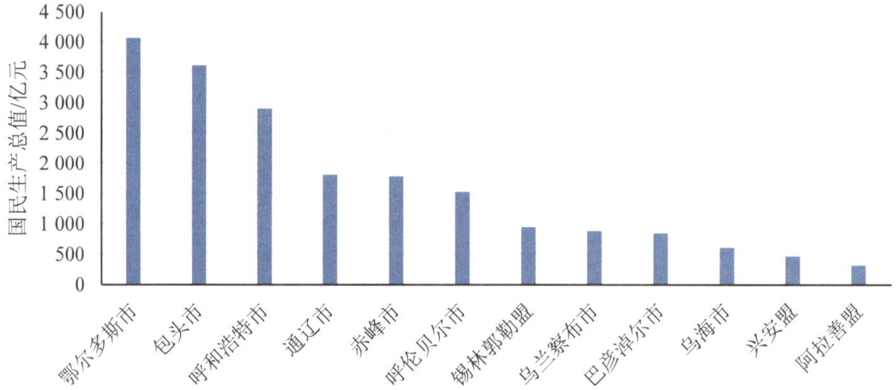

图 8.5　2015 年各盟市国民生产总值

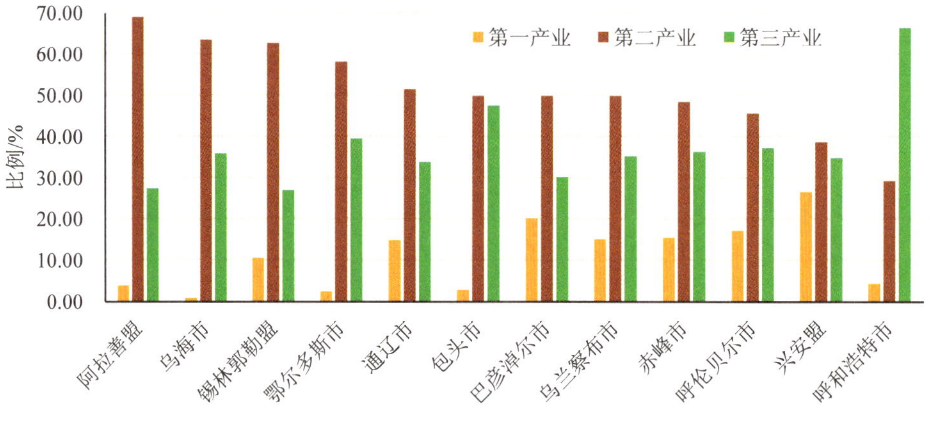

图 8.6　2015 年各盟市国民生产总值结构信息

二、1990—2000 年内蒙古及各盟市社会经济因素分析

1990—2000 年内蒙古国民生产总值增加 1 112.40 亿元，第一产业增加 232.67 亿元，第二产业增加 430.01 亿元，第三产业增加 450.68 亿元，各个产业增量的占比为 20.92%、38.66%、40.51%，说明各个产业在经济总量上都呈现增加趋势，第三产业增量的占比最多。在这个时段内，人口总量由 1990 年的 2 162.6 万人升至 2000 年的 2 372.4 万人，增加了 209.8 万人，其中城市人口由 781.1 万人升至 1 001.1 万人，增加了 220.0 万人，在总人口中的占比由 36.12%变化到 42.20%。乡村人口由 1 381.5 万人降低至 1 371.3 万人，减少 10.2 万人，在总人口中的占比由 63.88%变为 57.80%。

从各个盟市来看，1990—2000 年间，内蒙古各个盟市国民生产总值增量介于 15.92 亿～183.32 亿元，变化范围为 167.40 亿元。增量大于 100 亿元的盟市包括包头市（183.32 亿元）、呼和浩特市（148.46 亿元）、鄂尔多斯市（135.22 亿元）、赤峰市（120.66 亿元）、通辽市（114.84 亿元）、呼伦贝尔市（110.38 亿元）。增量小于 100 亿元的盟市包括巴彦淖尔市（82.26 亿元）、乌兰察布市（68.92 亿元）、锡林郭勒盟（54.99 亿元）、兴安盟（43.27 亿元）、乌海市（34.16 亿元）、阿拉善盟（15.92 亿元）。从各盟市各个产业的结构看，第一产业占比处于降低趋势，为−31.58%～−2.17%（呼伦贝尔市除外，+1.15%），第二产业在国民生产总值的占比有 8 个盟市增加，变化范围为 0.20%～30.50%，4 个盟市占比降低，变化范围为−17.94%～−3.87%。第三产业在国民生产总值的占比均处于增加趋势，变化范围为 1.08%～15.24%。各个盟市国民生产总值结构总体呈现第一产业占比降低，第二产业增加与降低并存，第三产业增加的变化趋势，见图 8.7 和图 8.8。

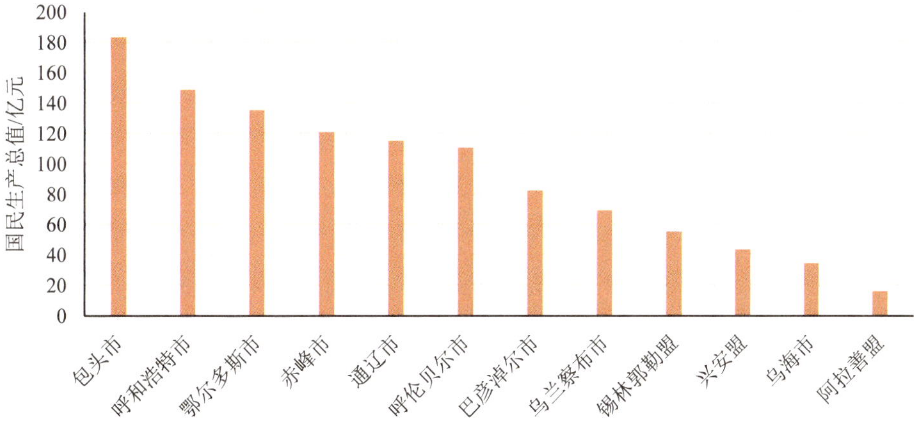

图 8.7 1990—2000 年各盟市国民生产总值变化

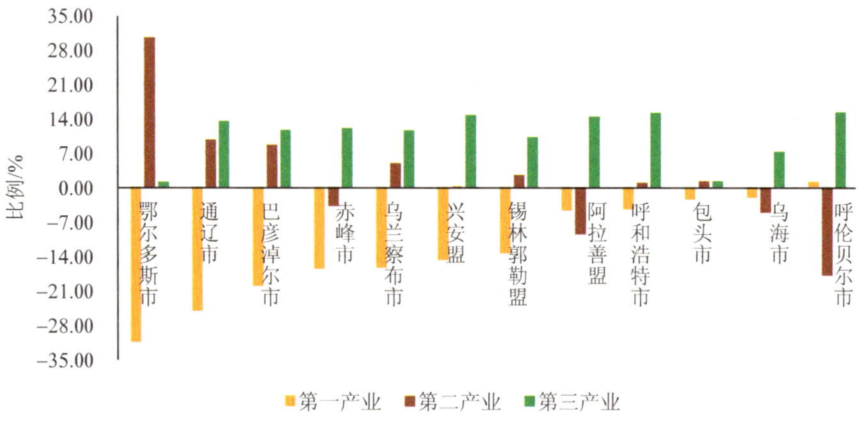

图 8.8　1990—2000 年各盟市国民生产总值结构变化

三、2000—2010 年内蒙古及各盟市社会经济因素分析

2000—2010 年内蒙古国民生产总值增加 11 478.64 亿元，第一产业增加 789.48 亿元，第二产业增加 6 320.62 亿元，第三产业增加 4 367.65 亿元，各个产业增量的占比为 6.88%、55.06%、38.06%，说明各个产业在经济总量上都呈现增加趋势，在这个时段内，第二产业和第三产业都明显增加。人口总量由 2000 年的 2 372.4 万人升至 2010 年的 2 472.2 万人，增加 99.8 万人，其中城市人口由 1 001.1 万人升至 1 372.9 万人，增加 371.8 万人，在总人口中的占比由 42.20%变为 55.53%。乡村人口由 1 371.3 万人降低至 1 099.3 万人，减少 272.0 万人，在总人口中的占比由 57.80%变为 44.47%。

从各盟市来看，2000—2010 年，内蒙古各盟市国民生产总值增量介于 204.10 亿～2 493.14 亿元，变化范围 2 289.04 亿元。增量大于 1 000 亿元的盟市包括鄂尔多斯市（2 493.14 亿元）、包头市（2 232.44 亿元）、呼和浩特市（1 686.56 亿元）、赤峰市（1 027.83 亿元）。增量小于 1 000 亿元的盟市包括通辽市（925.42 亿元）、呼伦贝尔市（775.01 亿元）、锡林郭勒盟（522.04 亿元）、巴彦淖尔市（497.22 亿元）、乌兰察布市（477.78 亿元）、乌海市（350.29 亿元）、阿拉善盟（285.41 亿元）、兴安盟（204.10 亿元）。从各盟市各个产业的结构看，第一产业占比处于降低趋势，为−24.57%～−1.95%，第二产业在国民生产总值的占比有 10 个盟市增加，变化范围为 2.77%～44.05%，2 个盟市占比降低，变化范围为−5.87%～−5.52%。第三产业在国民生产总值的占比有 3 个盟市增加，变化范围为 1.51%～11.55%，9 个盟市占比降低，变化范围为−34.34%～−0.41%。各个盟市国民生产总值结构总体呈现第一产业占比降低，第二产业增加为主，第三产业降低为主的变化趋势，见图 8.9 和图 8.10。

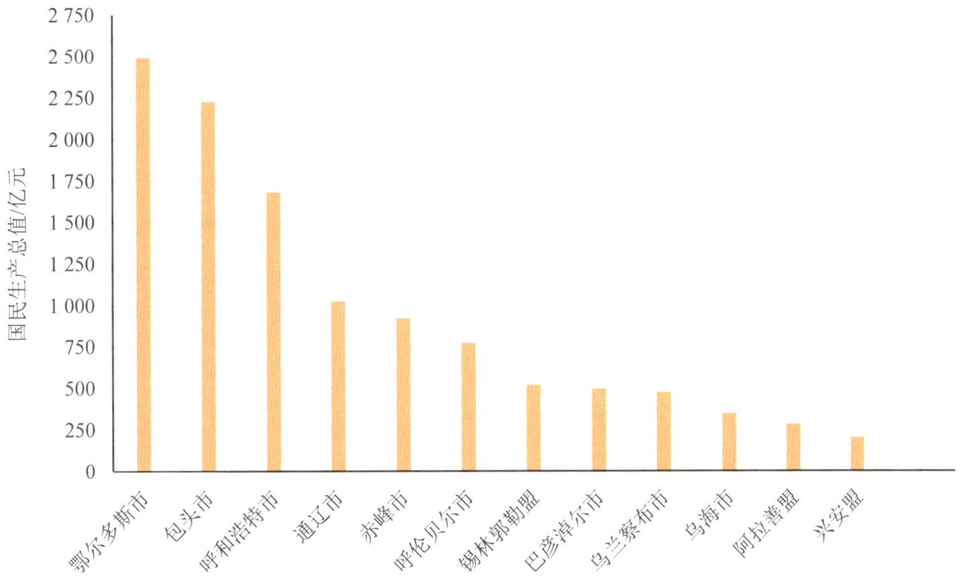

图 8.9　2000—2010 年各盟市国民生产总值变化

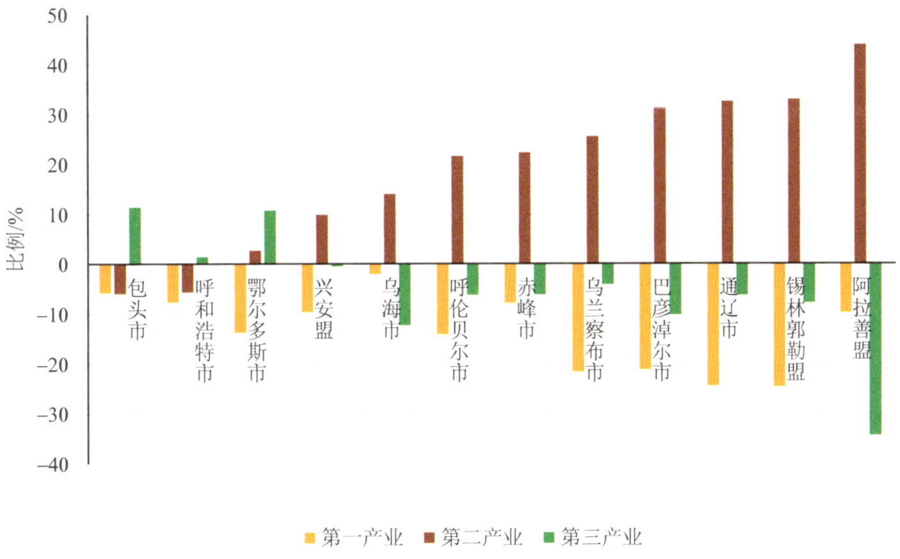

图 8.10　2000—2010 年各盟市国民生产总值结构变化

四、2010—2015 年内蒙古及各盟市社会经济因素分析

2010—2015 年内蒙古国民生产总值增加 6 796.06 亿元，第一产业增加 533.08 亿元，第二产业增加 2 840.77 亿元，第三产业增加 3 422.16 亿元，各个产业增量的占比分别为 7.84%、41.80%、50.36%，说明各个产业在经济总量上都呈现增加趋势，第三产业的增加更为明显。在这个时段内，人口总量由 2010 年的 2 472.2 万人升至 2015 年的 2 504.8 万人，增加了 32.6 万人，其中城市人口由 1 372.9 万人升至 1 490.6 万人，增加 117.7 万人，在总人口中的占比由 55.53%变化到 59.51%。乡村人口由 1 099.3 万人降低至 1 014.2 万人，减少 85.1 万人，在总人口中的占比由 44.47%变为 40.49%。

从各个盟市来看，2010—2015 年间，内蒙古各个盟市国民生产总值增量介于 96.74 亿～1 412.26 亿元，变化范围 1 405.52 亿元。增量大于 1 000 亿元的盟市包括鄂尔多斯市（1 412.26 亿元）、包头市（1 140.42 亿元）、呼和浩特市（1 028.39 亿元）。增量小于 1 000 亿元的盟市包括赤峰市（692.14 亿元）、通辽市（627.27 亿元）、呼伦贝尔市（590.19 亿元）、锡林郭勒盟（348.53 亿元）、乌兰察布市（306.13 亿元）、巴彦淖尔市（235.23 亿元）、乌海市（209.66 亿元）、兴安盟（199.11 亿元）、阿拉善盟（96.74 亿元）。从各盟市各个产业的结构看，第一产业在国民生产总值的占比有 4 个盟市增加，变化范围为 0.09%～1.04%，8 个盟市占比降低，变化范围为−5.22%～−0.16%。第二产业在国民生产总值的占比有 2 个盟市增加，变化范围为 3.46%～5.07%，10 个盟市占比降低，变化范围为−12.14%～−0.59%。第三产业在国民生产总值的占比有 11 个盟市增加，变化范围为 0.15%～11.10%，1 个盟市占比降低，为−1.09%。各个盟市国民生产总值结构总体呈现第一产业占比降低，第二产业降低，第三产业增加的变化趋势。

由此可以看出，2015 年内蒙古国民生产总值为 19 682.30 亿元，第一、第二、第三产业的占比分别为 8.47%、49.25%、42.28%，总体表现出第二、第三产业齐头并进的特征。2015 年总人口为 2 504.8 万人，其中城市 1 490.6 万人，乡村 1 014.2 万人，城市与乡村人口占比分别为 59.51%、40.49%，人口城市化率约 60%。各盟市的国民生产总值现状变化范围为 312.63 亿～4 055.49 亿元。从每个城市国民生产总值的第一、第二、第三产业构成来看，第一产业占比较低，在 GDP 的占比介于 2.79%～26.59%。第二产业为主导的盟市包括 10 个，在 GDP 的占比介于 38.63%～68.94%，以第三产业为主导的盟市仅包括呼和浩特市，第三产业在 GDP 占比 66.36%。各盟市国民生产总值呈现出以第二产业为主导的现状特征，见图 8.11 和图 8.12。

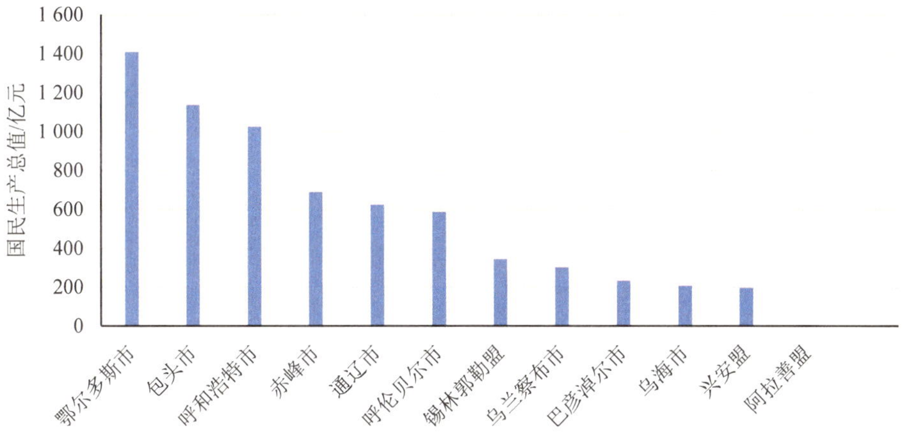

图 8.11 2010—2015 年各盟市国民生产总值变化

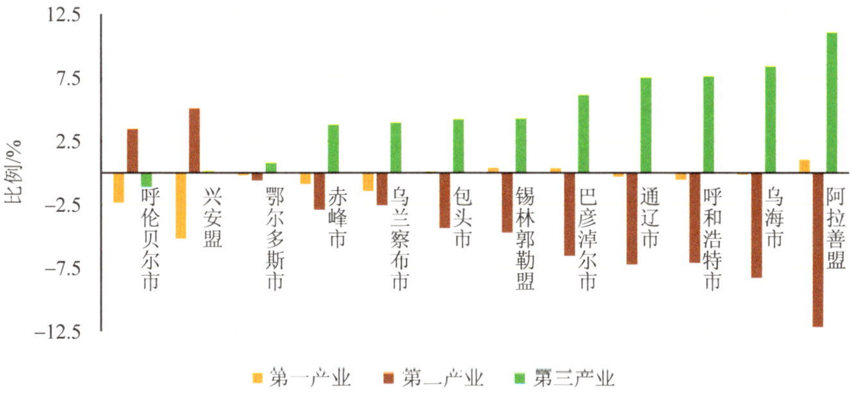

图 8.12 2010—2015 年各盟市国民生产总值结构变化

从各个阶段来看，1990—2000 年，内蒙古国民生产总值增加了 1 112.40 亿元，第一、第二、第三产业增量在 GDP 总增量的占比分别为 20.92%、38.66%、40.51%，第三产业占比最多。这期间，人口增加 209.8 万人，其中城镇人口增加 220.0 万人，在总人口的占比由 36.12%升到 42.20%。10 年间各盟市经济结构总体呈现第一产业占比降低，第二产业增加与降低并存，第三产业增加的变化趋势。2000—2010 年，国民生产总值增加 11 478.64 亿元，第一、第二、第三产业增量在总增量的占比分别为 6.88%、55.06%、38.06%，第二产业增长最为明显。人口增加 99.8 万人，其中城市人口增加 371.8 万人，在总人口占比由 42.20%升到 55.53%。10 年间各盟市经济结构总体呈现第一产业占比降低，第二产业占比增加，第三产业占比降低的变化趋势。2010—2015 年，国民生产总值增加 6 796.06 亿元，第一、第二、第三产业增量在总 GDP 增量的占比分别为 7.84%、41.80%、50.36%，第三产业增长最为明显，已经占到国民生产总增量值的一半。人口增加 32.6 万人，其中城市人口增加 117.7 万人，在总人口的占比由 55.53% 升到 59.51%。5 年间各盟市经济结构总体呈现第一、第二产业占比降低、第三产业增加的变化趋势。

第三节　生态工程影响分析

一、内蒙古生态工程实施背景因素分析

内蒙古地处我国北疆，横跨东北、华北和西北三大自然地理区，内蒙古干旱区、半干旱区和半湿润区并存，气候分布空间差异明显。在全球气候变化大背景下，近 25 年来内蒙古地区气温总体上呈现不断上升的趋势，而且中东部暖化趋势越发严峻。与此同时，改革开放以来社会和经济的发展，使土地利用/覆盖变化剧烈，加之城市化与工业化的快速发展，导致草地退化、森林覆被减少、土地沙化、水土流失加剧，影响着区域生态环境。内蒙古生态环境十分脆弱，境内分布有巴丹吉林、腾格里、乌兰布和、库布齐、巴音温都尔 5 大沙漠和毛乌素、浑善达克、科尔沁、呼伦贝尔、乌珠穆沁 5 大沙地，需要治理的荒漠化土地占内蒙古国土面积的近 60%，加强草原生态保护刻不容缓。

21 世纪以来，生态保护越来越受到党和国家的高度重视，提出要切实保护好内蒙古地区生态安全，为建设国家北方重要生态屏障做出生态贡献。尤其是党的十八大以来提出“生态文明建设、经济建设、政治建设、文化建设、社会建设”五位一体总布局，进一步加大对内蒙古生态工程实施的力度。内蒙古是黄河、辽河、嫩江等河流的上中游或源头，生态区位独特，对维护北方地区的生态平衡发挥着重大作用，也是我国草原生态保护的重要区域，是国家生态安全战略格局中东北森林带和北部防沙带的主要构成部分，对于华北生态安全保障乃至全国的生态安全格局都具有不可替代的作用。为了缓解生态环境日益恶化的现状，使区域资源、环境和人口的可持续发展之间得到优化与永续发展，国家陆续在内蒙古开展了“三北”防护林、京津风沙源治理、天然林保护、退耕还林等多项重点林业生态工程。

二、内蒙古“三北”防护林工程

“三北”防护林体系工程是一项正在我国北方实施的宏伟生态建设工程，它是林业发展的一大壮举，开创了林业生态工程建设的先河。建设范围地跨东北西部、华北北

部和西北大部分地区，包括我国北方 13 个省（自治区、直辖市）的 551 个县（旗、市、区），东起黑龙江省的宾县，西至新疆维吾尔自治区乌孜别里山口，东西长 4 480 km，南北宽 560～1 460 km，总面积 406.9 万 km^2。

内蒙古属于“三北”防护林的规划范围，其横跨“三北”（东北、华北、西北），大部分地区属于森林草原地带。但是随着自然气候的变化，干旱半干旱加剧，使内蒙古的自然生态系统具有很大的脆弱性。加之不合理的开发利用，开荒占草的规模越来越大，森林草原日渐减少，草场超载严重，土地生产力下降，导致一些地区水土流失严重，生态环境出现了严重衰退的趋势。“三北”防护林的实施有力地提升了内蒙古生态环境效应。目前，在内蒙古重点防护林工程主要包括：呼伦贝尔市防护林体系建设工程、科尔沁沙地通辽市防护林体系建设示范区、嫩江干流生态环境建设、黄河河套地区农田防护林工程建设、大青山水土保持防护林建设、毛乌素沙地防护林工程建设、库布齐、腾格里沙漠、毛乌素沙地、外围基干林带建设及荒漠植被保护封育。

内蒙古坚持以生态建设为主，全力实施生态建设重点工程，在“三北”防护林工程实施以来，内蒙古采取封沙育林、飞机播种造林、人工造林相结合的措施，营造带片网、乔灌草相结合的防风固沙林体系，在防护林建设过程中取得的成效如下：

1978—1985 年完成造林面积 1 643 013 hm^2，按造林方式分为人工造林 1 514 260 hm^2、封山育林 109 333 hm^2。按林种用途分为用材林 343 287 hm^2、经济林 30 687 hm^2、防护林 1 244 632 hm^2、薪炭林 24 320 hm^2、特种用途林 87 hm^2。

1986—1995 年完成造林面积 2 574 121 hm^2，是规划任务的 123%。其中人工造林 1 928 446 hm^2，是规划任务的 116.8%；飞播造林 84 864 hm^2，是规划任务的 212.2%；封山育林 560 811 hm^2，是规划任务的 140.4%。按林种用途分为用材林 429 318 hm^2、经济林 233 497 hm^2、防护林 1 862 885 hm^2、薪炭林 39 256 hm^2、特种用途林 9 165 hm^2。

1996—2000 年完成造林面积 1 132 432 hm^2，是规划任务的 175.2%。其中人工造林 920 815 hm^2，是规划任务的 215.3%；飞播造林 114 008 hm^2，是规划任务的 187.2%；封山育林 97 609 hm^2，是规划任务的 61.9%。按林种用途分为用材林 177 933 hm^2、经济林 231 316 hm^2、防护林 715 867 hm^2、薪炭林 6 440 hm^2、特种用途林 876 hm^2。

2000—2010 年完成林业重点生态建设任务 1 026 万亩，国家投入建设资金 10.78 亿元，森林面积实现了持续增长。

内蒙古作为“三北”防护林体系建设的重点地区之一，一直坚持以防沙治沙为重点，生态建设与发展地区经济、促进农牧民增收相结合，工程建设呈现出持续、快速、健康发展态势。累计完成“三北”防护林工程建设任务 1.07 亿亩，占全国“三北”建设总任务的 1/3。工程区森林覆盖率为 13.4%，比工程建设初期提高了 6.5 个百分点。

目前，内蒙古初步形成了乔灌草、点线面、带网片相结合的区域性防护体系，7 000 多万亩农田、1.5 亿亩基本草牧场受到林网的保护，2.4 亿亩风沙危害面积和 1.5 亿亩水土流失面积得到初步治理，取得明显的生态效益。

从防护林治理成效看：内蒙古生态状况得到了明显改善。初步实现了“整体遏制，局部好转”的局面，即内蒙古生态状况整体恶化的趋势初步得到控制，重点工程区的生态状况明显好转。内蒙古荒漠化面积减少，沙化面积降低，沙漠内部相对稳定，沙地向内收缩，沙地林草盖度普遍提高，植物群落逐步发生正向演替，稳定的沙地生态系统逐渐形成。森林草原得到恢复，土地生产力提升，水土流失严重得到好转，有利的提升了内蒙古生态环境，见图 8.13。

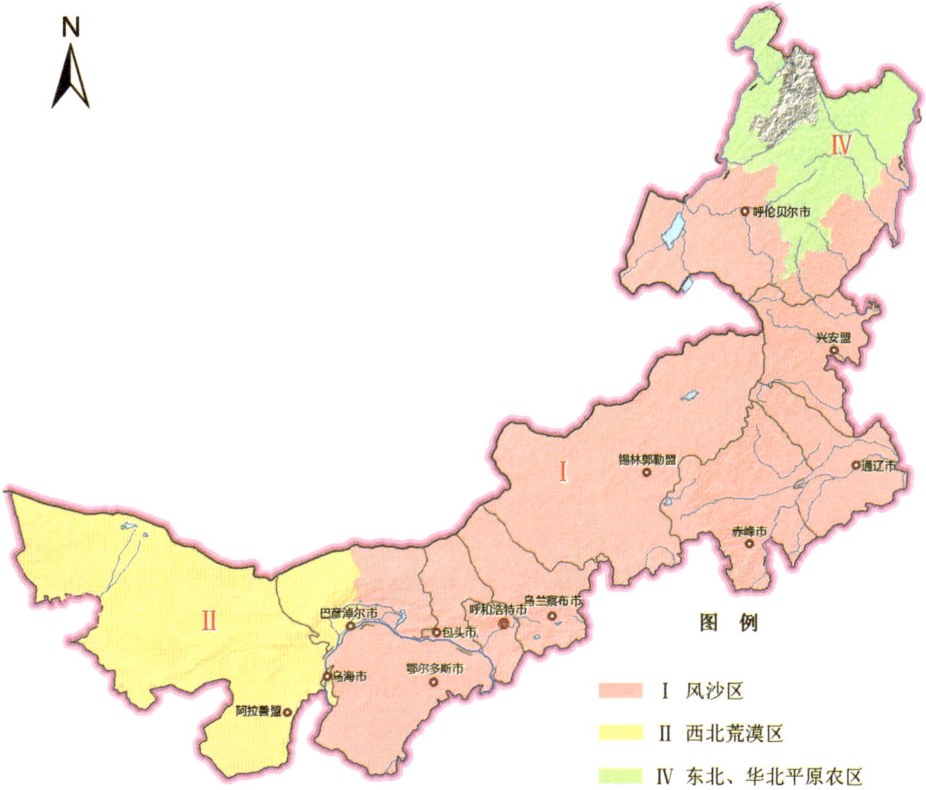

图 8.13　内蒙古“三北”防护林建设布局

三、京津风沙源治理工程

自 2000 年开始实施京津风沙源治理工程以来，内蒙古始终以“建设祖国北方重要生态屏障”为战略目标，把生态建设作为最大的基础建设，把防沙治沙作为生态建设的重中之重，按照保护与建设并举，治理与利用结合，多层次、多模式、多效益加快推进。

京津风沙源工程内蒙古治理工程区总面积 36.9 万 km^2，占内蒙古总面积的 31.9%，占全国京津风沙源工程区总面积的 80.6%，涉及内蒙古 4 个盟市、31 个旗县区，工程主要目标为减少沙尘暴，采取的措施包括林业措施、草地治理、水利水保工程和生态移民。

在 2015 年，京津风沙源治理工程共完成造林 23.91 万 hm^2，其中人工造林 13.12 万 hm^2，飞播造林 2.07 万 hm^2，无林地和疏林地新封山育林 8.72 万 hm^2。草地治理面积 2.05 万 hm^2，小流域治理面积 2.78 万 hm^2，治理总面积达到 28.74 万 hm^2。另外，建设暖棚 52.07 万 m^2；购置各类饲料机械 8 723 台；完成水利配套设施 2 643 处。

京津风沙源治理工程实施以来累计完成治理总面积达到 1 123.23 万 hm^2，其中林业工程 771.97 万 hm^2，草地治理 241.82 万 hm^2，小流域治理 109.44 万 hm^2。在林业工程中，累计完成人工造林 374.67 万 hm^2、飞播造林 103.86 万 hm^2、新封山育林 293.44 万 hm^2，见图 8.14。

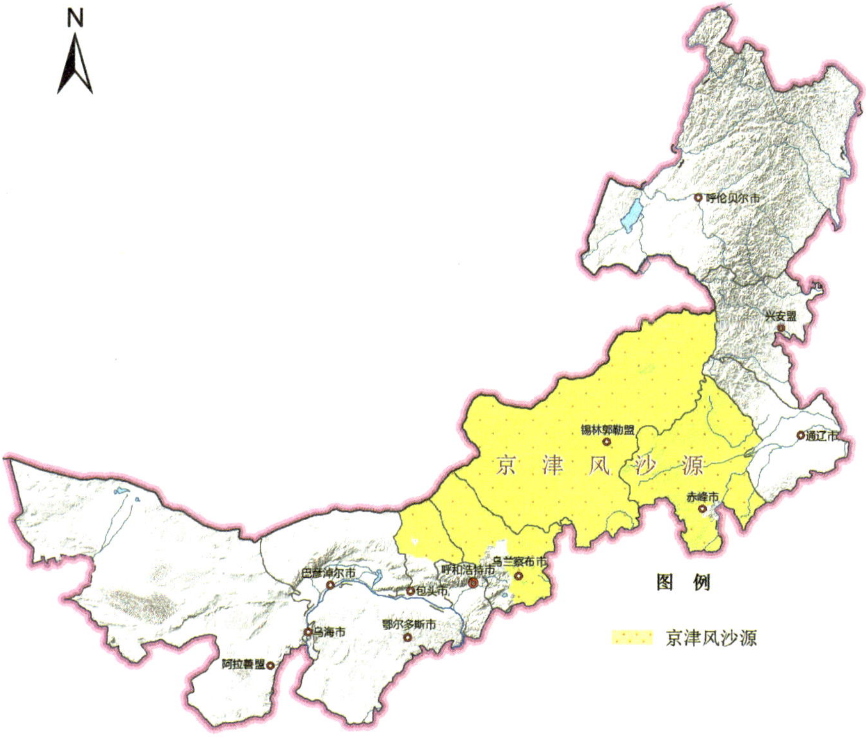

图 8.14　内蒙古京津风沙源治理工程区

内蒙古京津风沙源治理工程区的变化，表现为沙化面积明显减少，生态状况显著改善。如赤峰市重点治理的北部沙区的沙化趋势初步遏制，实现从“沙进人退”到“沙退人进”。锡林郭勒盟重点治理的浑善达克沙地植被状况明显好转，长 420 km、宽 3 km、横跨 5 旗县的浑善达克沙地南缘防护体系初步形成。乌兰察布市阴山北麓长 300 km、宽 50 km 的绿色生态屏障也已基本形成，风蚀沙化现象得到有效遏制。

四、天然林资源保护工程

实施天然林资源保护工程，是党中央、国务院从维护国家生态安全、实现经济社会可持续发展、全面建成小康社会的大局所做出的一项重大决策。天然林保护工程以从根本上遏制生态环境恶化，保护生物多样性，促进社会、经济的可持续发展为宗旨，以对天然林的重新分类和区划，调整森林资源经营方向，促进天然林资源的保护、培育和发展为措施，以维护和改善生态环境，满足社会和国民经济发展对林产品的需求为根本目的。按照党中央、国务院的统一部署，内蒙古天然林保护工程从 1998 年试点，2000 年全面启动。天然林保护工程涉及 9 个盟市 66 个县级实施单位，总面积 6.1 亿亩，占内蒙古面积的 34.5%，如图 8.15 所示。

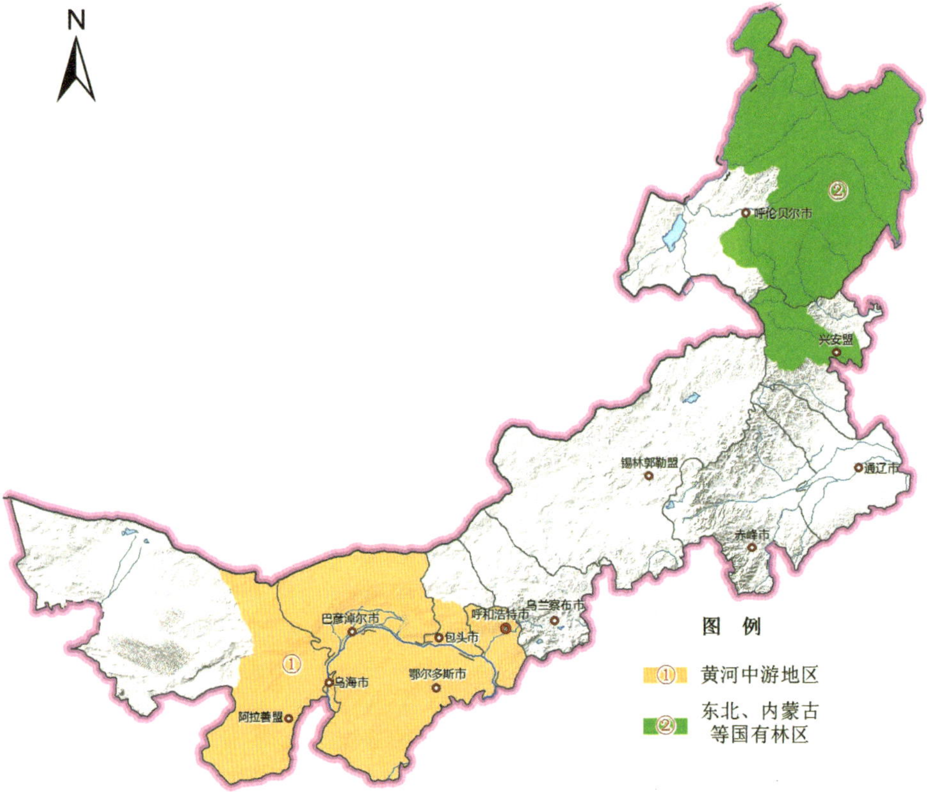

图 8.15 天然林工程示意图

内蒙古天然林保护工程主要分为两个区域，一个是黄河中上游天然林资源保护工程实施区，位于内蒙古的中西部，总土地面积 40 963 万亩。工程区内山峦起伏，沟壑纵横，流沙、半流沙广泛分布。以阴山—贺兰山为界，山地以北为主要是高平原；山地以南以丘陵、台地为主。其中分布着腾格里、乌兰布和、库布齐、巴丹吉林沙漠和毛乌素沙地，黄河北岸至阴山山前的狭长地带是著名的河套平原地区。2000—2010 年间，该区域森林面积增加，工程区森林管护面积增加了 84.58%，实现工程区森林面积和蓄积量持续“双增长”。黄河中上游工程区森林面积增加了 3 518 万亩，其中，有林地面积增加 414 万亩，灌木林地面积增加 3 104 万亩，森林蓄积增加 1 993 万 m^3，森林覆盖率由 5.17%提高到 13.75%；黄河中上游天然林保护工程区生态恶化的趋势得到遏制，土壤侵蚀模数明显下降，输入黄河泥沙量每年减少 3 700 万 t；沙区植被盖度、高度、生物量显著提高，乌兰布和、库布齐、腾格里沙漠锁边林带逐步完善，荒漠化、沙化土地持续“双减少”。天然林保护工程区野生动植物的生存环境进一步改善，野生动植物的数量和种类明显增多，生物多样性增加，生态系统稳定性增强。

另一个天然林资源工程区位于内蒙古东北部的国有林区，地跨呼伦贝尔市和兴安盟的 9 个旗县（牙克石市、扎兰屯市、根河市、额尔古纳市、鄂伦春自治旗、鄂温克自治旗、阿荣旗、莫力达瓦达斡尔族自治旗、阿尔山市）。该区域东部与黑龙江省嫩江地区毗邻，西部与呼伦贝尔草原及蒙古国、俄罗斯相邻，南部与兴安盟科尔沁右翼前旗相连，北以额尔古纳河与俄罗斯为界。工程区总土地面积 20 149.86 万亩。在内蒙古重点国有林区天然林保护工程实施前后生态效益总价值明显增加，其中涵养水源价值最高，由 2000 年的 837.29 亿元增长到 2015 年的 1 448.77 亿元，增加了 611.48 亿元；其次是生物多样性价值，由 2000 年的 724.42 亿元增长到 2015 年的 1 230.83 亿元，增加了 506.41 亿元；林木累计营养物质的价值最低，仅增加了 93.79 亿元；保育土壤、固碳施氧、净化大气环境的生态价值量分别增加了 322.57 亿元、318.36 亿元、363.06 亿元。内蒙古天然林保护工程涉及东部四盟市，净化大气环境价值量增加明显，工程实施期间，内蒙古生态环境效应总价值增加 2 215.67 亿元，生态效应总价值的增幅达到 65.63%，相当于内蒙古 2015 年 GDP 总量的 12.29%，2015 年的生态效益占内蒙古 GDP 的 31.01%，见图 8.16。

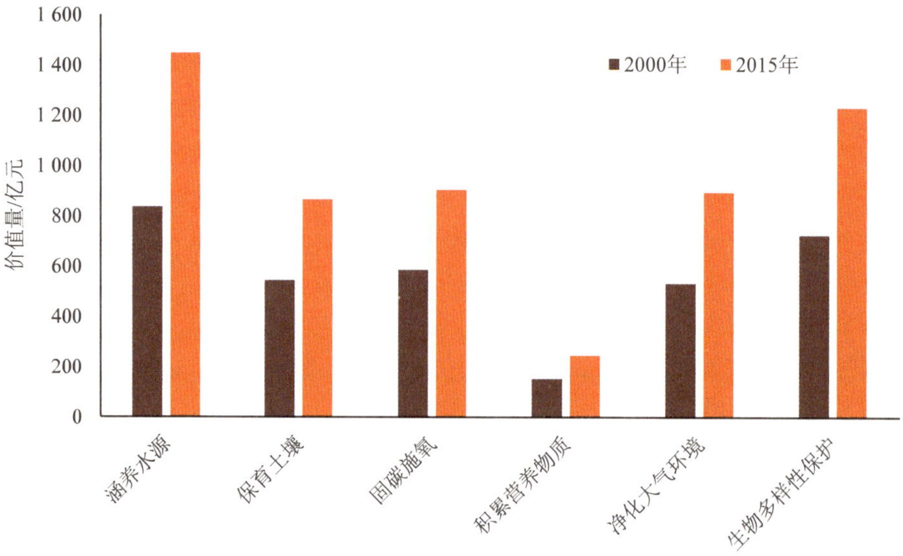

图 8.16　内蒙古国有林区天然林保护工程生态效益价值量

五、退耕还林还草工程

退耕还林还草的对象是坡度在25°及25°以上的陡坡耕地和水土流失严重的沙耕地，实施目标为恢复林草植被，改善生态环境、水土流失，为内蒙古的可持续发展奠定良好的生态基础。自 2000 年和 2003 年内蒙古相继实施退耕还林和退耕还草工程以来，工程区森林草原覆盖度明显增加，生态得到改善，内蒙古沙化耕地退化趋势得到有效遏制，人居环境和生态状况得到改善，充分显示退耕还林还草工程在改善生态的重要作用。退耕还林还草工程实施以来，使内蒙古生态系统土壤保持功能、涵养水源功能、净化空气功能、保护生物多样性生态功能明显提升。

内蒙古耕地主要分布在东部的兴安盟、通辽市、赤峰市，中部的乌兰察布市、包头市、巴彦淖尔市等区域。其中，2002—2013 年内蒙古的退耕还林面积总量约为 114 万 hm^2，其中 2002 年面积最多，为 34 万 hm^2，其次是 2003 年的 28 万 hm^2，2013 年面积最少，仅为 1.6 万 hm^2。近 10 年来，内蒙古退耕还林面积一直保持较为稳定的状态。

各盟市退耕还林工程取得显著成效。呼伦贝尔市自实施退耕还林工程以来，退耕地还林 48.6 万亩，荒山荒地造林 95.8 万亩，封山育林 43 万亩，通过退耕还林工程的实施，全市森林覆盖率增加 0.42%，有效地控制了工程区内的水土流失土地 121.5 万亩，沙化、退化土地 53.5 万亩，有效地保护了农田牧场的安全，增加了土壤蓄水保水能力，提高了抵御自然灾害的能力，生态环境得到明显改善。巴彦淖尔市的杭锦后旗共完成退耕还林 50.37 万亩，其中退耕地造林 15.37 万亩，荒地还林 34.5 万亩，封山育林 0.5 万亩，通过实施退耕还林，杭锦后旗的生态环境大为改观，特别是乌兰布和沙漠治理效果凸显，共完成乌兰布和沙漠治理 22 万亩，内含沙地 7 万亩，有效地缓解了风沙的危害，各种自然灾害明显减少，生态环境质量明显改善。地处浑善达克沙地的多伦县，过去由于受自然灾害和开荒、超载放牧等因素影响，生态系统极其脆弱，2001 年该县实施退耕还林工程以来，已完成退耕还林 74.8 万亩，其中退耕地造林 46.3 万亩，荒山荒地造林 28.5 万亩。全县森林资源大幅度增加，林地面积由 2000 年的 54 万亩增加到现在的 235 万亩，占土地总面积的 41%。森林覆盖率由 2000 年的 6.8%提高到现在的 30%，生态环境质量和沙地退化得到明显好转，见图 8.17～图 8.19。

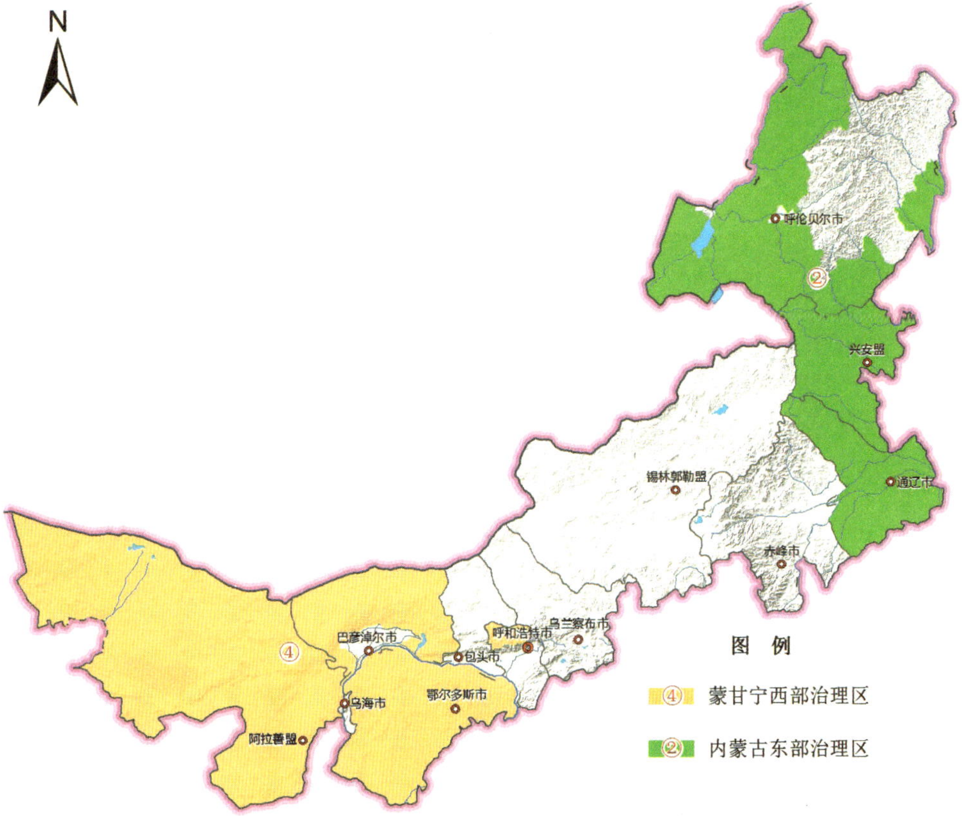

图 8.17 退耕还林还草工程示意图

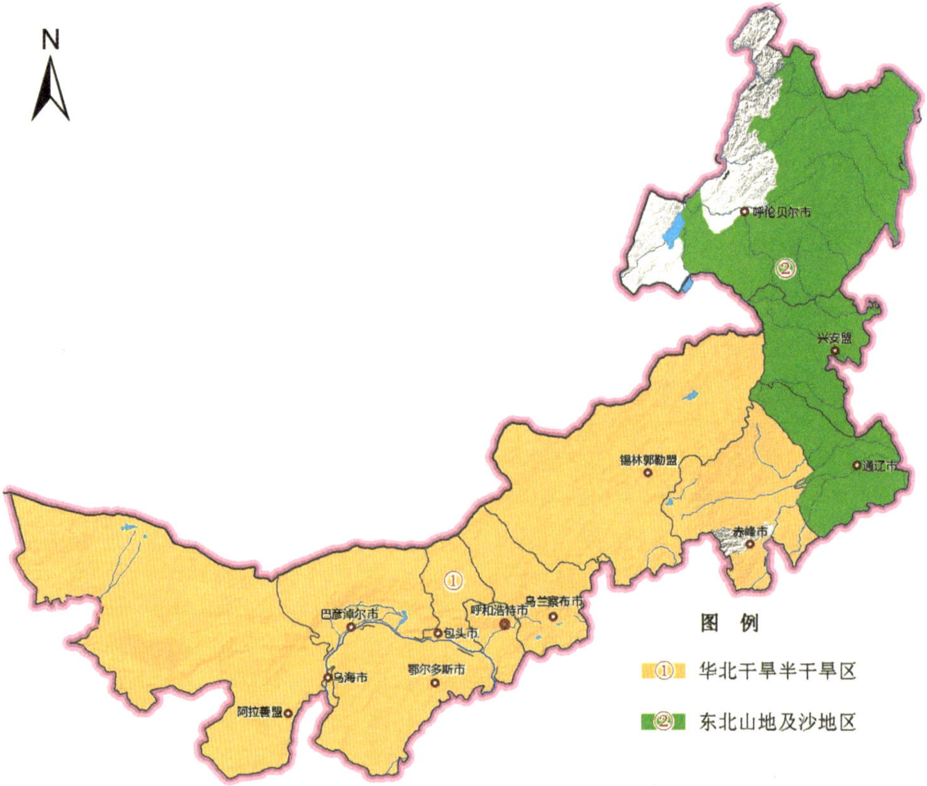

图 8.18 退耕还林工程示意图

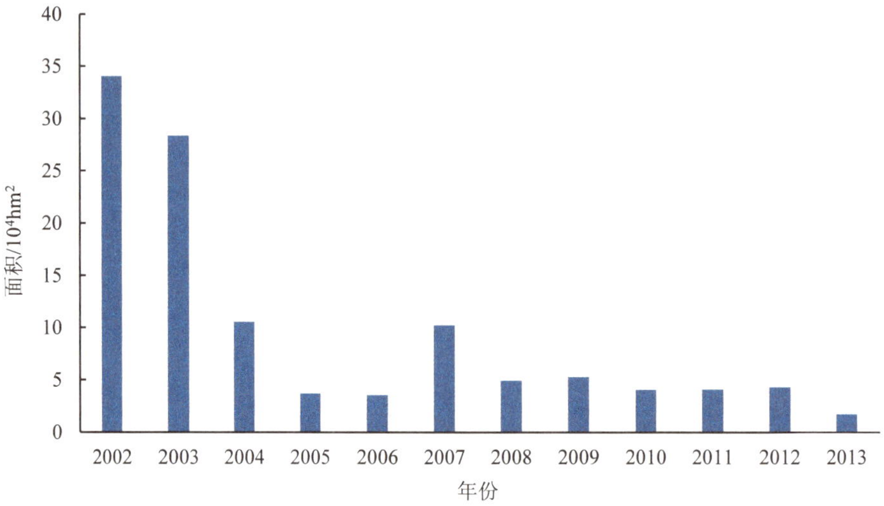

图 8.19 2002—2013 年内蒙古退耕还林面积变化

第四节　开发建设活动影响分析

一、城镇建设用地

总体来看，2000—2015 年城镇面积增加显著，地级以上城市面积增加尤为明显。

根据内蒙古 12 盟市城区面积统计结果，见表 8.1，从城区面积来看，包头市和呼和浩特市城区面积分居第一位和第二位，阿拉善盟的城区面积一直比较靠后。从城区扩展面积来看，包头市和呼和浩特市在 2000—2015 年，城区总扩展面积最大，二者占了总扩展面积的 43.48%，见图 8.20，鄂尔多斯排在第三位。另外，在 2000—2005 年，呼和浩特市相较于其他盟市城区扩展较为明显；在 2005—2010 年，包头市和鄂尔多斯市城区扩展很快，排在第一位和第二位；在 2010—2015 年，通辽市和赤峰市有显著扩展，扩展面积分别为 26.54 km^2 和 20.53 km^2。

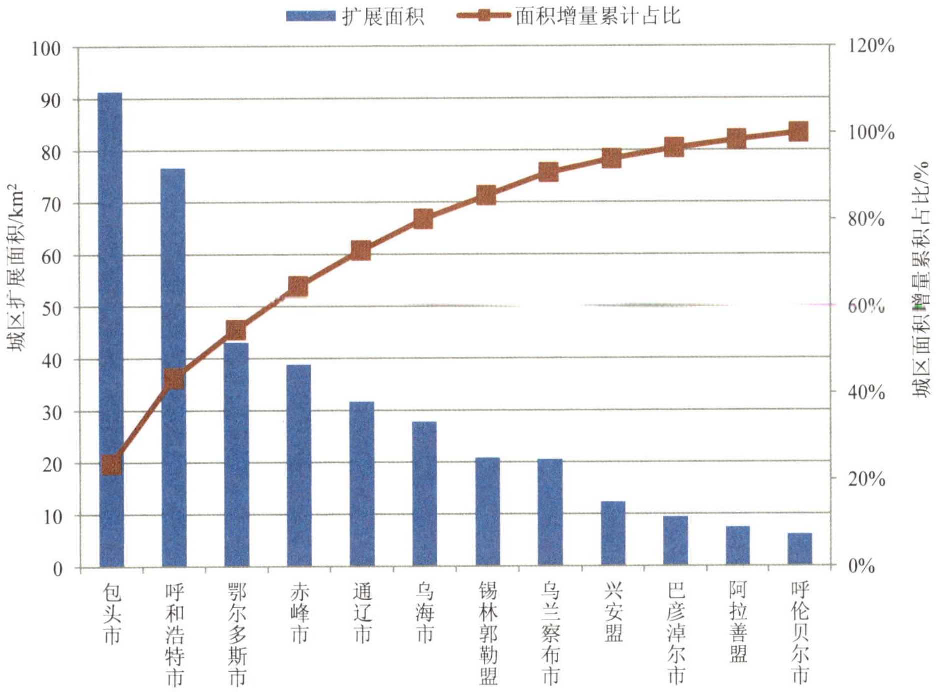

图 8.20　内蒙古 12 盟市城区扩展面积统计

表 8.1　内蒙古 12 盟市城区面积统计

扩展面积排名	城市	面积/km^2			扩展面积/km^2		
		2000 年	2005 年	2010 年	2000—2005 年	2005—2010 年	2010—2015 年
1	包头市	111.57	120.09	180.05	8.52	59.96	22.30
2	呼和浩特市	87.02	110.73	132.98	23.71	22.25	24.95
3	鄂尔多斯市	19.17	26.03	50.75	6.86	24.72	11.41
4	赤峰市	33.93	40.50	51.17	6.57	10.67	20.53
5	通辽市	24.37	24.73	29.31	0.36	4.58	26.54
6	乌海市	30.11	30.83	44.95	0.72	14.12	11.14
7	锡林郭勒盟	16.93	18.50	23.60	1.57	5.10	13.95
8	乌兰察布市	19.89	22.24	25.64	2.35	3.40	14.77
9	兴安盟	13.57	14.12	14.57	0.55	0.45	10.91
10	巴彦淖尔市	24.45	24.68	28.19	0.23	3.51	5.54
11	阿拉善盟	11.77	12.26	14.40	0.49	2.14	4.85
12	呼伦贝尔市	26.40	26.62	28.21	0.22	1.59	4.13

从 12 个盟市各阶段城区扩展速度来看，见图 8.21，包头市在 2005—2010 年，扩展速度达到 12 km^2/a，是各盟市各阶段的最大值。呼和浩特市各阶段的扩展速度都比较稳定，并保持在较高的增长速度。鄂尔多斯市因康巴什新区建设，在 2005—2010 年，城区扩张明显。通辽市、乌兰察布市、锡林郭勒盟在 2010—2015 年，因开发区建设加快，城区扩张也随之加快。阿拉善盟、巴彦淖尔市、呼伦贝尔市由于人口稀少和经济发展相对偏弱等因素，在各阶段的扩展速度均比较缓慢。

从 12 个盟市各阶段城区扩展强度来看，见图 8.23，包头市、鄂尔多斯市和乌海市在 2005—2010 年，扩展强度达到最大值，剩余 8 个盟市在 2010—2015 年内，扩展强度达到最大值。

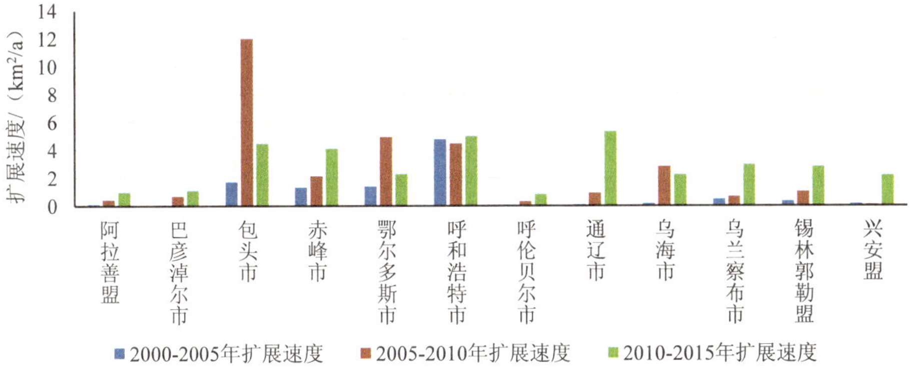

图 8.21　12 盟市 2000—2015 年各阶段城区扩展速度

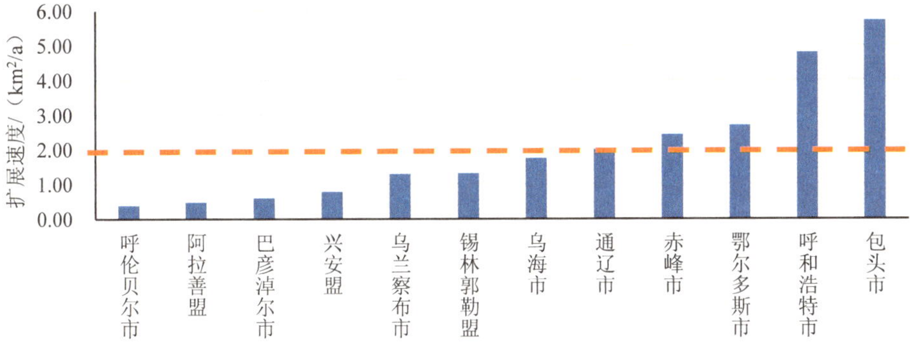

图 8.22　12 盟市 2000—2015 年城区扩展速度

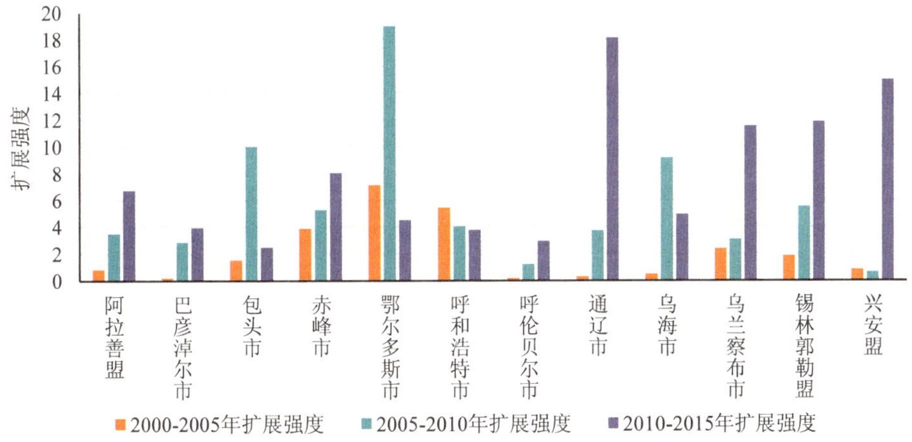

图 8.23　12 盟市 2000—2015 年各阶段城区扩展强度

二、交通网络

根据内蒙古 12 盟市公路里程统计结果，见表 8.2，从里程来看，呼伦贝尔市、巴彦淖尔市和赤峰市公路里程一直处于前列，乌海市受政区面积影响排名比较靠后。从里程增加来看，呼伦贝尔市、巴彦淖尔市和赤峰市在 2000—2015 年里程总增加最大，三者占了总增长里程的 41.33%，见图 8.24。

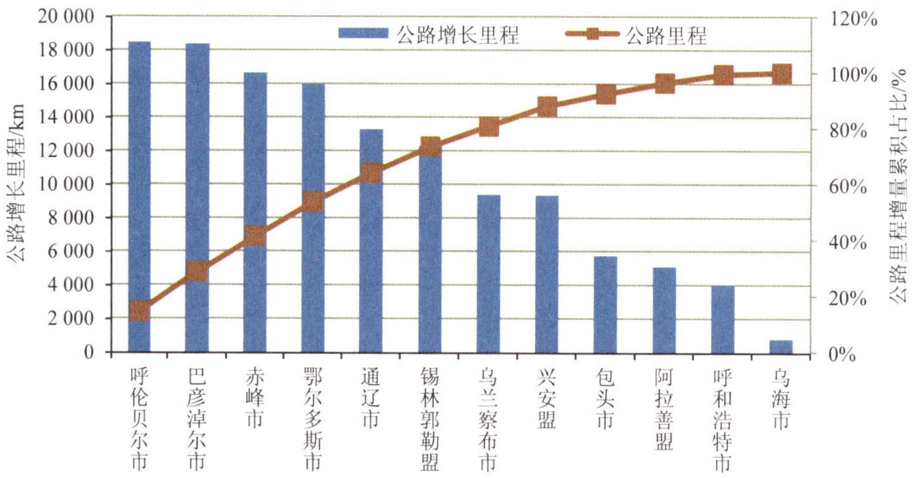

图 8.24 内蒙古 12 盟市增加里程统计图

从 12 盟市各时间段交通网络密度来看，见图 8.25，均呈现增长趋势。以 2015 年乌海市的交通网络密度最高，达到了 0.53；阿拉善盟在各年间交通网络密度均为 12 盟市最低。

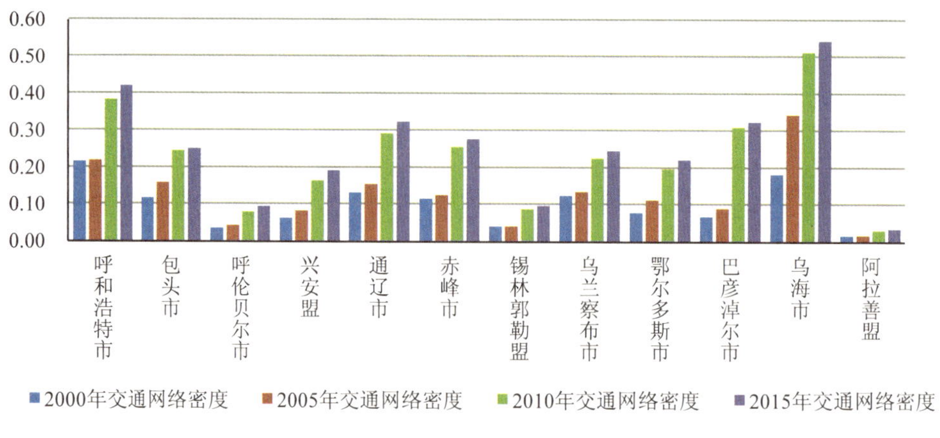

图 8.25 12 盟市各时间段交通网络密度

表 8.2　内蒙古 12 盟市公路里程统计

增加里程排名	盟市	里程/km				增加里程/km		
		2000 年	2005 年	2010 年	2015 年	2000—2005 年	2005—2010 年	2010—2015 年
1	呼伦贝尔市	8 718	10 452	19 663	23 489	1 734	9 211	3 826
2	巴彦淖尔市	4 262	5 680	19 818	20 762	1 418	14 138	944
3	赤峰市	10 282	11 127	22 873	24 827	845	11 746	1 954
4	鄂尔多斯市	6 658	9 554	16 961	19 162	2 896	7 407	2 201
5	通辽市	7 745	9 134	17 284	19 212	1 389	8 150	1 928
6	锡林郭勒盟	7 233	8 005	17 318	19 212	772	9 313	1 894
7	乌兰察布市	6 732	7 329	12 334	13 459	597	5 005	1 125
8	兴安盟	3 661	4 820	9 769	11 399	1 159	4 949	1 630
9	包头市	3 204	4 379	6 745	6 915	1 175	2 366	170
10	阿拉善盟	4 154	4 219	7 801	8 971	65	3 582	1 170
11	呼和浩特市	3 707	3 749	6 560	7 219	42	2 811	659
12	乌海市	308	581	868	923	273	287	55

第五节　农业活动影响分析

内蒙古是农牧大省，但在粮食生产连年丰收、单位亩产量维持高位的情况下，应该清醒地看到，依靠资源消耗的粗放经营方式没有根本改变，农业面源污染和生态退化的趋势尚未有效遏制，绿色优质农产品和生态产品供给不能满足人民群众日益增长的需求。推进农牧业绿色发展是实施“五位一体”总体布局在农牧业上的具体体现。尤其是随着农业的发展，化肥、农药用量越来越大，成为重要的农业面源污染来源，农田使用的各种化肥不可能全部被植被吸收利用。一方面削弱农作物生产能力；另一方面对农作物品种及食物链造成污染，破坏土地资源，对环境造成污染。

一、化肥使用强度和农药使用强度

化肥使用强度是指单位耕作播种区域面积实际施用的化肥量。农药使用强度是单位农药使用区域面积实际喷施的农药数量。化肥使用强度和农药使用强度反映了化学药品对生态环境中土地的破坏程度，反映了区域农业面源的污染程度。一般来说，化肥使用强度和农药使用强度越高，表明人类在农业作业区域内投入的化学药品的数量越高，对区域生态的污染破坏程度越重；反之化肥使用强度和农药使用强度越低，表明人类在农业区域内投入的化学药品的数量越低，对区域生态的污染程度破坏越低。

从空间分布上来看，农药使用强度排名靠前的盟市为乌海市、阿拉善盟、通辽市和呼伦贝尔市。其中通辽市的农药使用强度达到了 0.49 kg/亩，其余 8 个盟市农药使用强度低于内蒙古平均值，以乌兰察布市和呼和浩特市为最低，农药使用强度依次为 0.11 kg/亩和 0.07 kg/亩。化肥使用强度排名靠前的盟市为乌海市、通辽市和巴彦淖尔市，其中通辽市的农药使用强度达到了 37.74 kg/亩。有 7 个盟市农药使用强度低于内蒙古平均值，以锡林郭勒盟和乌兰察布市为最低，农药使用强度依次为 5.33 kg/亩和 9.94 kg/亩。

从年份上来看，2000—2015 年农药和化肥使用总量呈现逐年增加的趋势。2005—2010 年各盟市增幅最大，以呼伦贝尔市最为明显，由 0.22 kg/亩增长到 0.45 kg/亩，增幅达到了 104.55%。2000—2015 年化肥使用总量呈现逐年增加的趋势。2005—2010 年各盟市增幅最大，以通辽市最为明显，由 18.29 kg/亩增长到 32.88 kg/亩，增幅达到了 79.80%，见表 8.3 和图 8.26～图 8.29。

表 8.3 内蒙古各盟市 2000—2015 年农药、化肥使用强度

盟市	农药使用强度/（kg/亩）				化肥使用强度/（kg/亩）			
	2000 年	2005 年	2010 年	2015 年	2000 年	2005 年	2010 年	2015 年
呼和浩特市	0.09	0.05	0.03	0.06	10.15	13.65	12.53	17.72
包头市	0.14	0.16	0.11	0.17	11.29	13.12	10.45	16.06
呼伦贝尔市	0.17	0.22	0.45	0.39	4.87	6.32	9.44	11.21
兴安盟	0.07	0.10	0.17	0.38	5.96	10.64	15.02	23.94
通辽市	0.10	0.22	0.36	0.49	7.54	18.29	32.88	37.43
赤峰市	0.06	0.07	0.24	0.23	7.60	11.73	17.23	19.53
锡林郭勒盟	0.07	0.13	0.13	0.17	3.01	3.07	3.65	5.22
乌兰察布市	0.05	0.06	0.06	0.09	4.92	6.09	6.77	9.71
鄂尔多斯市	0.09	0.35	0.24	0.26	11.77	13.07	16.32	19.65
巴彦淖尔市	0.12	0.13	0.14	0.16	29.21	27.41	28.29	28.40
乌海市	0.80	0.97	0.73	0.27	56.05	61.10	37.76	35.26
阿拉善盟	0.30	0.45	0.72	0.35	16.05	21.51	38.13	22.45

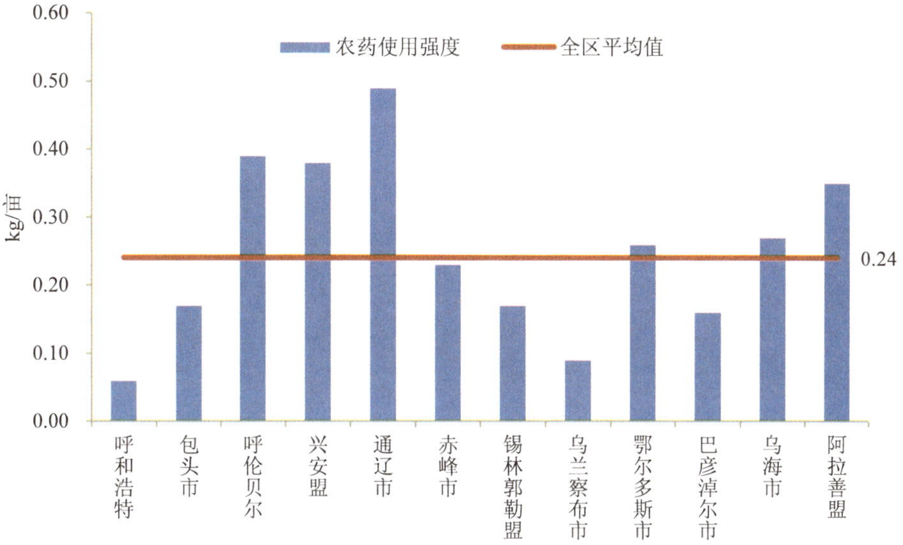

图 8.26　2015 年内蒙古各盟市农药使用强度

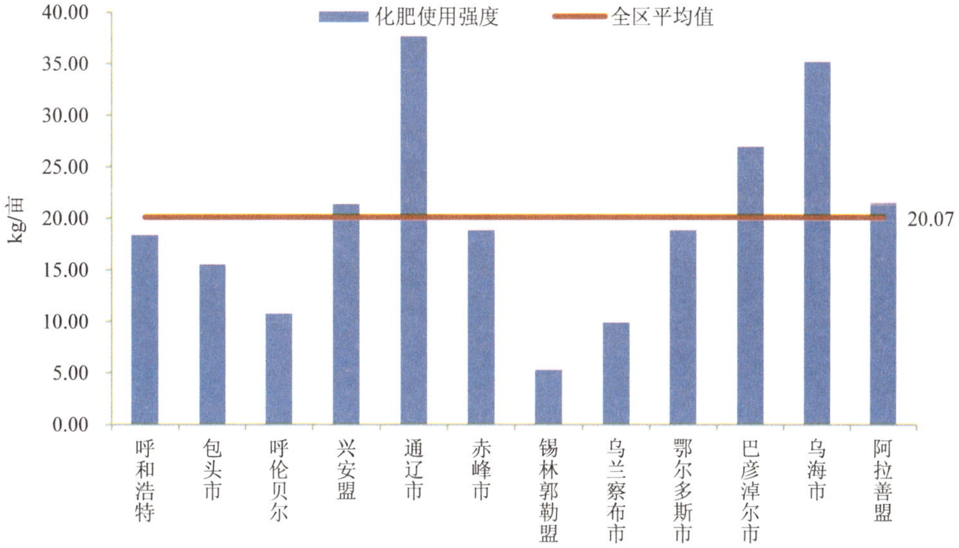

图 8.27　2015 年内蒙古各盟市化肥使用强度

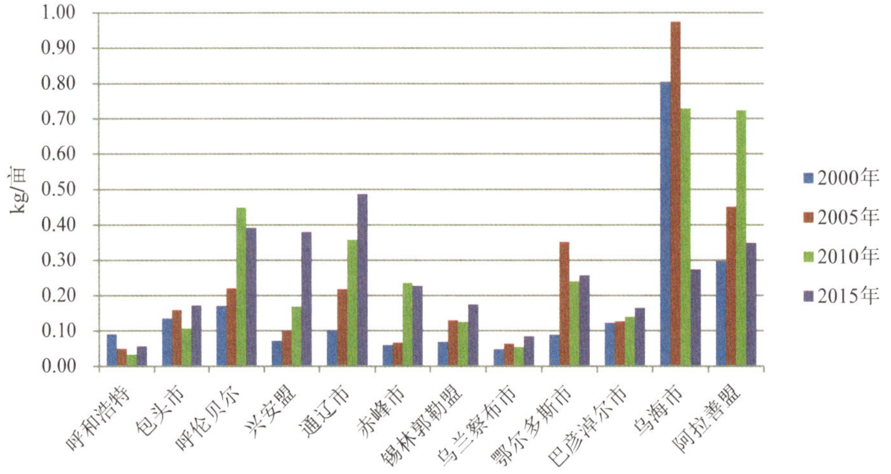

图 8.28　12 盟市各时期农药使用强度

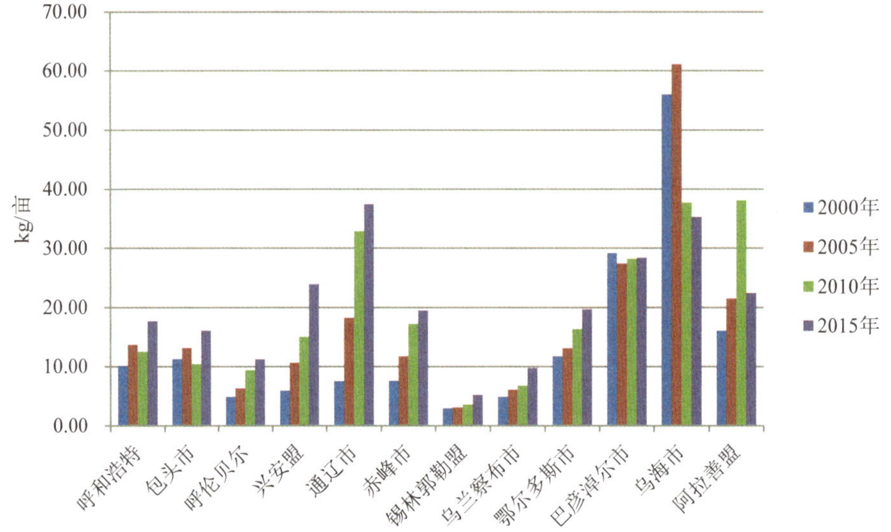

图 8.29　12 盟市各时间化肥使用强度

二、放牧强度

放牧强度是指单位面积在一定时间内放牧家畜的数量，以单位可食牧草面积上放牧家畜数量，或单位草地面积上的载畜量表示。自治区家畜以羊为主，这里以单位面积上羊的数量作为放牧强度。如利用率等于采食率，表示放牧适度；利用率大于采食率，表示放牧轻度。在适度的放牧强度下，牲畜能维持正常生长和生产，草地牧草能保持正常生长发育和持久利用。

自治区 2000—2010 年羊总存栏数呈现先增加后减小的趋势，2015 年呼伦贝尔市和巴彦淖尔市羊存栏量最多，分别为 738.06 万只和 710.56 万只。2015 年平均放牧强度为 69 只/km^2，以通辽市和巴彦淖尔市放牧强度最高，为 118 只/km^2；12 个盟市中只有呼伦贝尔市、锡林郭勒盟、乌海市和阿拉善盟 4 个盟市没有超过平均放牧强度，见表 8.4。

表 8.4　内蒙古各盟市 2000—2015 年羊存栏数和放牧强度

盟　市	羊/万只				放牧强度/（只/km^2）			
	2000 年	2005 年	2010 年	2015 年	2000 年	2005 年	2010 年	2015 年
呼和浩特市	118.17	93.14	156.2	179.41	69	54	91	104
包头市	162.62	128.51	183	212.22	59	46	66	77
呼伦贝尔市	283.79	778.22	700.11	792.52	11	31	28	31
兴安盟	298.89	467.48	468.9	568.55	50	78	78	95
通辽市	182.53	478.81	598.2	700.03	31	80	101	118
赤峰市	339.5	628.57	600.89	695.3	38	70	67	77
锡林郭勒盟	920.61	765.61	544.35	622.16	45	38	27	31
乌兰察布市	308.28	479.45	463.89	462.08	56	87	84	84
鄂尔多斯市	351.55	711.7	759.27	699.42	41	82	87	81
巴彦淖尔市	460.06	758.29	661.69	746.85	71	118	103	116
乌海市	5.5	9.49	8.85	9.01	32	56	52	53
阿拉善盟	120.08	120.73	130.69	112.57	4	4	5	4

由图 8.30 可以看出，2000—2015 年除了通辽市一直呈现增长趋势，其他各盟市的羊存栏数都有增有减。2000—2005 年增长的幅度最为明显，其中呼伦贝尔市由 2000 年的 283.79 万只增加到 778.22 万只，增幅为 172.44%。减少最明显的是锡林郭勒盟，2000—2015 年累计减少 339.31 万只，但 2010 年后存栏数量有了轻微上升。

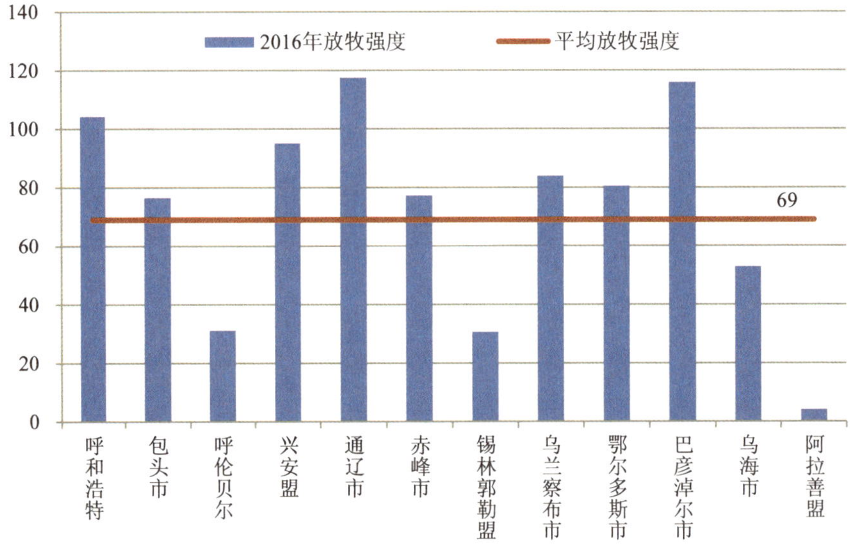

图 8.30　内蒙古 2015 年放牧强度

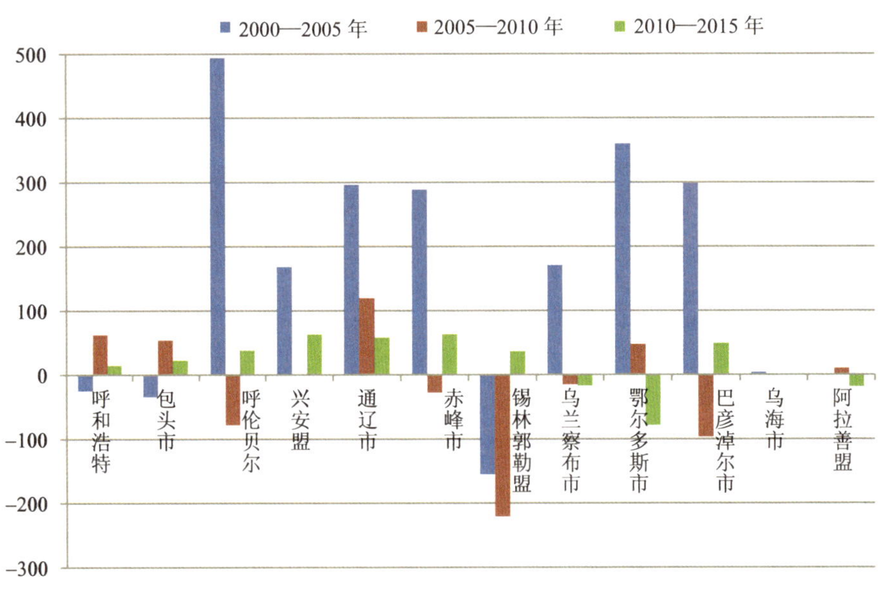

图 8.31　内蒙古各时间段羊存栏数变化图

第六节　环境胁迫分析

环境评价主要表征区域环境系统对经济社会活动产生的各类污染物的承受与自净能力。采用污染物浓度超标指数作为评价指标，通过主要污染物年均浓度监测值与国家现行环境质量标准的对比值反映。根据国家发改委下发的《资源环境承载能力监测预警技术方法（试行）》，环境胁迫由大气、水主要污染物浓度超标指数集成表征。

一、大气环境特征

2015 年内蒙古 54 个旗县（市、区）实测大气污染物浓度，29 个旗县（市、区）为超标状态，19 个旗县（市、区）为接近超标状态，6 个旗县（市、区）为未超标状态，以 PM_{10}、$PM_{2.5}$ 为主要超标污染物，但超标程度不高，仅乌海市乌达区大气污染物浓度超标指数大于 1，其余 28 个旗县（市、区）大气污染物浓度超标指数均小于 1；呼和浩特市新城区、包头市土默特右旗、鄂尔多斯市的准格尔旗、鄂托克旗等地区臭氧出现超标现象，O_3 浓度超标指数在 0.050（土默特右旗）～0.125（鄂托克旗）之间。

二、水环境特征分析

内蒙古水环境超标地区主要集中在黄河流域流经的包头市、呼和浩特市、巴彦淖尔市、鄂尔多斯市部分旗县（市、区），辽河流域流经的通辽市、赤峰市部分旗县（市、区），海河流域流经的乌兰察布市部分旗县（市、区）；水环境未超标地区主要集中在黄河流域流经的乌海市，海河流域流经的锡林郭勒盟，松花江流域流经的兴安盟、呼伦贝尔市部分旗县（市、区），以及阿拉善盟内流河流经的旗县（市、区）。其中，察尔森水库所在科尔沁右翼前旗接近超标状态，达里诺尔湖所在克什克腾旗水域、红山水库所在翁牛特旗、敖汉旗水域、岱海所在凉城县水域、乌梁素海所在乌拉特前旗水域、贝尔湖、呼伦湖所在新巴尔虎右旗水域均处于超标状态。

2015 年内蒙古 53 个旗县（市、区）实测水污染物浓度，25 个旗县（市、区）为超标状态，7 个旗县（市、区）为接近超标状态，21 个旗县（市、区）为未超标状态；化学需氧量为内蒙古首要水污染因子，其次为总磷和总氮，总氮主要表现为湖库水污染物浓度超标。其中，化学需氧量超标单元占比为 33.96%，总磷超标单元占比为 28.30%，总氮标单元占比为 71.43%，氨氮、高锰酸盐指数、五日生化需氧量超标单元占比分别为 18.87%、16.98%、13.21%，溶解氧除克什克腾旗（达里诺尔湖）超标外，其余评价单元均处于达标状态。

三、环境综合特征分析

总体而言，内蒙古乌海市各旗县（市、区）的环境综合指数均超标，主要由大气颗粒物超标导致，超标程度较低，最大超标指数为 1.057；阿拉善盟阿左旗的环境综合指数超标，但超标程度不高，为 0.014，额济纳旗的环境综合指数未超标；超标程度较高的为赤峰市，主要由水污染物总磷超标导致，最大超标指数为 39.9；锡林郭勒盟、兴安盟总体环境污染程度较好，大部分旗县（市、区）处于接近超标及未超标状态，综合超标指数小于 0；其余盟市各旗县（市、区）大部分处于超标状态，超标指数在 0～16.584 之间。

内蒙古大气环境首要污染物为 PM_{10}，超标地区较多，局部地区臭氧出现超标现象，但超标程度较低，说明部分盟市大气污染特征已由煤烟型转为复合型；水环境超标程度较高的污染物为总磷，超标地区较少，但超标程度较高，其次化学需氧量超标地区较多。

第九章

内蒙古生态环境质量综合分析

第一节 评估指标体系

内蒙古生态环境质量共选择两个指标作为评价标准。选定生态系统质量指数为一项正向评价指标；选取另一指标人类扰动指数作为负向评价指标。

（1）生态系统质量指数是指综合内蒙古生态系统格局、植被覆盖、净初级生产力等指标变化，分析各评价要素间的相互关系和作用机制，以此来评价内蒙古生态环境质量总体特征及变化趋势。

生态系统质量指数是生态环境综合评价中反映评价单元生态系统质量的核心指标。各评价单元生态系统质量指数计算如下：

$$\mathrm{EQI}=\frac{\sum_{j=1}^{m}\sum_{i=1}^{n}(\mathrm{BD}_{ij}\times S_p)}{S}$$

式中，EQI —— 评价单元的生态系统质量指数；

j —— 评价单元生态系统类型，包括森林、草地、水体、荒漠四类生态系统；

i —— 像元数量；

BD_{ij} —— 第 i 像元第 j 类生态系统生物量；

S_p —— 每个像元的面积；

S —— 评价区域总面积。

在获取各盟市各年份生态系统质量指数后，通过下式将其转换到 0～100 分尺度上：

$$(\mathrm{EQI_{score}})_{ij}=\left[\frac{(\mathrm{EQI})_{ij}-\min\limits_{1\leqslant i\leqslant n}(\mathrm{EQI})_{ij}}{\max\limits_{1\leqslant i\leqslant n}(\mathrm{EQI})_{ij}-\min\limits_{1\leqslant i\leqslant n}(\mathrm{EQI})_{ij}}\right]\times 100 \quad (i=1,2,3;j=1,2,\cdots,m)$$

式中，$(\mathrm{EQI})_{ij}$ —— 第 i 年第 j 盟市生态系统质量指数；

$(\mathrm{EQI_{score}})_{ij}$ —— 第 i 年第 j 盟市生态系统质量得分值，得分越高，该年该盟市生态系统质量越好。

相对生物量密度是基于像元的（森林、草地、水体、荒漠）生态系统生物量与该生态系统类型最大生物量的比值。计算方法为

$$\mathrm{RBD}_{ij}=\frac{B_{ij}}{\mathrm{CCB}_j}\times 100\%$$

式中，RBD_{ij} —— j 生态系统 i 像元相对生物量密度；

B_{ij} —— j 生态系统 i 像元生物量，通过遥感获得；

CCB_j —— j 类生态系统顶级群落每像元的生物量，运用生态系统长期定位观测

数据，或样地调查数据。

（2）生态系统人类扰动指数是指人类对各种生态系统类型的利用程度，例如，对未利用或难利用的生态系统（如沙地、戈壁、盐碱地、沼泽地、裸土等）利用程度很低，而对农田生态系统、聚落生态系统（城镇、居民点、工矿用地、交通用地等）利用程度很高，尤其是聚落生态系统，林地、草地、水体生态系统则介于两者之间。换句话讲，人类对未利用或难利用生态系统的干扰程度较低，而对农田生态系统、聚落生态系统的干扰程度很高，基于此对不同扰动程度的生态系统类型进行分级赋值，得到 4 种扰动程度的分级指数，如表 9.1 所示。本研究只考虑有自然植被分布的生态系统类型的人类扰动，未利用地的人类扰动只考虑有盐生植被分布的盐碱地和湿生植被分布的沼泽地，而对未利用地中的沙地、裸土地、裸岩石砾等稀少植被或无植被分布生态系统类型的人类扰动不进行考虑。

表 9.1 生态系统人类扰动指数分级

类型	自然未利用	自然再生利用	自然非再生利用	人为非再生利用
生态系统类型	盐碱地	林地、草地、水体	农田	聚落
扰动分级指数	0	1	2	3

对于某一区域来说，往往是多种扰动级别指数的生态系统类型存在，各自占有不同比例，我们认为不同扰动类型按其自身的权重（所占比例）做出自己的贡献。因此，进行加权求和，可以形成一个 0～3 之间分布的生态系统综合人类扰动指数，其值的大小综合反映了某一地区的扰动程度，为更具指数意义，在加权求和的基础上进行标准化，计算方法如下：

$$D = \left(\sum_{i=0}^{3} A_i \times P_i \right) \Big/ 3 \Big/ \sum_{i=1}^{n} P_i$$

式中，A_i —— 第 i 级生态系统人类扰动程度分级指数；

P_i —— 第 i 级扰动程度分级面积所占百分比；

D —— 生态系统综合人类扰动指数，范围为 0～1。

为便于多期综合人类扰动指数的对比，本书对稀少植被或无植被分布生态系统类型占比超过 95%的区域选择直接扣除，不参与计算和统计。

第二节 评价结果

生态环境问题对生产、生活和社会构成了严峻的挑战，如何保护、改善生活环境和生态环境，促进内蒙古、各盟市社会经济的可持续发展，已经成为生态文明建设的核心问题。基于卫星遥感数据源进行信息提取和反演，已形成一系列生态遥感产品，能够展现各类生态系统空间分布，生产生态系统评价所需参数，提供生态环境综合评价服务。根据生态系统宏观结构、植被覆盖率、净初级生产力等指标综合评价内蒙古生态环境质量。

一、内蒙古生态环境质量现状及动态分析

基于生态环境质量模型计算得到内蒙古 2000 年、2010 年和 2015 年生态环境质量指数（EQI）。2015 年，内蒙古各个盟市平均生态环境质量指数为 24.67%，总体来看生态环境质量较差；其中有 5 个盟市（呼伦贝尔市、兴安盟、赤峰市、锡林郭勒盟和通辽市）EQI 位于平均值以上，以呼伦贝尔市生态环境质量最好，达到 77.92%，其次为兴安盟，EQI 为 72.93%，阿拉善盟和乌海市最差，EQI 小于 1%，分别为 0.65%和 0.08%。

从空间分布来看，总体上呈现东高西低的分布，其中 EQI 小于 20%的盟市全部分布在中西部地区，位于东部的锡林郭勒盟和通辽市较呼伦贝尔市和赤峰市较低，但其 EQI 仍在 20%以上。形成这种空间地域差异的主要原因是降水以及局地的土地利用，生态环境质量较高的盟市降水更为丰富，而且其内部的生态系统主要是森林生态系统和草地生态系统，其植被覆盖状况较好，而位于中西部地区的生态环境质量较差的区域，其内部生态系统主要是荒漠生态系统，此外，西部地区如鄂尔多斯市等地工矿用地的扩张同样会造成其生态环境质量的恶化。

对比内蒙古各盟市 2000 年、2010 年和 2015 年 3 期生态环境质量指数，见图 9.1，可以看出，12 个盟市的生态环境质量可以被划分为 4 个等级，一是高质量的呼伦贝尔市和兴安盟，二是较高质量的赤峰市、锡林郭勒盟和通辽市，三是较低质量的乌兰察布市、鄂尔多斯市、呼和浩特市、包头市和巴彦淖尔市，四是低质量的阿拉善盟和乌海市。近 15 年间，各盟市的 EQI 表现为一定程度的波动上升，表明内蒙古生态环境质量明显好转。从各个盟市分阶段生态环境质量指数的变化来看，见图 9.2，2000—2010 年 EQI 增加明显要高于 2010—2015 年阶段，前 10 年间，通辽市、赤峰市、锡林郭勒盟和兴安盟的 EQI 均大于 10%，其中通辽市增长最为明显，为 19.68%，另外三个盟市分别增长 13.44%、12.97%和 11.96%。乌兰察布市、鄂尔多斯市、呼和浩特市和巴彦淖尔市等表现为小幅度的增长，仅有乌海市表现为下降趋势，其 EQI 下降了 0.03%。从后 5 年的变化来看，各个盟市 EQI 变化幅度较小，这表明近 5 年生态环境质量较为稳定且保持在相对较好的水平，其中呼伦贝尔市、兴安盟、赤峰市、锡林郭勒盟、呼和浩特市 5 个盟市表现为小幅度下降趋势，其他盟市表现为小幅度的上升趋势。

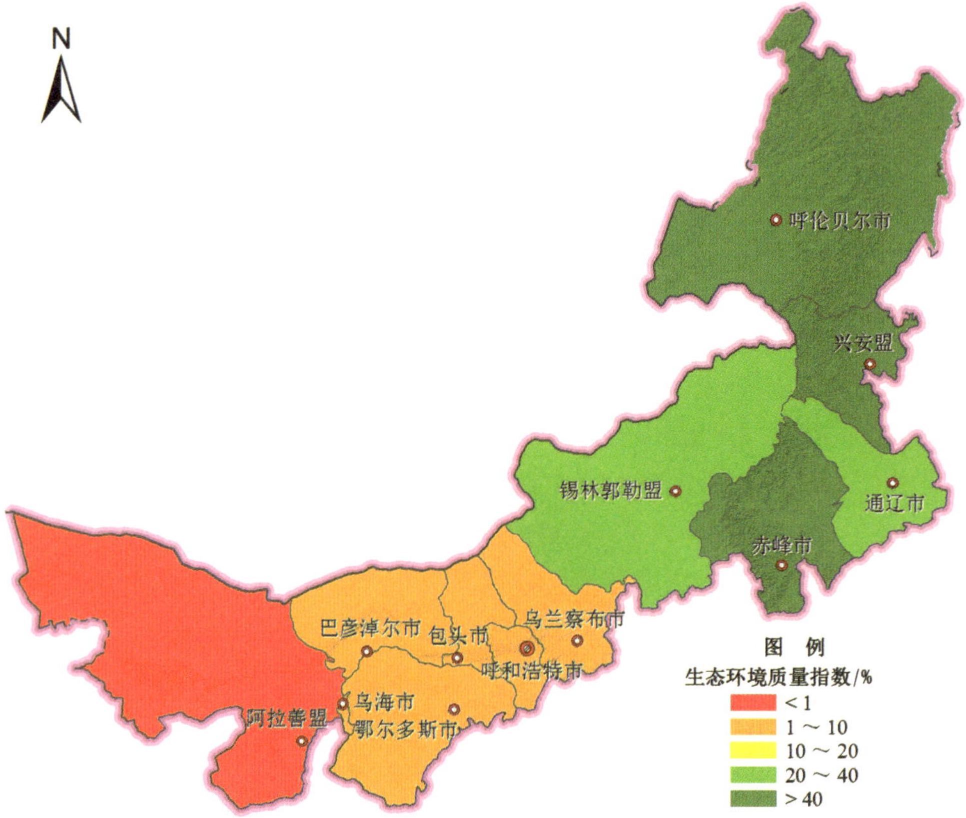

图 9.1　2015 年内蒙古生态环境质量指数空间分布

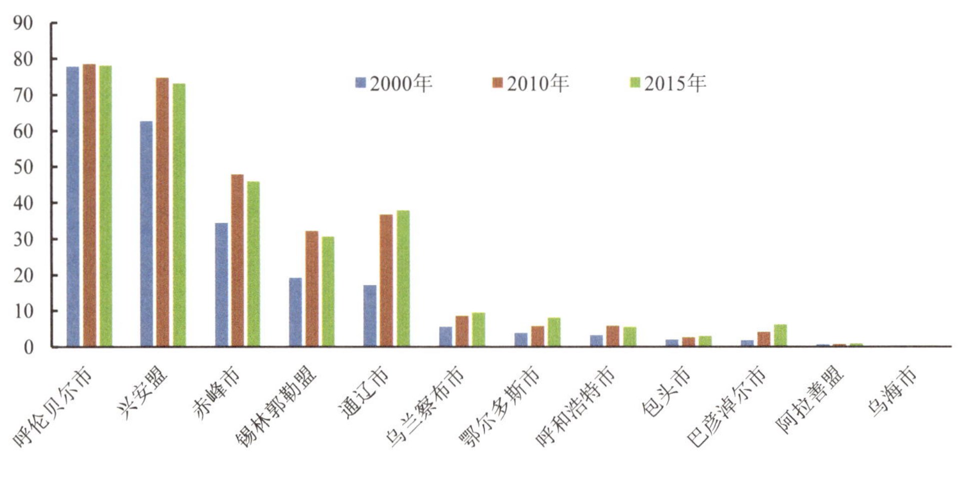

图 9.2　内蒙古各盟市 2000 年、2010 年和 2015 年生态环境质量指数

二、内蒙古生态系统扰动指数现状及动态评价

基于生态系统扰动指数模型计算得到内蒙古 2000 年和 2015 年生态系统扰动指数（*D*），并对其变化进行排序。2015 年，内蒙古各个盟市生态系统扰动指数平均为 0.41，阿拉善盟、呼伦贝尔市和锡林郭勒盟 3 个盟市 *D* 值位于平均值以下，其中以阿拉善盟最低，为 0.23，这主要与其内部广阔的荒漠生态系统和人类开发活动较弱有关；其次为呼伦贝尔市和锡林郭勒盟，其 *D* 值分别为 0.35 和 0.34，两个盟市受人类扰动程度相对要高。位于平均值以上的盟市以呼和浩特市最高，为 0.52，主要与其作为内蒙古省会城市的工业活动和开发建设有关，其次为乌海市，*D* 值为 0.48，其他盟市的 *D* 值较平均值略高。从空间上来看，生态系统扰动指数高的区域主要分布在呼和浩特市周边以及内蒙古东部地区的兴安盟，这主要受城市化过程中的人类扰动的影响；呼伦贝尔市、锡林郭勒盟和阿拉善盟以其内部较为自然的生态系统的结构，使其生态系统扰动指数较其他盟市要小。

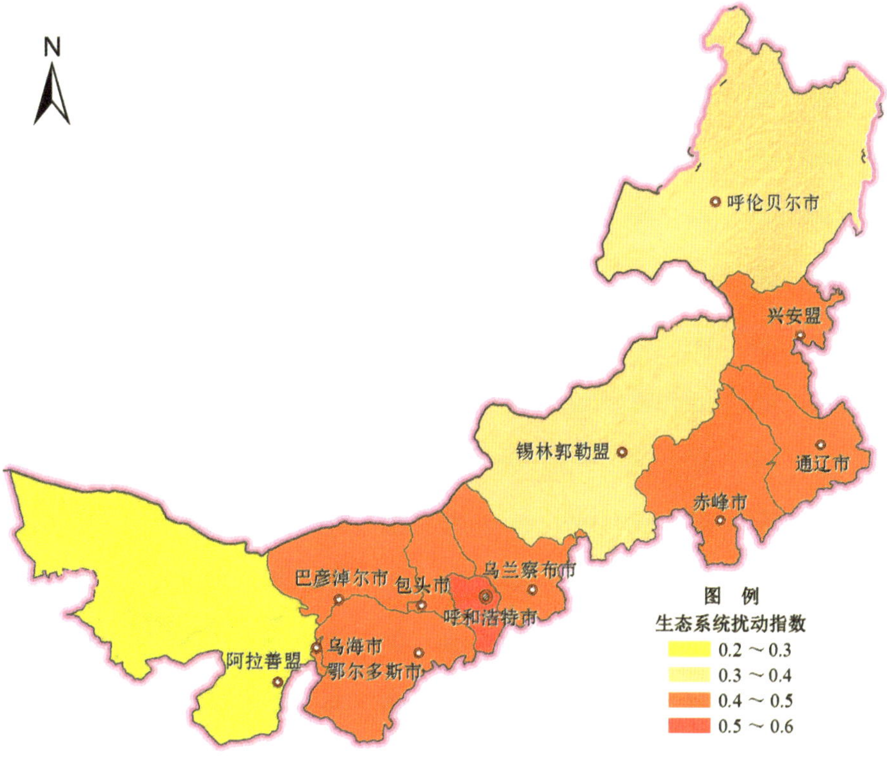

图 9.3 2015 年内蒙古各盟市生态系统扰动指数

对比内蒙古各盟市 2000 年和 2015 年的生态系统扰动指数，见图 9.3、图 9.4，12

个盟市的生态系统扰动指数差别不大，除阿拉善盟外，其余各个盟市的生态系统扰动指数较为接近。近 15 年间，各盟市的 D 值均表现较为稳定，没有出现明显的上升或下降，这表明内蒙古生态系统受扰动程度维持在相对稳定的水平。2000—2015 年，阿拉善盟、乌兰察布市、呼伦贝尔市、兴安盟、锡林郭勒盟生态系统扰动指数基本不变，巴彦淖尔市、包头市、通辽市、赤峰市生态系统扰动指数发生轻微上升，而鄂尔多斯市和呼和浩特市均发生较大的变化，见图 9.4。

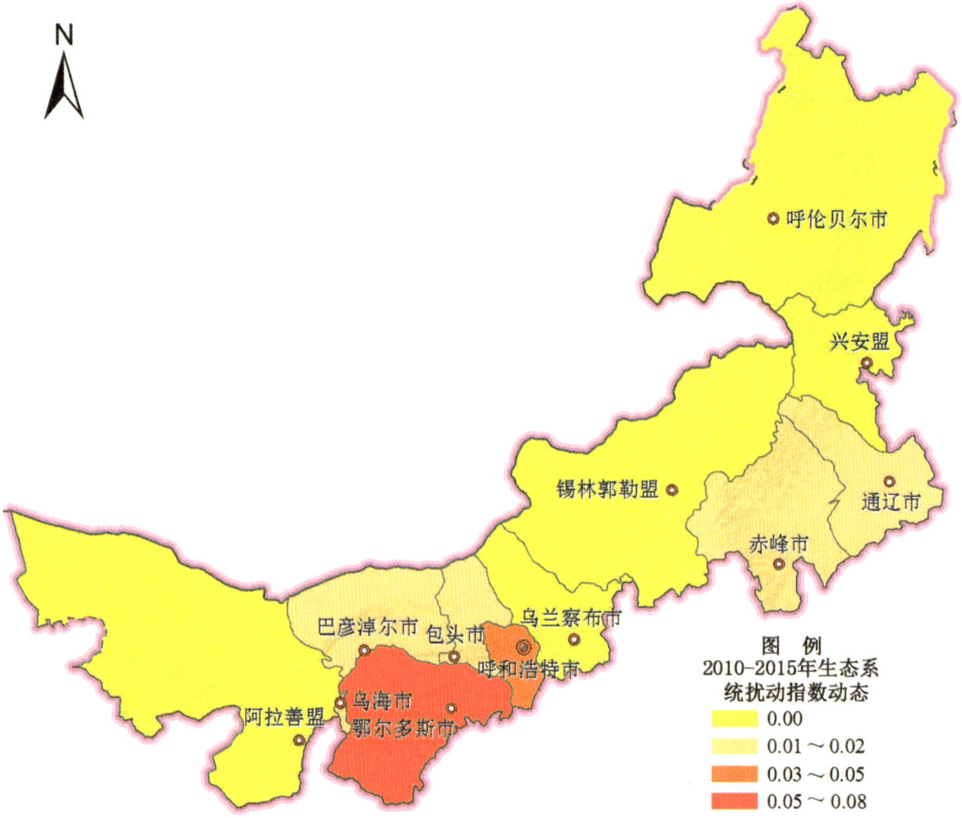

图 9.4　2000—2015 年内蒙古生态系统扰动指数动态变化

第十章

基本结论与对策建议

第一节 基本结论

一、过去 25 年来，自治区生态环境质量呈现“整体遏制，局部好转”的态势。2000 年以来，各项生态工程建设对于地区生态保护成效显著

（一）生态系统宏观结构局部改善，自然生态系统结构变化速度趋缓，聚落、农田等人工生态系统扩展迅速

1990—2015 年的 25 年间，生态效益较高的森林、草地生态系统面积明显缩小，其减少面积分别为 2 996.06 km^2、11 480.28 km^2。水体和荒漠面积变化不明显，生态系统整体呈现恶化趋势。但分阶段来看，尤其 2000 年以来，林草、水体和荒漠面积减少速度明显放缓，甚至出现好转趋势，表现为：草地生态系统的减少速度由 1990—2010 年的 509.17 km^2/a 降低到 2010—2015 年的 259.38 km^2/a；森林和水体生态系统面积在 2010 年之后表现出缓慢增长趋势；荒漠生态系统面积从 2000 年之后以 24.9 km^2/a 减少。在空间上，巴彦淖尔市、乌兰察布市、兴安盟的草地生态系统，鄂尔多斯市、通辽市的森林生态系统，阿拉善盟、呼伦贝尔市、锡林郭勒盟和呼和浩特市的水体面积均有明显增加。以赤峰市和通辽市的荒漠生态系统面积减少最为显著。

随着人口增多和社会经济发展，25 年间聚落和农田等人工生态系统面积增加明显，分别增加了 2 603.95 km^2 和 11 810.05 km^2。其中聚落生态系统呈现增速扩张状态，由 1990—2000 年的 7.49 km^2/a 增加到 2010—2015 年的 56.38 km^2/a，增幅达 750%。空间上以鄂尔多斯市扩张最为迅速，通辽市、锡林郭勒盟、呼伦贝尔市、赤峰市及呼和浩特市等紧随其后。农田生态系统开垦和退耕更替剧烈，尤其在生态保护工程的用地政策导向下，退耕还林还草效应明显。2010—2015 年农田面积减少了 316.56 km^2。

（二）内蒙古植被覆盖度、生态系统生产力整体稳中有升，局部区域有所降低

2000—2015 年 15 年来内蒙古植被覆盖变化幅度为-0.06～0.06，总体呈现上升趋势，其中上升区面积占内蒙古国土面积的 81.73%，在空间上主要分布在呼伦贝尔市西部、兴安盟东北部、鄂尔多斯市东部、巴彦淖尔市河套地区；下降区则主要分布在锡林郭勒盟西部、乌兰察布市大部分地区、包头市、巴彦淖尔市北部以及赤峰市的部分区域。其中森林、草地生态系统植被覆盖度总体皆呈现上升趋势，上升面积占比达到

了 84.31%和 72.87%。

2000—2015 年内蒙古生态系统平均 NPP 为 181.05 $gC/m^2/a$，且各盟市 NPP 差异显著，整体东高西低。其中，兴安盟年均 NPP 在 308.53～423.22 $gC/m^2/a$，而阿拉善盟多年年均 NPP 仅为 18.31 $gC/m^2/a$。16 年间内蒙古 NPP 整体呈现上升趋势。农田、草地和森林生态系统分别净增加了 0.87×10^6 $gC/m^2/a$、2.02×10^6 $gC/m^2/a$ 和 1.68×10^6 $gC/m^2/a$。农田、草地和森林生态系统 NPP 上升最快的皆分布在呼伦贝尔市。

（三）随着各项生态工程建设开展，林草退化、土地沙化趋势得到初步遏制，区域生态保护成效显著

从 1990 年以来，林草地退化和土地沙化过程一直持续发生。随着“三北”防护林工程、天然林资源保护工程、退耕还林还草工程和京津风沙源治理工程等一系列生态工程的开展，林草面积和植被覆盖有了明显提高，土地沙化面积大幅度减少。2000 年以后的草地生态系统年均退化面积仅为 1990—2000 年的 50%左右，总体上看草地退化趋势放缓。森林生态系统 1990—2000 年面积减少了 3 907.67 km^2，而 2000—2015 年增加了 811.61 km^2，实现了林地大幅度增长。2000 年以来，内蒙古林草植被覆盖总体呈现上升趋势，呼伦贝尔市、乌海市、鄂尔多斯市、阿拉善盟、巴彦淖尔市上升面积占比皆在 70%以上。15 年间低覆盖度草地占比减少显著，降低了 6%，高覆盖草地占比提升了 4%；森林覆盖度由 2000 的 39%提升到了 2015 年的 48%。2000 年以来内蒙古的沙漠化状况明显好转。总体上，截至 2010 年内蒙古沙漠化区域面积减少 3 429.02 km^2，2010 年以来，随着“三北”防护林工程、天然林保护工程等一系列生态工程的实施，沙漠化面积减少了 5 397.16 km^2。从各个盟市来看，鄂尔多斯市、锡林郭勒盟、赤峰市、阿拉善盟等沙漠化缓解非常明显，其中鄂尔多斯市减少了 2 907.21 km^2，其次是锡林郭勒盟，减少了 1 339.40 km^2。这也同时表明近 15 年来实施的生态工程对于沙漠化缓解和局地土地类型转换起到了非常重要的影响。

二、自治区中西部地区气候干暖化与人类活动交互胁迫，在一定程度上加剧了地区生态系统脆弱性

（一）内蒙古水热年变化剧烈，中西部气候干暖化明显

内蒙古地域广阔，在空间上东西跨干旱区、半干旱区、半湿润区，南北跨 16 个纬度，气温空间差异明显。内蒙古多干旱少雨，蒸发量远大于降雨量，降雨量、热量的年变化剧烈，东西差异明显，水分较充足的东北部热量不足，而西南相反，造成整个

生态环境相对脆弱。

1990—2000 年年降水量总体呈现减少趋势，减少区域占内蒙古面积的 84.04%；而年均气温总体呈现上升趋势，上升区域占内蒙古面积的 78.40%；空间上主要分布在自治区中部的呼和浩特市、鄂尔多斯市、巴彦淖尔市和阿拉善盟等干旱、半干旱区。2000—2010 年降水呈现以增加为主的趋势，增加区域占内蒙古的 69.35%，内蒙古气温总体呈现上升趋势，上升区域占内蒙古面积的 68.88%。从空间上可以看到，除了呼伦贝尔市中部和锡林郭勒盟西部区域呈现“湿—暖”同地外，其余皆是水热异地，尤其是呼和浩特市、包头市、乌兰察布市和巴彦淖尔市干暖化现象最突出。2010—2015 年内蒙古降雨以增加为主，增加区域占内蒙古的 76.40%。降雨减少区域主要分布在阿拉善盟北部、锡林郭勒盟南部、通辽市南部、赤峰市南部。而内蒙古气温总体呈现上升趋势，上升的区域占比达到 92.98%。中东部的锡林郭勒盟东部、通辽市和赤峰市南部干暖化现象突出。

1990—2015 年以来，内蒙古的年均气温逐渐升高，且空间重心由中西部转到中东部转移；而年降雨量相对集中东部区域，造成了内蒙古干暖化呈现加重趋势的现象。干暖化易造成区域内干旱持续时间长，土壤侵蚀危害加重，植被荒漠化盐渍化加重，植被覆盖和初级生产力降低。

（二）城市化进程明显加快，农业强度加大

2000—2015 年内蒙古城镇面积增加显著，地级以上城市面积增加尤为明显，增量可达 367.66 km^2，且城市不透水层面积扩张明显，以包头市扩张速度最快，达到了 2.12 km^2。城乡接合部裸土面积不断增加。内蒙古交通网络密度不断加大，15 年间公路通达里程增加约 11 万 km。15 年间内蒙古新垦农田面积共计增加 1 406.37 km^2，以赤峰市、通辽市、兴安盟和呼伦贝尔市较为突出。放牧等农业活动强度有所加大，以通辽市和巴彦淖尔市放牧强度最高。人类活动干扰对区域周边生态环境造成了植被退化、荒漠化、农业面源污染、城市热岛和景观破碎化等影响。

三、要发挥北方重要生态安全屏障作用，生态建设的长期性和艰巨性不容忽视

2000 年后随着生态工程的实施，内蒙古生态环境明显好转，林草地退化、荒漠化态势得到遏制（原退化状况不变），但林草退化治理、荒漠化治理的任务仍然十分艰巨。监测结果表明：2010—2015 年相比 2000—2010 年内蒙古森林面积年增加速率有所下降，草地面积年均减少速度加快，荒漠面积减少速率轻微下降；内蒙古植被覆盖和初级生

产力变化都有所下降。前 10 年内蒙古植被覆盖度总体呈现上升趋势，上升区域占内蒙古面积的 74.75%，而后 5 年则总体呈现下降趋势，下降区域占内蒙古面积的 75.04%，其中阿拉善盟和巴彦淖尔市下降占比最多。初级生产力变化与植被覆盖大体一致。这一现象也说明内蒙古的生态治理和保护是一项长期、艰巨的工作，要发挥北方重要生态安全屏障作用，仍需要进行持续的努力。

第二节　对策与建议

一、切实推进自然资源“多规合一”，加强生态管控

加强自然资源“多规合一”探索。以主体功能区规划为基础，统筹内蒙古“山水林田湖草”，严守生态保护红线、资源消耗上线，将主体功能区规划、城乡规划、土地利用规划等空间规划进行整合，建立统一的空间规划体系，实现各类空间规划的有机融合，统筹各类自然资源配置，优化结构布局，宜水则水，宜林则林，宜牧则牧，宜矿则矿，从源头上加强国土空间管控，强化空间规划的指标约束，健全国土空间用途管制制度，保障空间规划的落地实施，为“一张蓝图干到底”奠定基础，切实推动实现山水林田湖草的整体保护、系统修复和综合治理，保障国家生态安全。

二、建议加强重点区域生态环境保护工作

按照自治区主体功能区规划，针对国家和自治区确定的限制开发区，实施“减轻压力、休养生息”的方针，继续推动重大生态保护与修复工程在生态脆弱区优先布局，不断扩大生态空间，推动制定实施产业准入负面清单，强化生态空间用途管制。针对目前人为活动影响较小、生态良好的重点生态功能区，加大自然植被保护力度，科学开展生态退化区恢复与治理，继续扩大五大生态工程实施力度和强度。重点推进防风固沙、水源涵养、天然林保护等工程，加大退耕还林、退牧还草力度，防治耕地和草地沙化、盐碱化。禁止过度开垦、不适当樵采和超载过牧，实施禁牧休牧、划区轮牧和生态移民工程。实施重点湿地保护和恢复工程，推进退耕还湿，加强“一湖两海（呼伦湖、乌梁素海、岱海）”生态治理修复等措施。

三、统筹规划生产、生活、生态“三生空间”，提高生态安全屏障能力

贯彻“山水林田湖草是一个生命共同体”理念，树立“绿水青山就是金山银山”的强烈意识，按照促进生产空间集约高效、生活空间宜居适度、生态空间山清水秀的

总体要求，科学划定“三生空间”，通过对生产、生活、生态空间边界界定，优化空间结构，谋划空间布局，建立保护与发展协同关系，促进国土空间开发格局和优化各类资源配置，推进重点区域和重要生态系统保护与修复，构建生物多样性保护网络，全面提升各类生态系统稳定性和生态服务功能，筑牢祖国北方重要生态安全屏障。

参考文献

[1] 阿拉腾图雅，宝音，乌兰图雅. 内蒙古土地利用现状及其经济效益分析[J]. 水土保持研究，2002（3）：185-187.

[2] 巴雅尔，敖登高娃，马安青，周月敏，王建华. 历史时期内蒙古 LUCC 时空过程及其驱动机制[J]. 人文地理，2005（5）：128-133.

[3] 巴雅尔，敖登高娃，王建华，王一谋. ARC/INFO GRID 模块支持下的内蒙古土地利用与覆盖宏观空间结构分析[J]. 干旱区资源与环境，2004（S3）：96-100.

[4] 白雪红，闫慧敏，黄河清，胡云峰，匡文慧. 1991—2010 年内蒙古耕地转出时空格局及分布规律[J]. 资源科学，2015，37（2）：360-369.

[5] 常立新，田永萍. 内蒙古土地资源优化配置研究[J]. 宁夏农林科技，2014，55（10）：43-45.

[6] 陈福军，沈彦俊，李倩，郭英，徐丽梅. 中国陆地生态系统近 30 年 NPP 时空变化研究[J]. 地理科学，2011，31（11）：1409-1414.

[7] 陈海燕，邵全琴，安如. 1980—2005 年内蒙古地区生态系统服务功能价值的时空变化分析[J]. 地球信息科学学报，2014，16（4）：582-591.

[8] 陈海燕，邵全琴，安如. 1980—2005 年内蒙古地区土地利用/覆被变化分析[J]. 地球信息科学学报，2013，15（2）：225-232.

[9] 陈效逑，王恒. 1982—2003 年内蒙古植被带和植被覆盖度的时空变化[J]. 地理学报，2009，64（1）：84-94.

[10] 陈艳梅，高吉喜，吕世海，常学礼，冯朝阳，张晨，叶生星. 呼伦贝尔典型草原区植物生长旺季地上干物质量估算的地面光谱模型[J]. 环境科学研究，2010，23（3）：320-325.

[11] 陈玉福，徐新良，王石英. 内蒙古高原浑善达克沙地区土地利用与覆被变化及退化趋势[J]. 山地学报，2006（1）：60-64.

[12] 戴声佩，张勃，王海军. 中国西北地区植被 NDVI 的时空变化及其影响因子分析[J]. 地球信息科学学报，2010，12（3）：315-321.

[13] 戴声佩，张勃. 基于 CLUE-S 模型的黑河中游土地利用情景模拟研究——以张掖市甘州区为例[J]. 自然资源学报，2013，28（2）：336-348.

[14] 邸凯昌，李德仁，李德毅. 基于空间数据发掘的遥感图像分类方法研究[J]. 武汉测绘科技大学学报，2000（1）：42-48.

[15] 董金玮，匡文慧，刘纪远. 遥感大数据支持下的全球土地覆盖连续动态监测[J]. 中国科学：地球科学，2018，48（2）：259-260.

[16] 樊江文，钟华平，梁飚，石培礼，于贵瑞. 草地生态系统碳储量及其影响因素[J]. 中国草地，2003（6）：52-59.

[17] 樊杰，王亚飞，汤青，周侃. 全国资源环境承载能力监测预警（2014 版）学术思路与总体技术流程[J]. 地理科学，2015，35（1）：1-10.

[18] 樊杰，周侃，王亚飞. 全国资源环境承载能力预警（2016 版）的基点和技术方法进展[J]. 地理科学进展，2017，36（3）：266-276.

[19] 冯仕超，高小红，顾娟，亢健，郭丽峰，吴国良，邹婵. 基于 CLUE-S 模型的湟水流域土地利用空间分布模拟[J]. 生态学报，2013，33（3）：985-997.

[20] 傅伯杰，刘国华，陈利顶，马克明，李俊然. 中国生态区划方案[J]. 生态学报，2001（1）：1-6.

[21] 傅伯杰，刘世梁，马克明. 生态系统综合评价的内容与方法[J]. 生态学报，2001（11）：1885-1892.

[22] 傅伯杰，张立伟. 土地利用变化与生态系统服务：概念、方法与进展[J]. 地理科学进展，2014，33（4）：441-446.

[23] 傅伯杰，周国逸，白永飞，宋长春，刘纪远，张惠远，吕一河，郑华，谢高地. 中国主要陆地生态系统服务功能与生态安全[J]. 地球科学进展，2009，24（6）：571-576.

[24] 嘎毕日，石建军，常屹冉，王俊枝，赖其力孟格. 浅谈土地资源环境承载能力评价研究[J]. 现代农业，2018（11）：64-66.

[25] 高利峰，张磊，赵先贵. 基于 RS 和 GIS 的内蒙古土地利用及景观格局变化[J]. 山西农业科学，2016，44（2）：255-259.

[26] 高志强，刘纪远，庄大方. 基于遥感和 GIS 的中国土地利用/土地覆盖的现状研究[J]. 遥感学报，1999（2）：51-55，83.

[27] 高志强，刘纪远. 基于遥感和 GIS 的中国植被指数变化的驱动因子分析及模型研究[J]. 气候与环境研究，2000（2）：155-164.

[28] 辜智慧，陈晋，史培军，徐明. 锡林郭勒草原 1983—1999 年 NDVI 逐旬变化量与气象因子的相关分析[J]. 植物生态学报，2005（5）：753-765.

[29] 郭建坤，黄国满. 1998—2003 年内蒙古地区土地覆被动态变化分析[J]. 资源科学，2005（6）：84-89.

[30] 郭延凤，于秀波，姜鲁光，查良松. 基于 CLUE 模型的 2030 年江西省土地利用变化情景分析[J]. 地理研究，2012，31（6）：1016-1028.

[31] 海春兴，阿拉腾其其格. 农牧交错带牧区土地利用变化驱动力综合分析——以四子王旗为例[J]. 内蒙古师范大学学报（哲学社会科学版），2010，39（5）：139-144.

[32] 韩彬，樊江文，钟华平. 内蒙古草地样带植物群落生物量的梯度研究[J]. 植物生态学报，2006（4）：553-562.

[33] 韩会然，杨成凤，宋金平. 北京市土地利用空间格局演化模拟及预测[J]. 地理科学进展，2015，34（8）：976-986.

[34] 韩宁. 大力推进我国生态文明建设投融资措施探析[J]. 江苏大学学报（社会科学版），2019（1）：78-83，92.

[35] 胡云锋，刘纪远，庄大方，杨风亭. 20 世纪 90 年代内蒙古土地利用动态与风力侵蚀动态对比研究[J]. 干旱区资源与环境，2004（S1）：211-219.

[36] 胡云锋，刘纪远，庄大方，杨风亭. 土地利用动态与风力侵蚀动态对比研究——以内蒙古为例[J]. 地理科学进展，2003（6）：541-550，646-647.

[37] 黄明，张学霞，张建军，赵紫阳，茹豪. 基于 CLUE-S 模型的罗玉沟流域多尺度土地利用变化模拟[J]. 资源科学，2012，34（4）：769-776.

[38] 黄清瑞. 内蒙古呼伦贝尔草原生态畜牧业现状以及发展建议[D]. 呼和浩特：内蒙古农业大学，2012.

[39] 贾永红，李德仁，孙家柄. 多源遥感影像数据融合[J]. 遥感技术与应用，2000（1）：41-44.

[40] 江凌，肖燚，饶恩明，王莉雁，欧阳志云. 内蒙古土地利用变化对生态系统防风固沙功能的影响[J]. 生态学报，2016，36（12）：3734-3747.

[41] 姜立鹏，覃志豪，谢雯，王瑞杰，徐斌，卢琦. 中国草地生态系统服务功能价值遥感估算研究[J]. 自然资源学报，2007（2）：161-170.

[42] 孔萌，苏根成，迟文峰. 农牧交错带耕地时空动态变化特征及驱动力分析——以乌兰察布市为例[J]. 水土保持研究，2014，21（2）：269-272，278.

[43] 匡文慧，刘纪远，张增祥，LU DengSheng，香宝. 21 世纪初中国人工建设不透水地表遥感监测与时空分析[J]. 科学通报，2013，58（Z1）：465-478.

[44] 李本纲，陶澍. AVHRR NDVI 与气候因子的相关分析[J]. 生态学报，2000（5）：898-902.

[45] 李德仁，丁霖，邵振峰. 关于地理国情监测若干问题的思考[J]. 武汉大学学报（信息科学版），2016，41（2）：143-147.

[46] 李德仁，罗晖，邵振峰. 遥感技术在不透水层提取中的应用与展望[J]. 武汉大学学报（信息科学版），2016，41（5）：569-577，703.

[47] 李刚，辛晓平，王道龙，石瑞香. 改进 CASA 模型在内蒙古草地生产力估算中的应用[J]. 生态学杂志，2007（12）：2100-2106.

[48] 李贵才. 基于 MODIS 数据和光能利用率模型的中国陆地净初级生产力估算研究[D]. 北京：中国科学院研究生院（遥感应用研究所），2004.

[49] 李朦朦. 社区绿色基础设施生态评估指标研究[D]. 哈尔滨：哈尔滨工业大学，2015.

[50] 李平，李秀彬，刘学军. 我国现阶段土地利用变化驱动力的宏观分析[J]. 地理研究，2001（2）：

129-138.

[51] 李秀彬. 中国近 20 年来耕地面积的变化及其政策启示[J]. 自然资源学报，1999（4）：329-333.

[52] 李镇清，刘振国，陈佐忠，杨宗贵. 中国典型草原区气候变化及其对生产力的影响[J]. 草业学报，2003（1）：4-10.

[53] 廖慧璇，籍永丽，彭少麟. 资源环境承载力与区域可持续发展[J]. 生态环境学报，2016，25（7）：1253-1258.

[54] 刘爱琳，匡文慧，闫慧敏，丁方宇，杨天荣. 2000—2015 年城市和工矿用地扩张对净初级生产力的影响[J]. 干旱区地理，2017，40（4）：805-816.

[55] 刘国忠. 内蒙古土地资源及其合理利用[J]. 自然资源，1989（2）：1-7.

[56] 刘海，陈晶，蔡晓斌，陈晓玲. 基于地理国情信息的国家生态文明评价方法研究[J]. 国土与自然资源研究，2015（6）：60-61.

[57] 刘纪远，匡文慧，张增祥，徐新良，秦元伟，宁佳，周万村，张树文，李仁东，颜长珍，吴世新，史学正，江南，于东升，潘贤章，迟文峰. 20 世纪 80 年代末以来中国土地利用变化的基本特征与空间格局[J]. 地理学报，2014，69（1）：3-14.

[58] 刘纪远，刘文超，匡文慧，宁佳. 基于主体功能区规划的中国城乡建设用地扩张时空特征遥感分析[J]. 地理学报，2016，71（3）：355-369.

[59] 刘纪远，张增祥，徐新良，匡文慧，周万村，张树文，李仁东，颜长珍，于东升，吴世新，江南. 21 世纪初中国土地利用变化的空间格局与驱动力分析[J]. 地理学报，2009，64（12）：1411-1420.

[60] 刘纪远，张增祥，庄大方，王一谋，周万村，张树文，李仁东，江南，吴世新. 20 世纪 90 年代中国土地利用变化时空特征及其成因分析[J]. 地理研究，2003（1）：1-12.

[61] 刘俊宏. 基于 CLUE-S 模型的南昌市土地利用变化情景模拟[D]. 南昌：江西师范大学，2013.

[62] 刘绿柳，肖风劲. 黄河流域植被 NDVI 与温度、降水关系的时空变化[J]. 生态学杂志，2006（5）：477-481，502.

[63] 刘全友，童依平. 北方农牧交错带土地利用现状对生态环境变化的影响——以内蒙古多伦县为例[J]. 生态学报，2003（5）：1025-1030.

[64] 刘宪锋，杨勇，任志远，林志慧. 2000—2009 年黄土高原地区植被覆盖度时空变化[J]. 中国沙漠，2013，33（4）：1244-1249.

[65] 柳海鹰，高吉喜，李政海. 土地覆盖及土地利用遥感研究进展[J]. 国土资源遥感，2001（4）：7-12.

[66] 龙慧灵，李晓兵，王宏，魏丹丹，张程. 内蒙古草原区植被净初级生产力及其与气候的关系[J]. 生态学报，2010，30（5）：1367-1378.

[67] 陆文涛，代超，郭怀成. 基于 Dyna-CLUE 模型的滇池流域土地利用情景设计与模拟[J]. 地理研究，2015，34（9）：1619-1629.

[68] 罗玲，王宗明，宋开山，张柏，刘殿伟，任春颖，张素梅. 1982—2003 年中国东北地区不同类型植被 NDVI 与气候因子的关系研究[J]. 西北植物学报，2009，29（4）：800-808.

[69] 梅荣，海军. 基于 GIS 的城市土地利用空间演变过程的马尔柯夫模拟[J]. 内蒙古科技与经济，2009（24）：56-57.

[70] 蒙吉军，朱利凯，毛熙彦. 近 30 年来毛乌素沙地土地利用变化驱动力的多尺度研究——以内蒙古乌审旗为例[J]. 应用基础与工程科学学报，2012，20（S1）：54-66.

[71] 穆少杰，李建龙，陈奕兆，刚成诚，周伟，居为民. 2001—2010 年内蒙古植被覆盖度时空变化特征[J]. 地理学报，2012，67（9）：1255-1268.

[72] 穆少杰，李建龙，周伟，杨红飞，章超斌，居为民. 2001—2010 年内蒙古植被净初级生产力的时空格局及其与气候的关系[J]. 生态学报，2013，33（12）：3752-3764.

[73] 欧阳志云，王效科，苗鸿. 中国生态环境敏感性及其区域差异规律研究[J]. 生态学报，2000（1）：10-13.

[74] 朴世龙，方精云，贺金生，肖玉. 中国草地植被生物量及其空间分布格局[J]. 植物生态学报，2004（4）：491-498.

[75] 齐述华，王长耀，牛铮，刘正军. 利用 NDVI 时间序列数据分析植被长势对气候因子的响应[J]. 地理科学进展，2004（3）：91-99，111.

[76] 秦富仓，周佳宁，刘佳，张连根，高岭. 内蒙古多伦县土地利用动态变化及驱动力[J]. 干旱区资源与环境，2016，30（6）：31-37.

[77] 任晓茹. 基于地理国情统计分析的资源环境承载力评价[D]. 武汉：武汉大学，2017.

[78] 萨仁娜，阿拉腾图雅，包玉海，银山. 内蒙古农牧交错带中部地区荒漠化与土地利用之关系分析[J]. 干旱区资源与环境，2004（S3）：69-72.

[79] 赛汉其其格. 科尔沁沙地退耕区土地利用最新态势研究[D]. 呼和浩特：内蒙古师范大学，2016.

[80] 邵全琴，赵志平，刘纪远，樊江文. 近 30 年来三江源地区土地覆被与宏观生态变化特征[J]. 地理研究，2010，29（8）：1439-1451.

[81] 沈体壮. 参与式 GIS 在国土空间规划中的应用研究[D]. 荆州：长江大学，2015.

[82] 师华定，周锡饮，孟凡浩，白鹤鸣. 30 年来蒙古国和内蒙古的 LUCC 区域分异[J]. 地球信息科学学报，2013，15（5）：719-725.

[83] 孙斌. 退化土地遥感识别与评价技术研究[D]. 北京：中国林业科学研究院，2016.

[84] 孙金铸. 内蒙古土地资源与合理利用[J]. 干旱区研究，1993（1）：15-21.

[85] 孙强，蔡运龙，王乐. 基于土地利用类型的绿色空间生态评估——以北京市通州区重点新城为

例[J]. 中国土地科学，2007（1）：36-42.

[86] 孙艳玲，郭鹏，延晓冬，赵天宝. 内蒙古植被覆盖变化及其与气候、人类活动的关系[J]. 自然资源学报，2010，25（3）：407-414.

[87] 仝川. 环境指标研究进展与分析[J]. 环境科学研究，2000（4）：53-55.

[88] 童国辉. 呼和浩特市土地利用变化及影响因素研究[D]. 呼和浩特：内蒙古农业大学，2014.

[89] 王宏，李晓兵，李霞，莺歌，符娜. 基于 NOAA NDVI 和 MSAVI 研究中国北方植被生长季变化[J]. 生态学报，2007（2）：504-515.

[90] 王娟，李宝林，余万里. 近 30 年内蒙古植被变化趋势及影响因素分析[J]. 干旱区资源与环境，2012，26（2）：132-138.

[91] 王军邦，刘纪远，邵全琴，刘荣高，樊江文，陈卓奇. 基于遥感-过程耦合模型的 1988—2004 年青海三江源区净初级生产力模拟[J]. 植物生态学报，2009，33（2）：254-269.

[92] 王俊枝，常屹冉，匡文慧，迟文峰，张润科，付粉娥，嘎毕日. 浑善达克沙漠化防治重点生态系统功能区防风固沙功能动态特征分析[J]. 北京师范大学学报（自然科学版），2018，54（3）：348-356.

[93] 王蕾. 中国 2010—2025 年土地用途转换模拟[D]. 济南：山东师范大学，2009.

[94] 王思远，刘纪远，张增祥，周全斌，赵晓丽. 中国土地利用时空特征分析[J]. 地理学报，2001（6）：631-639.

[95] 王秀兰，苏忠. 基于 GIS 的内蒙古耕地时空变化研究[J]. 干旱区地理，1999（2）：71-76.

[96] 王秀兰. 土地利用/土地覆盖变化中的人口因素分析[J]. 资源科学，2000（3）：39-42.

[97] 王友军，于艳华，邢晓芹. 内蒙古土地利用与保护研究[J]. 内蒙古师范大学学报（哲学社会科学版），2012，41（1）：102-105.

[98] 王正兴，刘闯，陈文波，林昕. MODIS 增强型植被指数 EVI 与 NDVI 初步比较[J]. 武汉大学学报（信息科学版），2006（5）：407-410，427.

[99] 王正兴，刘闯，赵冰茹，刘爱军. 利用 MODIS 增强型植被指数反演草地地上生物量[J]. 兰州大学学报，2005（2）：10-16.

[100] 吴昌华，崔丹丹. 千年生态系统评估[J]. 世界环境，2005（3）：56-65.

[101] 谢花林，李波. 基于 Logistic 回归模型的农牧交错区土地利用变化驱动力分析——以内蒙古翁牛特旗为例[J]. 地理研究，2008（2）：294-304.

[102] 谢花林，刘黎明，李波，张新时. 土地利用变化的多尺度空间自相关分析——以内蒙古翁牛特旗为例[J]. 地理学报，2006（4）：389-400.

[103] 信忠保，许炯心，郑伟. 气候变化和人类活动对黄土高原植被覆盖变化的影响[J]. 中国科学（D 辑：地球科学），2007（11）：1504-1514.

[104] 徐建春，赵英时，刘振华. 利用遥感和 GIS 研究内蒙古中西部地区环境变化[J]. 遥感学报，2002（2）：142-149，166.

[105] 徐霞，王静爱，朱玉洁，高琼. 内蒙古中部地区土地利用变化区域差异分析[J]. 北京师范大学学报（自然科学版），2006（3）：310-314.

[106] 徐新良，刘纪远，邵全琴，樊江文. 30 年来青海三江源生态系统格局和空间结构动态变化[J]. 地理研究，2008（4）：829-838，974.

[107] 许小亮，李鑫，肖长江，欧名豪. 基于 CLUE-S 模型的不同情景下区域土地利用布局优化[J]. 生态学报，2016，36（17）：5401-5410.

[108] 薛志忠，石建军. 应急决策地理信息平台建设技术研究——以内蒙古平台建设为例[J]. 测绘通报，2015（3）：101-104.

[109] 杨洪晓，卢琦. 生态系统评价的回顾与展望——从北美生态区域评价到新千年全球生态系统评估[J]. 中国人口•资源与环境，2003（1）：94-99.

[110] 杨锦瑶，黄璐，严力蛟，霍思高. 城市化下的民族乡镇景观格局变化——以内蒙古莫力达瓦达斡尔自治旗阿尔拉镇为例[J]. 应用生态学报，2016，27（8）：2598-2604.

[111] 杨霞，卫智军，运向军. 北方典型草原区近 30 年土地覆被变化研究——以锡林浩特市为例[J]. 中国农业大学学报，2015，20（4）：196-204.

[112] 杨霞. 锡林郭勒草原区土地生态状况评估研究[D]. 呼和浩特：内蒙古农业大学，2016.

[113] 杨勇，李兰花，王保林，宋向阳，刘爱军，王明玖. 基于改进的 CASA 模型模拟锡林郭勒草原植被净初级生产力[J]. 生态学杂志，2015，34（8）：2344-2352.

[114] 殷贺，李正国，王仰麟，蔡福. 基于时间序列植被特征的内蒙古荒漠化评价[J]. 地理学报，2011，66（5）：653-661.

[115] 于艳华，王友军，尹福林. 基于主体功能区的土地利用分区研究——以内蒙古为例[J]. 内蒙古师范大学学报（哲学社会科学版），2012，41（1）：98-101.

[116] 于艳华，乌兰图雅，阿拉腾图雅. 科尔沁沙地退耕还林还草的生态效应分析——以通辽市奈曼旗为例[J]. 国土资源科技管理，2007（1）：23-28.

[117] 于艳华. 内蒙古生态用地的土地利用空间布局研究[J]. 内蒙古师范大学学报（自然科学汉文版），2012，41（1）：96-98，104.

[118] 翟俊，邵全琴，刘纪远. 内蒙古高原土地利用/覆被变化对气温变化的影响分析[J]. 自然资源学报，2014，29（6）：967-978.

[119] 战金艳，邓祥征，岳天祥，包玉海，赵涛，马胜男. 内蒙古农牧交错带土地利用变化及其环境效应[J]. 资源科学，2004（5）：80-88.

[120] 张丁轩，付梅臣，陶金，胡利哲，杨晓丽. 基于 CLUE-S 模型的矿业城市土地利用变化情景模

拟[J]. 农业工程学报，2013，29（12）：246-256，294.

[121] 张峰，王桥，王文杰，申文明，罗海江，刘晓曼. 内蒙古森林草原交错带土地利用变化的区域差异特征分析[J]. 资源科学，2006（3）：52-58.

[122] 张峰，周广胜，王玉辉. 基于 CASA 模型的内蒙古典型草原植被净初级生产力动态模拟[J]. 植物生态学报，2008（4）：786-797.

[123] 张富刚，郝晋珉，姜广辉，丁忠义，李新波，李涛. 中国城市土地利用集约度时空变异分析[J]. 中国土地科学，2005（1）：23-29.

[124] 张戈丽，徐兴良，周才平，张宏斌，欧阳华. 近 30 年来呼伦贝尔地区草地植被变化对气候变化的响应[J]. 地理学报，2011，66（1）：47-58.

[125] 张海燕，樊江文，邵全琴. 2000—2010 年中国退牧还草工程区土地利用/覆被变化[J]. 地理科学进展，2015，34（7）：840-853.

[126] 张宏斌，唐华俊，杨桂霞，李刚，陈宝瑞，辛晓平. 2000—2008 年内蒙古草原 MODIS NDVI 时空特征变化[J]. 农业工程学报，2009，25（9）：168-175.

[127] 张计深，刘志，赵晓英，温成志，孟庆华，吴风巨. 内蒙古地区土地沙漠化及荒漠化防治[J]. 内蒙古草业，2008，20（4）：37-39.

[128] 张利，雷军，李雪梅，高超，曾玮瑶. 1997—2007 年中国城市用地扩张特征及其影响因素分析[J]. 地理科学进展，2011，30（5）：607-614.

[129] 张靓，曾辉. 基于 MODIS 数据的内蒙古土地利用/覆被变化研究[J]. 干旱区资源与环境，2015，29（1）：31-36.

[130] 张楠，邓开艳，蒋子龙. 基于地理国情普查成果的资源环境承载能力评价试验研究[J]. 测绘与空间地理信息，2017，40（12）：13-16.

[131] 张琦，余国培. 联合国千年生态评估及其启示[J]. 世界地理研究，2006（4）：1-5.

[132] 张雪艳，胡云锋，庄大方，齐永清. 蒙古高原 NDVI 的空间格局及空间分异[J]. 地理研究，2009，28（1）：10-18，274.

[133] 赵冰茹，刘闯，刘爱军，王正兴. 利用 MODIS-NDVI 进行草地估产研究——以内蒙古锡林郭勒草地为例[J]. 草业科学，2004（8）：12-15.

[134] 赵士洞. 新千年生态系统评估——背景、任务和建议[J]. 第四纪研究，2001（4）：330-336.

[135] 赵忠旭，张宇，王佳兴，朱冉，柴璐佳. 基于信息熵的内蒙古土地利用结构时空分异研究[J]. 农村经济与科技，2018，29（11）：198-201.

[136] 郑丙辉，田自强，王文杰，李子成. 中国西部地区土地利用/土地覆盖近期动态分析[J]. 生态学报，2004（5）：1078-1085.

[137] 周书贵，邵全琴，曹巍. 近 20 年黄土高原土地利用/覆被变化特征分析[J]. 地球信息科学学报，

2016，18（2）：190-199.

[138] 周伟，刚成诚，李建龙，章超斌，穆少杰，孙政国. 1982—2010 年中国草地覆盖度的时空动态及其对气候变化的响应[J]. 地理学报，2014，69（1）：15-30.

[139] 周锡饮，师华定，王秀茹，孟凡浩. 蒙古高原近 30 年来土地利用变化时空特征与动因分析[J]. 浙江农业学报，2012，24（6）：1102-1110.

[140] 朱文泉，潘耀忠，龙中华，陈云浩，李京，扈海波. 基于 GIS 和 RS 的区域陆地植被 NPP 估算——以中国内蒙古为例[J]. 遥感学报，2005（3）：300-307.

[141] 邹亚荣，张增祥，周全斌，赵晓丽. 中国农牧交错区土地利用变化空间格局与驱动力分析[J]. 自然资源学报，2003（2）：222-227.

[142] Jiang W G，Chen Z，Li X，et al. Simulating urban land use change by incorporating an autologistic regression model into a CLUE-S model[J]. Journal of Geographical Sciences，2015，25（7）：836-850.

[143] Kuang W H, Yang T Y, Yan F Q. Examining urban land-cover characteristics and ecological regulation during the construction of Xiong’an New District, Hebei Province, China[J]. Journal of Geographical Sciences. 2018, 28(1): 109-123.

[144] Kuang W H. Simulating dynamic urban expansion at regional scale in Beijing-Tianjin-Tangshan Metropolitan Area[J]. Journal of Geographical Sciences. 2011, 21(2): 317-330.

[145] Bao A Y，Gang B，Guo L，et al. Evaluation on vegetation net primary productivity using MODIS data in Inner Mongolia[J]. Proceedings of SPIE - The International Society for Optical Engineering，2009，7490：749006-749006-9.

[146] Bastin G，Scarth P，Chewings V，et al. Separating grazing and rainfall effects at regional scale using remote sensing imagery：A dynamic reference-cover method[J]. Remote Sensing of Environment，2012，121（121）：443-457.

[147] Bayaer W，Shen Y，Audengaowa A，et al. Using remote sensing to evaluate land salinization in typical areas of Inner-Mongolia，China[C]//IEEE International Geoscience & Remote Sensing Symposium. 2005.

[148] Bayaer W，Shen Y，Xiao J，et al. Dynamic analysis of LUCC in Inner-Mongolia，China，by using multi-source data[C]//IEEE International Geoscience & Remote Sensing Symposium，2005.

[149] Bin X U，Tao W G，Yang X C，et al. MODIS-Based Remote Sensing Monitoring upon the Vegetation Growth of China’s Grassland[J]. Acta Agrestia Sinica，2006，76（5）：1098-1108.

[150] Chang Y S，Bao D，Bao Y H. Satellite Monitoring of the Ecological Environment Recovery Effect in the Heihe River Downstream Region for the Last 11 Years[J]. Procedia Environmental Sciences，2011，10：2385-2392.

[151] Dai L Y，Che T，Wang J，et al. Snow depth and snow water equivalent estimation from AMSR-E data based on a priori snow characteristics in Xinjiang，China[J]. Remote Sensing of Environment，2012，127（14-29）：14.

[152] Defries R S，Townshend J R G. NDVI-derived land cover classifications at a global scale[J]. International Journal of Remote Sensing，1994，15（17）：3567-3586.

[153] Jiang D, Hao M M, Fu J Y. Monitoring the Coastal Environment Using Remote Sensing and GIS Techniques[M]. IntechOpen：2016-09-14.

[154] Fryrear D W，Bilbro J D，Asaleh，et al. RESEARCH - RWEQ：Improved Wind Erosion Technology[J]. The Journal of Soil Science，2000，55（2）：183.

[155] Gao Z . Evaluation of heavy metal pollution and its ecological risk in one river reach of a gold mine in Inner Mongolia，Northern China[J]. International Biodeterioration & Biodegradation，2017，128.

[156] Ge Z，Guhathakurta S，Lee S，et al. Grid-Based Land-Use Composition and Configuration Optimization for Watershed Stormwater Management[J]. Water Resources Management，2014，28（10）：2867-2883.

[157] Hu Y C, Zheng Y M, Zheng X Q. Simulation of Land-use Scenarios for Beijing Using CLUE-S and Markov Composite Models[J]. Chinese Geographical Science，2013，23（1）：92-100.

[158] Ignacio Meléndez-Pastor，Jose Navarro Pedreño，Ignacio Gómez Lucas，Antonis A. Zorpas. A Model for Evaluating Soil Vulnerability to Erosion Using Remote Sensing Data，A Fuzzy Logic System[M]. IntechOpen：2017-08-30.

[159] John，Ranjeet，Chen J，et al. Predicting plant diversity based on remote sensing products in the semi-arid region of Inner Mongolia[J]. Remote Sensing of Environment，2008，112（5）：2018-2032.

[160] Kang M，Liu S，Huang X，et al. Evaluation of an Ecological Security Model in Zhalute Banner，Inner Mongolia[J]. Mountain Research & Development，2005，25（1）：60-67.

[161] Li F，Zheng J，Wang H，et al. Mapping grazing intensity using remote sensing in the Xilingol steppe region，Inner Mongolia，China[J]. Remote Sensing Letters，2016，7（4）：328-337.

[162] Li Z，Wu W，Liu X，et al. Land use/cover change and regional climate change in an arid grassland ecosystem of Inner Mongolia，China[J]. Ecological Modelling，2016：S0304380016302630.

[163] Liu R G，Liu J Y，Liang S L，et al. Mapping China Using MODIS Data：Methods，Software and Products[J]. Journal of Remote Sensing，2007.

[164] Mu S，Zhou S，Chen Y，et al. Assessing the impact of restoration-induced land conversion and management alternatives on net primary productivity in Inner Mongolian grassland，China[J]. Global & Planetary Change，2013，108（3）：29-41.

[165] Zhang Y , Gao J , Liu L , et al. NDVI-based vegetation changes and their responses to climate change from 1982 to 2011: A case study in the Koshi River Basin in the middle Himalayas[J]. Global & Planetary Change, 2013, 108:139-148..

[166] Pan Y，Li X，Gong P，et al. An integrative classification of vegetation in China based on NOAA AVHRR and vegetation-climate indices of the Holdridge life zone[J]. International Journal of Remote Sensing，2003，24（5）：1009-1027.

[167] Pang G J，Dong X F，Song X，et al. Remote Sensing Monitoring of Forest Land Change in Hexi Corridor since Construction of the Three-North Shelterbelt Project[J]. Journal of Desert Research，2012，32（2）：539-544.

[168] Park J，Kwak Y，Yasuda Y. Estimation of Net Primary Production（NPP） of Inner Mongolia in China[C]// Agu Fall Meeting，2009.

[169] Peng D，Wu C，Zhang B，et al. The Influences of Drought and Land-Cover Conversion on Inter-Annual Variation of NPP in the Three-North Shelterbelt Program Zone of China Based on MODIS Data[J]. PLOS ONE，2016，11（6）：e0158173.

[170] Portela R，Rademacher I. A dynamic model of patterns of deforestation and their effect on the ability of the Brazilian Amazonia to provide ecosystem services. Ecol. Model. ，Ecological Modelling，2001，143：115-146.

[171] Qin Z，Xu B，Liu J，et al. Monitoring land use dynamics for ecological degradation assessment in the rim zone of North China using MODIS and Land TM data[M]. 2004.

[172] Mu S J, Li J L, Zhou W, et al. Spatial-temporal distribution of net primary productivity and its relationship with climate factors in Inner Mongolia from 2001 to 2010[J]. Acta Ecologica Sinica，2013，33（12）：3752-3764.

[173] Mu S J，Zhou K X，Qi Y，et al. Spatio-temporal patterns of precipitation-use efficiency of vegetation and their controlling factors in Inner Mongolia[J]. Chinese Journal of Plant Ecology，2014，38（1）：1-16.

[174] Tian H，Cao C，Wei C，et al. Response of vegetation activity dynamic to climatic change and ecological restoration programs in Inner Mongolia from 2000 to 2012[J]. Ecological Engineering，2015，82（4）：276-289.

[175] Tong S，Dong Z，Zhang J，et al. Spatiotemporal Variations of Land Use/Cover Changes in Inner Mongolia（China） during 1980—2015[J]. Sustainability，2018，10.

[176] Ursula Gessner，Vahid Naeimi，Igor Klein，et al. The relationship between precipitation anomalies and satellite-derived vegetation activity in Central Asia[J]. Global and Planetary Change，2013，110.

[177] Verburg P H, Soepboer W, Veldkamp A, et al. Modeling the spatial dynamics of regional land use: the CLUE-S model[J]. Environmental Management, 2002, 30 (3) : 391.

[178] Wang X, Ju H, Chen Y, et al. Monitoring ecological management of Three-North Shelterbelt Program: A case study in Zhongyang County, China[C]//International Workshop on Earth Observation & Remote Sensing Applications, 2014.

[179] Wang X, Wei H, Chang Y, et al. Dynamic Monitoring of Ecological Environment of Ejin Banner Oasis Using Remote Sensing Technology in Newly 15 Yars[C]// 2003.

[180] Wu X, Li Z, Fu B, et al. Restoration of ecosystem carbon and nitrogen storage and microbial biomass after grazing exclusion in semi-arid grasslands of Inner Mongolia[J]. Ecological Engineering, 2014, 73: 395-403.

[181] Xu B, Yang X C, Tao W G, et al. MODIS - based remote sensing monitoring of grass production in China[J]. International Journal of Remote Sensing, 2008, 29 (17-18) : 5313-5327.

[182] Yan S, Dong S, Zehong L I. Carrying Capacity of Water Resources for Three-North Shelterbelt Construction in China[J]. Journal of Resources and Ecology, 2013, 4 (1) : 50-55.

[183] Xiao Y , Mignolet C , Mari J F , et al. Characterizing historical (1992—2010) transitions between grassland and cropland in mainland France through mining land-cover survey data[J]. Journal of Integrative Agriculture, 2015, 14 (8) : 1511-1523.

[184] Zhang Y L, Wu Y J, Wang X L. The Evaluation and Spatial Pattern Characteristics of Ecological Safety in the Poor Areas of Inner Mongolia[J]. Journal of Geo-Information Science, 2016, 18 (3) : 325-333.

[185] Yu F, Price K P, Ellis J, et al. Interannual variations of the grassland boundaries bordering the eastern edges of the Gobi Desert in central Asia[J]. International Journal of Remote Sensing, 2004, 25 (2) : 327-346.

[186] Hu Y F, Liu J Y, Qi Y Q, et al. Positivist analysis on the effects of ecological projects in the farming-pastoral transition belt of Inner Mongolia Autonomous Region[J]. Geographical Research, 2010, 11 (2) : 157-162.

[187] Zhang P, Huo P, Liu Y, et al. Study on the Ecological Environmental Effect and Driving Force of Land Use Change Based on the GIS and CLUE-S Model[J]. Sensor Letters, 2014, 12 (3) : 700-703 (4) .